ハヤカワ文庫 NF
〈NF345〉

マーリー
世界一おバカな犬が教えてくれたこと

ジョン・グローガン
古草秀子訳

早川書房
6451

MARLEY & ME
by
John Grogan

Translated by
Hideko Furukusa
Published 2009 in Japan by
HAYAKAWA PUBLISHING, INC.
This book is published in Japan by
arrangement with
DEFIORE AND COMPANY
through TUTTLE-MORI AGENCY, INC., TOKYO.

口絵・本文写真／ジョン・グローガン

この本を優しく見守ってくれているであろう父、
リチャード・フランク・グローガンの思い出に

目次

マーリー

――世界一おバカな犬が教えてくれたこと

プロローグ　完璧な犬

一九六七年の夏、一〇歳だった僕の粘り強い懇願に父がとうとう折れて、自分の犬を飼ってもいいと許してくれた。父と僕は我が家のステーションワゴンに乗って、がっしりした女性と老いた母親が経営しているミシガン州の田舎の農場を訪れた。この農場の産物はひとつ——犬だった。そこには、大きさも姿も年齢も気質も、じつにさまざまな犬がいた。彼らの共通点は二つだけ。氏素性のはっきりしない雑種犬であることと、良い飼い主を求めているということ。そこは雑種犬の飼育場だった。

「さあ、じっくり選ぶんだよ。これから先、何年も一緒に暮らす相手なんだから」父が言った。

もう大きくなっている犬は自分よりも思いやりのある人にまかせようと、僕ははなから決めていた。そこで、仔犬が集められたケージに走り寄った。「臆病じゃないやつにしなさい。ケージを揺らしてみて、恐がらない犬がいい」と父が教えてくれた。

鎖錠してあるケージの扉をつかんで、思いきり揺さぶってみた。十数匹の仔犬たちはなだれこんで後ずさりし、もつれあうさまはさながら動く毛糸玉だ。その場に踏みとどまったのは一匹だけだった。黄金色の毛並み、胸に白い流れ星、その仔犬は大胆不敵に吠えながら扉に向かってきた。近くまで来ると、扉に飛びつき、金網越しに僕の指を熱心になめはじめた。それは愛情表現以外のなにものでもなかった。

その仔犬をダンボール箱に入れて連れ帰り、ショーンと名づけた。ショーンは犬の評判を高めるにふさわしい、すばらしい犬だった。命令や指示はなんなく理解するし、もともとの性質からして品行方正そのものだった。パンのかけらを床に落としても、「よし」というまでは触りもしない。呼べば必ず来るし、「待て」と命じればじっと待っている。夜眠る前に戸外へ放してやれば、排泄をすませてちゃんと戻ってきた。たまにひとりで留守番させても、絶対に室内の物を壊したり問題を起こしたりしないので安心だった。車をやたらに追いかけるのではなく併走して競争したし、リードなしでもこちらに歩調を合わせて歩いた。湖に飛びこんでは、あごがはずれそうなほど大きな石をくわえて浮き上がってきた。車でのドライブをこよなく愛し、家族旅行のときはいつも後部座席の僕の隣に座って、窓のそとを流れる景色を何時間も飽きもせず満足げに眺めていた。なによりの思い出は、訓練を重ねて、僕が乗った自転車を犬ぞりスタイルで引けるようになったことで、友だちからずいぶん羨ましがられたものだ。むやみに引っぱりまわしてなにかに衝突したことなど、一度としてなかった。

はじめての煙草を（そして最後の一本を）吸ったときも、はじめてガールフレンドにキスしたときも、ショーンは僕と一緒だった。はじめて兄のシボレー・コルベアをこっそり借り出して乗りまわしたときも、助手席にはショーンがいた。

ショーンは元気溌剌《はつらつ》だが自制心があり、愛情深いが冷静だった。茂みに身を隠してこちらに顔だけ見せながら、そっと用を足すという慎み深さまで持ち合わせていた。そんな律儀《りちぎ》な性質のおかげで、我が家の庭はいつも裸足で歩けた。

週末に訪れる親戚たちは、必ずショーンの利口さに感心して、自分も犬を飼いたくなるのだった。だから僕は「セイント・ショーン」と呼ぶようになった。まるで聖人の生まれ変わりみたいだと家族みんなで笑ったけれど、あながち頭から否定はできないような気さえした。血統からすれば、ショーンはどこにでもいる望まれない犬の一匹だった。だが、それこそ神のご意志ともいえる幸運で、彼は我が家の望まれる一員になったのだ。ショーンは僕の人生の一部分となり、僕はショーンの生涯の一部分となった——そして、彼はだれもが羨むような子ども時代を僕にくれた。

蜜月は一四年間続き、ショーンが死んだときには、僕はもう、あの夏の日に彼を連れて帰ってきた少年ではなかった。成人し、大学を卒業して、州の反対側の職場で働いていた。僕が家を出るとき、セイント・ショーンは家に残った。そこが彼の居るべき場所だったから。彼の死は、当時すでに引退生活を送っていた両親から電話で伝えられた。後になってから、母が僕にこう打ち明けた。「結婚して五〇年になるけれど、お父さんが泣くのを見たのは二度だけよ。一度目はメアリー・アンを亡くしたとき」――死産で生まれた姉のことだ――「そして、二度目はショーンが死んだときだったわ」

子どものころ一緒に過ごしたセイント・ショーン。あれは完璧な犬だった。少なくとも、僕の思い出のなかでは。それ以後に出会った犬を判断するとき、僕の基準はあくまでもショーンだった。

1　僕と妻と仔犬と

僕も妻のジェニーも若かった。恋に落ちていた。まさに人生の絶頂期、これ以上の幸福はないとさえ感じられる新婚生活にはしゃいでいた。二人とも片時も離れがたいと感じていた。

そんな日々を過ごしていた一九九一年一月のある晩、簡単な夕食を済ませてから、僕は結婚して一五ヵ月の妻と一緒に『パームビーチ・ポスト』紙の個人広告の欄で見つけた犬のブリーダーの家へと車を走らせた。

なぜそういうことになったのかは、正直言って、はっきりとは憶えていない。たしかその数週間前、夜が明けてまもなく、ふと目覚めた僕はベッドの隣がからなのに気づいた。起きてみると、バスローブ姿の妻がペンを手にして、ささやかな平屋建ての我が家の網戸を張りめぐらしたポーチで、ガラステーブルに広げた新聞を熱心に読んでいた。

それは取りたてて珍しい光景ではなかった。『パームビーチ・ポスト』は地元紙だし、我が家の財政の半分を担う収入源でもあった。僕も妻も新聞社につとめていた。妻は『パームビーチ・ポスト』の「アクセント」という欄に連載記事を書くライター。僕は一時間ほど南へ行った保養地フォートローダーデールを本拠にする競合紙、『サウスフロリダ・サンセンティネル』のニュース記者だった。毎朝、まずは新聞各紙に目を通して、自分たちの記事がどんな具合にあつかわれているか、他の記事より目立っているかどうか、じっくり確認するのが日課だった。あちこちの記事を丸囲みしたり、アンダーラインを引いたり、切り抜いたりする。

だが、この日の朝、妻の視線はニュースのページではなく、個人広告の欄に向けられていた。近づいてみると、彼女は「ペット／犬」の欄をひどく真剣に見つめていた。

「あれれ、なにかおもしろい話があるのかなあ」僕はいかにも新婚の夫らしい猫なで声で訊いてみた。

答えがない。

「ジェニー、どうしたの？」

「あの植木ときたら……」やっと口を開いた妻の声にはかすかに絶望が感じとれた。

「植木って？」僕は尋ねた。

「わたしたちがだめにしちゃった、あの植木よ」

わたしたちがだめにした？　ことさら訂正するつもりはなかったが、正確には、それは「僕が買ってきて、彼女がだめにした」観葉植物だ。ある晩、僕は彼女をびっくりさせようと、緑にクリーム色の斑入りの葉がみごとな、大ぶりのディフェンバキアを持ち帰った。「なんの記念日なの？」彼女は目をみはった。べつになんの記念日でもなかった。プレゼントを渡して、「結婚生活ってすばらしいね、そうだろ？」と言いたかっただけだ。

妻は僕の心遣いにもきれいな緑の植物にも大喜びして、首に腕をからませてキスしてくれた。ところがその後、彼女は冷徹な暗殺者のごとく手際よく、哀れな植木を殺しにかかった。とはいえ、けっして悪意からではなく、自分では一生懸命に世話をしているつもりだった。つまりは、園芸の才がまるでなかったということだ。どんな生き物も水が必要なのはわかっていたが、空気もまた必要だということはどうやら忘れていたらしく、来る日も来る日もディフェンバキアを水責めにしたのだ。

「あんまり水をやりすぎちゃだめだよ」僕だって警告はした。

「そうね」と返事はするものの、妻はまたもやたっぷり水をやる。

弱れば弱るほど、さらに水をやったので、とうとう植木は溺れてしまい、水浸しの死体と化した。窓際の植木鉢のなかで見る影もなくだらりとしている残骸を眺めながら、僕は思った。やれやれ、縁起を担ぐ人間なら、これを見て前途に不安を感じずにいられるだろうか。

そして今、妻の意識ははるか宇宙へワープするかのごとく、死んだ植物から個人広告の生きた動物へと飛躍した。植木が死んでしまったから、仔犬を飼いましょう、と。さてさて、もちろん、完璧に筋が通った話だ。

さらに近づいて、広げられている新聞をよく見ると、どうやら彼女はひとつの広告に格別な興味を抱いているらしい。大きな赤い星印が三つもつけてある。そこにはこう書いてあった。「ラブラドールの仔犬、毛色はイエロー。アメリカン・ケンネル・クラブ（AKC）血統書つき。ワクチン接種済み。親犬もごらんになれます」

「あのね、その植木とペットの関係を、僕にもわかるように説明してくれるかな？」

「だから」妻は顔を上げて話しだした。「一生懸命に世話したのに、あんなことになっちゃって。わたしったら、植木の手入れもまともにできないのよ。あれはもっとずっと大変なんでしょ？　植木は水さえやってればいいけど」

つぎにいよいよ本題に入った。「植木の世話さえまともにできないんじゃ、赤ちゃんの世話なんてとうてい無理よね？」今にも泣きだしそうな表情だった。

僕が呼ぶところの「赤ん坊問題」は、このところずっと妻の頭から離れず、日に日に大きくなってきていた。ミシガン州西部の小さな新聞社ではじめて出会った当時、彼女はまだ数カ月前に大学を卒業したばかりで、現実的な大人の世界ははるかかなたのことに思えた。僕も彼女も、学生生活を終えて、社会人としてのスタートを切った矢先だった。日々たくさんピザを食べ、たっぷりビールを飲んで暮らしていた僕らは、自分が若くてシングルでなんの束縛もない「ピザ&ビール消費者」以外のなにかになる日が来るなんて、想像さえしなかった。

けれど、そうするうちにも、年月は流れた。つきあいはじめてまもなく、僕とジェニーはそれぞれの仕事の都合で離ればなれになり、途中に僕の一年間の大学院生活もあり、気づけばアメリカ東部の端と端に住んでいた。最初は車で一時間の場所だった。つぎは車で三時間。そのつぎは八時間、そして二四時間。ようやく二人ともに南フロリダに職を得て結婚したときには、彼女はもうすぐ三〇歳だった。ふと周囲を眺めれば、友人たちには子どもがいる。と、なんだか子どもが欲しくてたまらなくなった。はるか先のことに思えた母になるということが、切実な問題として感じられるようになったのだ。

僕は妻の肩を背後から抱きすくめて頭のてっぺんにキスをした。「大丈夫だよ」そう言いつつも、妻の不安が的を射ているのを認めずにはいられなかった。僕も妻も生まれてこのかた、生き物の世話をしたことは一度もない。子どものころにペットを飼ってはいたけれど、そんなのは勘定に入らない。本当に世話していたのは両親だったから。いつか子どもが欲しいと真剣に思ってはいるものの、僕にしろ妻にしろ育児なんてできるのだろうか？　赤ん坊を育てるなんて、とても、とても……恐ろしい。赤ん坊は自分じゃなんにもできないし、すぐに壊れそうだし、もしうっかり落としたりしたら、それこそ大変だろう。

妻がふっと頼りなげな笑みを浮かべた。「もしかして、犬を飼えば、子育ての練習になるかもしれないじゃない」

街から北西へ向かい、ウエストパームビーチの郊外住宅を過ぎ、人家がまばらな田園地帯の暗い夜道に車を走らせながら、僕は我が家に犬を迎えるという決断についてとくと考えた。共働きの家庭にとっては、大変な負担になるにちがいない。だが、犬を飼うのがどんなことかはわかっているつもりだ。僕も妻も犬と一緒に育ち、犬を心から愛した経験がある。僕にセイント・ショーンがいたように、妻にもイングリッシュセッターの愛犬セイント・ウィニーがいた。子ども時代の幸福な思い出といえば、ほとんどが犬と一緒だった。一緒にハイキングしたり、泳いだり、じゃれあったり、騒ぎを起こしたり。もし妻が本当に子育ての練習がしたいためだけに犬を飼うというのだったら、きっと、なんとかなだめすかして金魚くらいで納得させただろう。けれど、僕らはいつか子どもが欲しいと願うのと同じくらい強く、足元で寝そべっている犬がいなければ我が家は完璧とはいえないと信じていた。赤ん坊のことなど夢にも思わずにつきあっていたころ、僕らはよく子どものころ飼っていたペットの話に時を忘れた。犬との暮らしがどんなに懐かしいか、いつか自分たちの家を持って生活が落ちついたら、また犬を飼いたいね、と。

今、そのときが来たのだ。当面は離れる予定のない安住の地を得て、自分たちの家も手に入れたのだから。

僕たちは、犬を飼うにはもってこいの垣根をめぐらした四分の一エーカーほどの申し分のない敷地に立つ、申し分のない小さな家を手に入れていた。立地も最高で、ウエストパームビーチをパームビーチのお高くとまった豪華マンション群と隔てている内陸《イントラコー》大水路《スタル・ウオーターウエイ》から半ブロックしか離れていない、賑やかで素敵な地区にある。目の前のチャーチルロードの突きあたりは細長い緑地公園で、水辺沿いに舗装された小道が何キロも続いている。ジョギングもサイクリングもローラーブレードもできる。なにより、犬の散歩にはうってつけだ。

建物は一九五〇年代に建てられたもので、古き良きフロリダの魅力を感じさせた。暖炉、ざらざらした石膏ボードの壁、風通しのいい大きな窓。フレンチドアを開ければ、一番のお気に入りのスペース、網戸がついた裏手のポーチへ出られる。庭は小さな熱帯の聖域で、ヤシの木やアナナス類、アボカドの木、鮮やかな葉のコリウスなどが茂っている。なかでも圧倒的な存在なのは、高くそびえるマンゴーの木だ。夏になると、ドサッという低い音とともに熟した大きな実が落ちてきたが、その音はまるで屋根の上から死体を投げ落とすかのように、いささか不気味に響いた。ベッドで耳を澄ましていると、聞こえてくるのだ。ドサッ！ ドサッ！ ドサッ！

新婚旅行から戻って数カ月後に、寝室二部屋に浴室ひとつのこの平屋建てを手に入れた僕たちは、すぐに改装をはじめた。以前の持ち主だった退職した郵便局員の夫婦は、緑色が大好きだった。外壁の化粧漆喰は緑色。内壁も、カーテンも緑。鎧戸《よろいど》も緑。玄関ドアも緑。家を売るために床のきず隠しに敷いたカーペットまでも緑だった。しかも、陽気なケリーグリーンでも、深みのあるエメラルドグリーンでも、爽やかなライムグリーンでもなく、豆のスープまじりのへどのような緑色で、カーキ色の縁飾りつき。陸軍の野外兵舎を連想させる家だった。

引っ越した最初の晩に、真新しい緑色のカーペットをきれいさっぱりはがして、そとへ引きずり出した。カーペットの下から登場したのは、素朴なオーク材の厚板の床だったが、靴跡ひとつないとはとうていいえない無惨なありさまだった。二人で手間暇かけて紙ヤスリをかけ、ニスを塗って、ぴかぴかに磨きあげた。それから、たっぷり二週間分の給料をはたいて手織のペルシア絨毯を買い、居間の暖炉の前に広げた。数カ月かけて、僕らは緑色の部分をすべて塗りなおし、緑色の調度品をすべて買いかえた。そうして、元郵便局員の家は僕らの家へとゆっくり変身した。

さて、いざ住む場所が整ってみると、鋭い爪の四本足、大きな体に大きな歯、言語能力がきわめてとぼしいルームメイトをこの家へ迎えたいという気持ちが、心のなかでいよいようずきはじめた。

「ねえ、もっとゆっくり走ってよ、行き過ぎちゃうわ。この辺だと思うんだけど」妻が僕の運転に文句をつけた。周囲は漆黒の闇、この一帯は昔は沼地だったが第二次大戦後に農地として干拓され、その後田園風のライフスタイルを求める郊外生活者が住むようになった場所だ。

妻の言ったとおり、まもなく目的地のアドレスを記した郵便受けが車のヘッドライトに浮かびあがった。砂利敷きの車寄せに立つと、奥のほうに大きな木造の家が見え、手前には池が、裏手には小さな納屋があった。玄関前で、ローリという名前の中年の女性がクリーム色の大きなラブラドール・レトリーバーと一緒に出迎えてくれた。

「これが母犬のリリーです」自己紹介しあったあと、ローリが教えてくれた。五週間前にお産をしたリリーの腹部はまだふっくらしていて、乳房も目立っていた。僕と妻が屈んで体をなでると、おとなしく喜んでいた。まさにラブラドールのイメージを絵に描いたような姿だ――穏和で、愛情深く、人なつこく、はっとするほど美しい。

「父親はどこですか？」僕が尋ねた。

「あら？」ローリは一瞬たじろいだ。「サミーですか？　どっかその辺にいるはずなんですけど」そう答えて、さっと続けた。「早く仔犬たちをごらんになりたいでしょ？」

ローリはキッチンを通って、仔犬たちの部屋になっている作業室へ僕たちを案内した。床は新聞紙で覆われ、片隅に古いビーチタオルを敷いた浅い箱が置かれてあった。けれど、部屋のようすなどまるで目に入らなかった。やってきた見知らぬ人間たちに興味を惹かれて、大騒ぎしながらいっせいに駆け寄ってきた九匹の愛らしいクリーム色の仔犬たちを目の前にしては、そんなもの目に入るわけがない。妻はうれしさを抑えきれないようすだった。「あらまあ、こんな可愛らしい子たちは見たこともないわ」

僕らが床に座りこんで、仔犬たちに体中よじ登られている横で、リリーが尻尾を振りながら飛び跳ねて、ほうらどの子もみんな健康よといわんばかりに一匹ずつ鼻先で押しやっていた。事前の妻との約束では、とにかく仔犬を見て、訊きたいことを訊いて、我が家に仔犬を迎える準備が整っているかどうかじっくり考えたうえで、飼うかどうか決めようという手はずだった。「まだ一ヵ所目なんだから、あせって決めちゃいけないよ」出かける前に僕は妻に釘を刺していた。それなのに、部屋へ足を踏み入れてほんの三〇秒で、僕はすっかりお手上げ状態に陥っていた。一晩考えるまでもなく、このうちの一匹が我が家の犬になることは、議論の余地などまるでない事実となった。

ローリはいわゆる素人ブリーダーだった。僕はそれまで純血種の犬を飼ったことがなかったが、本など読んでいろいろ情報を仕入れた結果、フォード社が車をつくる大量生産工場のような、世間で「仔犬工場」と呼ばれる、利益優先で純血種の仔犬を大量に繁殖させるブリーダーを避けるべきことくらいは知っていた。車とちがって、大量生産された純血種の仔犬は、何代にもわたって近親交配されたせいで、股関節形成不全から視覚障害にいたるさまざまな遺伝的欠陥を持っている可能性がある。

けれど、ローリは趣味として繁殖をしているのであって、動機は利益よりもむしろこの犬種への愛情だ。家には雄と雌が一匹ずつしかいなかった。二匹は血統的に遠く、ローリはそれを証明する書類も持っていた。今回はリリーにとって二度目のお産で、繁殖に使われるのはこれが最後となり、今後は田園家庭のペットとして暮らす予定だ。両親が一緒に飼われていれば、買い手は親も仔もすべて自分の目で確かめられる――ただし、僕らの場合は、父犬は屋外にいるらしく、その場にはいなかった。

今回生まれたのは、雌が五匹と雄が四匹で、雌は一匹以外すべて売約済みだった。一匹だけ残っている雌は四〇〇ドル、雄はどれも三七五ドルだとローリは言った。一匹の雄がとくに僕らに興味を持っているようだった。その仔犬は九匹のなかで一番遊び好きで、猛烈な勢いで駆け寄ってきて、もんどりうって僕らの膝の上に飛びこみ、シャツに爪を立ててよじ登り、顔をなめまくった。驚くほど尖った乳歯で僕らの指にかじりついたり、小さな体に不釣り合いな大きなクリーム色の足を踏みならしながら周りをまわったりした。

「その子なら三五〇ドルでけっこうですよ」ローリが言った。

妻はそもそもバーゲン品には目がなく、たんにお買い得というだけの理由で、欲しくもないし必要でもない物を買ってきたりする。「あなたがゴルフしないのはわかってるけど、これ、信じられないほど安かったのよ」そう言って、車から中古のゴルフクラブ一式を取り出したこともあるのだ。そんな妻はローリの言葉に目を輝かせた。「ねえ、お買い得な男の子に決めましょ！」

たしかにその仔犬はとても可愛らしかった。元気もいい。ふと気づくと、僕の時計のベルトをなかば食いちぎろうとしていた。

「まずは、肝試しをしなくちゃ」僕は踏みとどまった。少年時代にショーンを選んだとき、檻を思いきり揺らしたり大きな音をたてたりして、物怖《ものお》じしない仔犬と臆病な仔犬を選別する方法を父から習ったことは、それ以前に何度も妻に話してあった。群れてじゃれている仔犬たちの真ん中で、妻はグローガン家の奇妙なしきたりをここで実践するのかとあきれ顔で天を仰いでみせた。「本当に、効果があるんだ」僕は強気だった。

立ち上がって、いったん仔犬たちに背を向けてから、ぱっと振り向き、大げさな身振りで前へ一歩踏みだし、「おいっ！」と大声で叫んだ。けれど、仔犬たちはまるで気にもとめずに遊んでいる。だが一匹だけ、僕の攻撃を真っ向から受けてたった。お買い得品の仔犬だ。全身でぶつかってきて、僕の足首に体当たりし、これぞ撃退しなければならない危険な敵だというかのように靴紐に襲いかかった。

「きっと運命なのよ」妻が言った。

「そうなのかなあ？」僕は仔犬を抱きあげて、片手で目の前にかかげて顔をしげしげと見た。仔犬は心とろかすような茶色の瞳で見つめてから、僕の鼻をかじった。妻の腕に渡すと、彼女にも同じことをした。「どうやら、僕らが好きみたいだ」僕は降参した。そうして話は決まった。ローリに三五〇ドルの小切手を書いて渡すと、あと三週間ほどで生後八週齢になって乳離れするので、そうしたら迎えに来るようにとのことだった。僕らはローリに礼を言って、リリーをなでてから、別れの挨拶をした。

車のほうへ歩きながら、妻の肩を抱いて、ぎゅっと引き寄せた。「信じられる？　僕らは仔犬を飼うんだ！」

「連れて帰るのが待ち遠しいわ」

車に近づいたとき、林のなかからなにかがやってくる音がした。なにかが茂みを踏み荒らしている――ハア、ハアと荒い息を吐きながら。なにやらスプラッター映画で残忍な殺人鬼が登場する場面を連想させる音だ。しかも、こっちへ向かってくる。僕らはぞっとして、暗闇にじっと目を凝らした。音がますます騒がしくなり、近くなる。と、一瞬にして、なにかが姿を現し、こちらへ走ってきた。クリーム色のぼやっとしたもの。ひどく大きな、クリーム色の輪郭。こちらには目もくれず、目の前を早足で通りすぎていったのは、大きなラブラドール・レトリーバーだった。ただし、その犬は、さっきまで僕らが室内でなでていた可愛らしいリリーとはまるでちがう。全身びしょびしょで、腹の辺りは泥や草まみれ。舌を片側にだらりと垂らし、口から泡やよだれを振りまきながら、猛スピードで走り去った。ほんの一瞬の出来事だったけれど、その犬の目はいかにも楽しげで、なんとなく奇妙で、興奮を抑えられない雰囲気が感じとれた。まるで今さっき幽霊を見てきたような表情――そして、これ以上おもしろいことはないとでもいいたげな表情だった。

バッファローの群れの先頭争いを思わせるうなり声とともに、犬は家の裏手へ走りこんで見えなくなった。妻がほっと息を吐きだした。

「たぶん、あれが父親だね」僕の心の底で微妙な不安が頭をもたげていた。

2 高貴な血統

犬の飼い主となった僕らが最初にしたことは、喧嘩だった。それはブリーダーの家から帰る車のなかで勃発して、翌週ずっと断続的に続いた。原因は犬の名前だった。妻は僕の案を受けつけず、僕は妻の案に納得しなかった。ある朝、出勤前のひととき、戦闘はついに最高潮に達した。

「チェルシーだって？　冗談じゃないよ、そんな女々しい名前。雄犬がチェルシーなんて名前じゃ、死んでも死にきれないだろ」

「犬はそんなことわかんないわよ」

「ハンターがいい。ぴったりじゃないか」

「ハンターですって？　本気じゃないでしょうね？　マッチョな狩人にでもなったつもり？　男性的すぎるわよ。だいいち、ハンティングなんて一度もしたことないくせに」

「だって雄なんだから」僕は強く言い返した。「男性的で当然だろ。こんなことで、フェミニズムを持ちだすのはやめてくれ」

どうも形勢は芳しくなかった。思わず僕はむきになった。妻が反撃にひるんだ隙に、すでにあっさり却下された案をもう一度引っぱりだした。「ルーイのどこが悪いんだよ？」

「べつに。もしあなたがガソリンスタンドの店員さんなら、なんの問題もないわ」彼女はすばやくパンチをくりだした。

「おい、ちょっと待てよ！　僕のお祖父さんの名前だぞ。なら、きみのお祖父さんの名前をもらおうか？　『よしよし、いい子だ、ビル』ってさ」

喧嘩の最中に、妻はさりげなくステレオに近づいて、テープデッキのスイッチを入れた。それは夫婦喧嘩のときに彼女がとる戦略のひとつだった。形勢不利になったら、相手の気をそらせるにかぎる。ボブ・マーリーの陽気なレゲエの曲がスピーカーから流れ出て、またたくまに二人とも気分がほぐれた。

僕らがこのジャマイカ出身のシンガーの曲を聴くようになったのは、ミシガン州から南フロリダへ引っ越してきてからだ。時代に取り残されたような中西部北部の白人社会では、ボブ・シーガーやジョン・クーガー・メレンキャンプといったお決まりの曲ばかりが流れていた。だが、さまざまな民族や人種が集まってたえず変化している南フロリダでは、死後一〇年もたつというのにボブ・マーリーの曲がどこでも聞こえていた。ビスケーン・ブルバードをドライブしていると、カーラジオから彼の曲が流れてくる。リトルハバナでキューバコーヒーを飲んでいるときも、フォートローダーデールの西にある移民地域の小さな店でジャマイカ料理のジャークチキンを食べているときにも。マイアミのおしゃれな観光地ココナッツグローブで開かれたバハマ音楽祭の会場ではじめてコンク貝のフリッターを味見したときにも、キーウエストでハイチの工芸品を買ったときにも耳にした。

この土地で暮らし、いろいろ知るにつれて、僕らは南フロリダもおたがいのことも、ますます大好きになった。いつでも背景にはボブ・マーリーの曲が流れていた。浜辺で甲羅干ししているときも、我が家の陰気な緑色の壁を塗り替えているときも、夜明けに野生のオウムの声で目覚めて、窓辺のブラジルコショウボクの葉を透かしてきらめく朝日のなかで愛しあうときにも。彼の音楽を大好きになったのは、音楽そのもののすばらしさのせいばかりでなく、別々だった僕らの人生が、固く結びついてひとつになった時期を象徴していたせいでもある。ボブ・マーリーは、それ以前に住んでいた場所とはまるでちがう、奇妙でエキゾチックで変化に富んだ土地での、二人の新生活のサウンドトラックだった。

そして、喧嘩の最中に流れてきたのは、偶然にも僕らの一番のお気に入り、なんだか切なくなるほどきれいで、心に響く曲だった。マーリーの声が部屋中にあふれて、「この気持ちが『愛』なのかい？」と何度もくりかえしていた。その瞬間、僕らはまるでずっと前からリハーサルしていたかのように、完璧に声を揃えて「マーリー！」と叫んだ。「そうだ！『マーリー』がいいよ」僕が宣言した。妻も乗り気なのは笑顔でわかった。「マーリー、来い！」ためしに声に出して呼んでみた。「マーリー、待て！ようし、いい子だぞ、マーリー！」

妻も一緒になって呼んでみる。「かわいいわねぇ、マーリー！」

「なかなかいいじゃないか」僕がそう言うと、妻も賛成した。喧嘩は幕を閉じた。こうして仔犬の名前が決まった。

翌日の夕食後、僕は寝室で本を読んでいる妻のそばへ寄って話しかけた。「名前なんだけど、ちょっとだけ工夫したほうがいいと思うんだ」

「どうして？二人とも納得したはずじゃないの？」

僕がそんなことを考えついたのは、ＡＫＣの登録書類を読んだからだった。両親が純血種のラブラドール・レトリーバーとしてAKCに登録されているので、マーリーにもその資格がある。登録はドッグショーに出したり繁殖に使ったりする場合にだけ必要であり、その場合はとても重要な書類となる。ただし一般家庭のペットとして飼うぶんには不必要だ。けれど、僕はマーリーのために遠大な計画を抱いていた。自分にしろ親にしろ、これまでやんごとなき血筋とはまるで縁がなかった。子どものころ飼っていたセイント・ショーンと同じく、僕自身も家系をたどることなどできない、どこの馬の骨やらわからない雑種だ。EU諸国よりも数多い国々の血をひいている。その点からいえば、マーリーはせっかく高貴な血筋の生まれなのだから、この機会を逃す手はない。じつのところ、僕はスターに出会って舞い上がったファンのような心持ちだった。

「もしもマーリーをドッグショーに出したくなったとしよう。名前がひとつだけのチャンピオン犬なんか見たことないだろ? たいていが麗々《れいれい》しい名前ばっかりだよ、たとえばサー・ダートワース・オブ・チェルトナムとか」僕は一気に言った。

「で、飼い主はサー・ドークシャー・オブ・ウエストパームビーチ」妻が茶化した。

「僕は本気なんだ。もしチャンピオンになれば、繁殖犬にして、そうすれば謝礼金がもらえるんだ。それもばかにならない金額だぞ。そういう犬はみんな、それなりの立派な名前を持ってるのさ」

「なんでもいいから、好きにしたら」妻は興味を示さずに、また本を読みはじめた。

その晩遅くまであれこれ考えたすえ、翌朝、洗面所で妻をつかまえて報告した。「とうとう、完璧な名前を思いついたよ」

妻は疑るような目つきで僕の顔を見た。「じゃあ、言ってみて」

「オーケー。準備はいい？　発表するよ」僕は一語一語くぎって、ゆっくり名前を言った。「グローガンズ……マジェスティック……マーリー……オブ……チャーチル」どうだ、いかにも立派な名前だろ、と自信満々だった。

「あのね」妻が口を開いた。「なんだかばかみたいな名前ね」

そうかい、なんとでも言ってくれ。登録書類を記入するのは僕だし、名前はもう書いてしまったんだから。それもインクで。笑いたければ笑うがいい。だが数年後、ニューヨークで開催されるウエストミンスター・ドッグショーで、満員の会場の羨望の眼差しを浴びながら僕がリードを引いてグローガンズ・マジェスティック・マーリー・オブ・チャーチルを小走りで歩かせる日にこそ、本当に笑うのが誰かが決まるはずだ。

「さあ、いつまでも変なこと言ってないで、朝食にしましょ」妻はあくまでもそっけなかった。

3　仔犬が我が家へやってきた

マーリーを迎える日を指折り数えて待ちながら、僕はおそまきながらラブラドール・レトリーバーについていろいろ読みはじめた。「おそまきながら」というのは、僕が読んだ本はどれもほとんど例外なく、強くこうアドバイスしていたからだ。犬を買う前に、あなたがこれからつきあうことになる犬種について、あらゆる特徴を知っておきましょう。ああ、時すでに遅し。

たとえば、集合住宅で暮らしている人はセントバーナードとはうまくやっていけないだろう。幼い子どものいる家庭なら、気まぐれなチャウチャウは避けたほうがいいかもしれない。テレビの前で長時間おとなしくしていられる小型愛玩犬を求めているカウチポテト族が、休みなく走ったり仕事をしたりしていなければ幸福でないボーダーコリーを飼ったなら、相手をしてやるのはそれこそ大変だ。

恥ずかしながら、僕らはまるでなんの知識もないままにラブラドール・レトリーバーを飼うことにしたのだ。決め手はただひとつだけ。外見の魅力だ。水路沿いのサイクリング道路でラブを連れている人たちをよく見かけた。大きな体で、のんびりと楽しげに、意気揚々と歩く姿は、生きることへのたぐいない情熱を感じさせた。さらにお恥ずかしいことに、僕らが犬種を決めるうえで一番大きな影響を受けたのは、AKC公認の全犬種標準書『犬の事典』など定評のある書物ではなく、ゲイリー・ラーソンの『ザ・ファー・サイド』（アメリカで一世を風靡した一コマ漫画。動物が多く登場する）だった。僕も妻もこの漫画の大ファンだ。ウィットに富んだ都会風のラブたちが、とんでもないことを言ったりやったりして大活躍する。そう、犬が話をするのだ！　心惹かれずにいられようか？　ラブはとてつもなく楽しい動物だ――少なくともラーソンの手にかかると。人生にもうちょっとばかり楽しみが欲しいと思わない人はいないだろう。僕らはラブにすっかり魅了された。

遅ればせながらラブラドール・レトリーバーについて真剣にいろいろ読んでみると、情報不足なままにあわてて決めてしまったけれど、僕らの選択はそれほど的外れではなかったと安心できた。どの本にも、この犬種の気質は愛らしく穏やかで、子どもにやさしく、攻撃性とは無縁、陽気で楽しいと、褒め言葉が並んでいる。頭の良さと臨機応変さは救助犬として訓練するにもうってつけだし、ハンディキャップを抱えた人々のために働く盲導犬や聴導犬にも最適だという。近い将来に子どもを持とうとしている家庭のペットとして、これ以上の犬種はないように思えた。

「ラブラドール・レトリーバーは頭が良く、人なつこく、野外での動きは敏捷で、どんな仕事も忍耐強くこなす」と書かれた本もあった。驚くほど忠誠心が強いと賞賛する本もあった。かつては鳥猟犬として使われ、氷のように冷たい湖に入って、撃ち落とされたキジやカモを運んでくる能力を重宝されていたラブラドール・レトリーバーは、数多くのすぐれた性質から、いまでは家庭のペットとして絶大な人気を誇る。一九九〇年には、AKCの登録数でコッカースパニエルを抜いて第一位となり、アメリカで一番の人気犬種になった。それ以来、不動の首位を保持している。一五年連続して首位となった二〇〇四年には、登録数は一四万六六九二頭だった。大差の二位はゴールデン・レトリーバーの五万二五五〇頭、三位はジャーマン・シェパードの四万六〇四六頭だった。

まったくの偶然ながら、僕らはアメリカ随一の人気犬種を飼うことになったわけだ。そんなに数多くの人たちが幸福な飼い主であるなら、この選択がまちがっているはずがあるだろうか？　僕らは勝ち犬を選んだのだ。とはいうものの、不吉な警告もいろいろと書かれていた。

ラブは使役犬として繁殖が続けられてきたので、ありあまるエネルギーの持ち主だったりする。社会性が強く、長時間ひとりで放っておかれるのは苦手だ。頭の働きが鈍かったり、訓練にうまく反応しない場合もある。毎日たっぷり運動させてやらなければならず、さもないと破壊行為におよんだりする。なかにはひどく興奮して、熟練したハンドラーでもコントロール不能に陥ってしまう犬もいる。することなすことすべてが仔犬のままで、普通なら落ちつく時期がとっくに過ぎてもそんな状態が続いてしまうのだ。やんちゃ盛りがあまりに長いと、飼い主は特別な忍耐力を強《し》いられる。

ラブは筋骨たくましく、長年にわたる繁殖淘汰で痛みに強い性質を備えている。だからこそ、北大西洋で漁師を助けて冷たい海にも飛びこめる。だが、一般家庭で生活するとなると、その性質が裏目に出て、何もかもぶちこわす乱暴者にもなりうる。体が大きく、力が強く、胸板が厚く、しかも自分の大きさや強さをわかっていない動物は始末が悪い。後になってから知った話だが、ある女性が車寄せで洗車するあいだそばに置いておくつもりで、雄のラブをガレージのドア枠につないでいたところ、その犬はリスを見つけて突進し、力まかせに金属製の重いドア枠を引っぱり倒してしまったそうだ。

いろいろ読み進めるうちに、どきっとさせられる文章に行き当たった。「仔犬がどんな性質に成長するかは、両親の性質が大きなヒントになります。犬の性質や行動は遺伝的要素が驚くほど強いのです」。仔犬を選びに行った晩に森のなかから現れた、口をよだれの泡だらけにした泥まみれの獣《けもの》の姿が、脳裏にぱっと浮かんだ。ああ、勘弁してくれ、と僕は思った。できるならば父犬と母犬の両方を見てから決めるのがいいと、本はしつこく勧めていた。僕の脳裏には、父犬について訊いたときの、妙に慌てたブリーダーの態度が浮かんだ。あらっ……どっかその辺にいるはずなんですけど。そう言って、彼女はさっさと話題を変えた。考えてみれば合点がいく。事情通の人間なら、父犬を見たいとこだわるところだったろう。そして、実際に見たらどうなっただろう？　まるで悪魔に尻尾をつかまれたかのように、夜の闇を猛烈な勢いで走りまわる、いかれた犬。どうかマーリーが母親の性質を受け継いでいますようにと、僕は心のうちで祈った。

個々の遺伝的性質はさておき、一般に純血種のラブはいくつかの共通の性質を持つとされる。ＡＫＣはラブラドール・レトリーバーの犬種標準をこう定めている。外観は、がっしりした筋肉質の体軀《たいく》、披毛は短く密生して風雨に強い。毛色はブラック、チョコレートブラウン、そして明るいクリーム色から濃いきつね色までの幅広い色彩のイエロー。際立った特徴のひとつは、カワウソにも似た太くしっかりした尾で、一振りで軽くコーヒーテーブルの上のものをすべて払いのけられる。頭部は大きくずんぐりして、あごは力強く、垂れ耳が頭部のやや後方についている。平均して、体高と呼ばれる肩までの高さは六〇センチほど、雄の標準体重は三〇キロから三六キロだが、もっと重くなるものもいる。

　だがAKCによれば、外見ばかりがこの犬種の重要ポイントではないという。犬種標準はこう語っている。「ラブラドール・レトリーバーの気質こそ『カワウソ尾』とともにこの犬種の一番の特長です。やさしく、社交的で、従順。人間にも動物にも親しみやすく攻撃的でない理想的な気質。ラブラドール・レトリーバーは多くの人に愛されてきました。穏やかな物腰や知性や順応性を持つ、理想的な犬種です」

　理想的な犬種！　その褒め言葉はなによりも光り輝いていた。読めば読むほど、僕は自分の選択に自信を深めた。さっき読んだ警告もまるで気にならなくなった。仔犬がやってくれば、当然ながら、妻も僕も夢中になって愛情を降りそそぐことだろう。必要とあらば、社会性を身につけさせるためのしつけや訓練に、お金も時間も惜しまないつもりだった。僕らは二人とも歩くのが大好きで、夕食後には毎日のようにウォーターフロントの道を散歩したし、朝の散歩に出ることも多かった。犬を長い散歩に連れだすのは、ごく自然のことに思えた。かわいい仔犬はきっと疲れてしまうだろう。しかも、妻のオフィスはほんの一キロ半ほどの場所にあって、昼食時にはいつも戻っていたので、ついでに裏庭でボール遊びでもしてやれば、いくらありあまるエネルギーの持ち主とはいっても、きっと消耗してしまうにちがいない。

いよいよ来週はマーリーを引き取りに行くというとき、妻の姉のスーザンがボストンから電話してきた。夫婦で子ども二人を連れて、来週ディズニーワールドへ行くから、車で合流して数日間一緒に楽しもうという誘いだった。妻は姪と甥をとてもかわいがっていたので、是非参加したいと思った。けれど、彼女は二の足を踏んだ。「マーリーが来るのに家にいられないなんて」と言って、ひどく迷っていた。

「行っておいでよ。犬は僕が連れてきて、万事うまく片づけて、きみが戻ってくるのをちゃんと一緒に待ってるから」と僕は提案した。

僕は何気ないふうを装いつつも、心密かに、最初の数日間を誰にも邪魔されず、男どうしの絆づくりに励むことができるとほくそ笑んでいた。犬を飼うことは僕らの共同プロジェクトで、僕と妻とは対等の存在であるはずだった。でも、犬は二人の主人を持たないというし、この家にボスがひとりしか存在しえないのなら、それは僕であるべきだ。三日間ほど一緒に過ごせば、きっとボス争いで先んじることができるだろう。

翌週の金曜日、妻は車で三時間ほどのオーランドへ出発した。その日、仕事を終えて、僕は新しい家族を迎えにブリーダーの家へ車を走らせた。家の奥から連れてこられた仔犬を見て、僕ははっと息を飲んだ。三週間前に選んだ小さくてふわふわの仔犬は、倍以上の大きさになっていた。猛スピードで突進してくると、僕の足元に頭からすべり込んだが、カーペットに足を取られて仰向けにひっくり返り、四本足を空中でばたつかせている。僕としては、それが服従のポーズであることを祈るばかりだった。ローリは僕の驚愕を察したらしく、「大きくなったでしょ？　元気いっぱいで、食欲も旺盛！」と楽しげな口調でその場をつくろった。

僕は屈んで腹をなでてやりながら、「さあ、おうちへ行くよ。準備はいいかい、マーリー？」と話しかけた。名前を呼びかけたのはそれがはじめてだったが、ぴったりの名前だと感じた。

車の助手席に使い古しのビーチタオルを敷いて、マーリーが気分よく丸まっていられるようにしておいた。だが車寄せを出るまでもなく、マーリーはくんくん啼《な》いて尻尾を振りながらタオルの座席から脱出した。甘え啼きしながら腹で這いずって、こっちへ来ようとする。座席のあいだに設けられたコンソールのところで、マーリーはその後かぞえきれないほど多く体験することになる苦境の、最初のひとつに直面した。後足はコンソールの助手席側に、前足は運転席側にぶらさがっている。中間の腹の部分は、サイドブレーキにしっかり挟まった格好だ。四本の短い足を、てんでな方向にばたつかせている。尻尾を振り、体を揺すったりくねらせたりして、なんとか抜けだそうともがくのだが、砂州にひっかかったボートみたいにまるで動きがとれない。手をのばして背中をなでてみたけれど、よけい興奮していっそう大暴れするばかり。後足は、座席のあいだのカーペット敷きの出っぱった部分を足がかりにしようと必死にあがいている。後足を懸命に蹴りあげ、尻を持ちあげ、猛烈に尻尾を振りつづけたあげく、ついに重力の法則が働いた。頭からジグザグにコンソールのこちら側へ落ちてきて、僕の足元でとんぼ返りして仰向けに着地した。その後は、いとも簡単に僕の膝に飛び乗った。

おやおや、すごく喜んでいる——やたらにうれしそうだ。マーリーは喜びで全身を震わせ、僕の腹に頭をもぐらせてシャツのボタンをしゃぶり、尻尾をまるでメトロノームの針のように振ってハンドルを叩いていた。

ちょっと体に触るだけで尻尾を振るテンポを変化させられることに、僕はたちまち気づいた。僕が両手をハンドルにのせていると、一秒に三回ずつ規則正しく、タン、トン、トン。だが、マーリーの頭のてっぺんを指一本で押すと、たちまちリズムはワルツからボサノバに変化する。タン、トン、タン、トン、トン、トン！　二本指だとマンボにアップテンポ。タン、トン、トン、タン、トン、トン、トン！　さらに、片手で小さな頭をすっぽり覆って、指でごにょごにょしてやると、尻尾の振りはマシンガン・ビートのサンバになった。タントントントンタントントントン！

「ワオーッ！　すごいリズム感だぞ！　おまえは本物のレゲエ犬だ」僕はマーリーを褒めてやった。

家に着くと、僕はマーリーを室内に入れてリードを外した。すぐに彼はあたりの匂いを嗅ぎはじめ、室内を隅から隅まで嗅ぎまわった。それから、お座りして、問いかけるように小首を傾げた。「調査はぜんぶ終了。で、ぼくのきょうだいはどこなの？」

マーリーとの新生活が実際どんなものなのかわかったのは、就寝時間を迎えてからだった。出かける前に、家とつながっている車一台用のガレージにマーリーの寝床を整えておいた。それまでガレージとしてではなく、物置や作業部屋として使っていた場所だ。洗濯機や乾燥機やアイロン台が置いてある。湿気もなくて居心地がいいし、奥のドアを開ければフェンスをめぐらした裏庭に通じている。床も壁もコンクリートだから、壊してしまう心配もない。「マーリー、ここがおまえの部屋だよ」僕は上機嫌で彼に言いきかせた。

部屋のあちこちに噛んで遊ぶ玩具を置き、中央部に新聞紙を敷き、水を入れたボウル、ダンボール箱に使い古しのベッドカバーを敷いた寝床。「さあ、ここで寝るんだよ」僕はマーリーをダンボール箱に入れた。そういう寝床には慣れているはずだが、これまではいつもきょうだいと一緒だった。マーリーはダンボール箱のなかでちょっとうろうろしてから、絶望したような目つきで僕を見上げた。ためしに、部屋を出て、ドアを閉めてみた。そして、聞き耳を立てた。まずは静かだった。だが、すぐに哀れっぽい啼き声がかすかに響いてきた。まもなく、それがボリューム一杯の叫びに変わった。まるで拷問されてるみたいな声だ。

ドアを開けて、僕が姿を見せると、マーリーはたちまち啼きやんだ。僕は近づいて、しばらくなでてやってから、また部屋を出た。ドアの向こうで数をかぞえた。一、二、三……七までかぞえたところで、また啼き声がはじまった。何度かくりかえしてみたが、結果はそのたびに同じだった。疲れたし、そのうち啼き疲れて眠るだろうから、放っておくことにした。ガレージの明かりはつけたまま、ドアを閉め、家の反対側の端にある寝室でベッドに入った。横になって、啼き声を無視しながら、どれくらいしたらあきらめて眠るだろうかと考えていた。啼き声は続いた。枕に耳をぎゅっと押しつけても、まだ聞こえる。犬の匂いが全然しない見知らぬ場所で、はじめての夜を過ごすのはさぞ寂しかろう。母犬もいない、きょうだいもいない。かわいそうなチビ。このまま放っておいていいのか？

さらに三〇分ほど迷ってから、僕はベッドを出て、ガレージへ向かった。僕の姿を見るや、マーリーの表情はぱっと輝き、揺れる尻尾がダンボール箱にあたってリズミカルな音を立てはじめた。ほら、おいでよ、ここは広いんだよ。そう言っているように見えた。その誘いにのる代わりに、ダンボール箱ごと抱えて寝室へ運び、ベッドにぴったりくっつけて床に置いた。それからベッドの一番はじに横たわって、片腕をダンボール箱のなかへ垂らした。呼吸するたびにマーリーの脇腹が上下するのを手のひらで感じているうちに、いつしか僕たちは眠りに落ちた。

4 ミスター・ウィグル

最初の三日間、僕は新入りの仔犬の世話にかかりきりだった。一緒に床に寝転がって、好きなようにじゃれつかせた。僕もじゃれつき返した。古タオルで綱引きもした──思いのほか力が強くなっているのに驚かされた。マーリーはどこへでもついてきたし、手当たりしだいなんにでもかじりついた。そのあげく、最初の日にはもう、この新しい家で一番楽しいものを発見した。トイレットペーパーだ。バスルームへ消えたと思ったら、五秒後には、トイレットペーパーの端を口にくわえて、まるでゴールテープをなびかせて走るマラソンランナーのような格好で登場し、そこらじゅう駆けまわった。またたくまに室内はハロウィンの飾りつけをしたようになった。

三〇分おきぐらいに、僕はマーリーを裏庭へ連れ出して用足しをさせようと試みた。家のなかで粗相したときには、大声で叱りつけた。外でおしっこしたら、頬ずりして最高に甘い声で褒めてやった。そして、そとでうんちをしたときには、ロトの当たりくじを見つけてきたかのように最大限に褒めそやした。

ディズニーワールドへの旅から戻った妻も、僕と同じくマーリーにかかりきりになった。妻の献身的なようすにはとても驚かされた。結婚してまだまもない自分の妻が、それまで見たこともないような、穏やかでやさしく面倒見のいい姿を披露しているのを、僕は日々目を細めて眺めていた。妻はマーリーにノミやダニがついていないかどうか、丁寧にチェックしつつ披毛にブラシをかけた。夜は毎晩、二時間おきに起きて、トイレタイムのために外へ連れだした。ところが、そうして愛情も手間もたっぷりかけて育てた結果、ほんの数週間でみるみる大きくなった仔犬は、家中を破壊しかねない問題犬に成長したのだ。

餌をやるのはたいてい妻だった。

パッケージに書かれた指示に従って、一日に三回、大きな餌入れいっぱいに仔犬用のフードをやった。食事のたびごとに、マーリーはたちまちがつがつ平らげてしまう。もちろん、入れたものは出るのが道理で、すぐに裏庭はかなり危険な地雷原と化した。どうしてもそこを歩かなければならないときには、油断なく目を光らせなければならなくなった。ことのほか食欲がある日は、糞の量もことのほか多くなり、こんもりとした糞の山は、数時間前に口から入ったものとほとんど変わりない量に思えた。はたして、これで、ちゃんと消化しているのだろうか？

どう見ても、消化機能は順調だった。マーリーは恐るべきペースで成長していた。あたかもジャングルのつる植物がたちまち家一軒を覆ってしまうように、あらゆる点からして指数関数的に拡大していた。日に日に、着々と体長が伸び、横幅が広がり、背が高くなり、体重が重くなった。我が家へやってきたときには九キロだった体重は、たったの数週間で二二キロにまで増えた。車に乗せて家へ連れてきた最初の晩には、片手で簡単につかめた可愛らしい小さな頭は、またたくまに形も重さも鍛冶屋の鉄床《かなとこ》のようになってしまった。足は巨大だし、脇腹には筋肉が盛りあがり、胸板はブルドーザーのごとく幅広い。ひょろ長くて頼りなかった尻尾は、犬の本に書いてあったとおりカワウソのごとくしっかりして、威力を発揮するようになった。

まったく、なんて尻尾だろう。我が家で膝より下の高さに置かれていたものはひとつ残らず、威勢よく振りまわされるマーリーの尻尾の餌食になった。コーヒーテーブルの上をなぎ払って雑誌をばらまき、棚に飾った写真立てを落とし、ビール瓶もワイングラスも吹っ飛ばした。フレンチドアのガラスにもひびを入れた。床に留めてあるもの以外は、マーリーが振りまわす武器の届かない上の方へとしだいに移動していった。子どものいる友人が我が家へ遊びに来ると、「あらまあ、この家は、もう赤ちゃんのいたずら対策がしてあるのね！」と驚いていた。

正確にいえば、マーリーは尻尾を振るのではなく、体全体を振っていた。揺れは肩のあたりからはじまって、後ろへと広がっていく。その動きは、階段を上り下りする犬型玩具のスリンキーによく似ていた。まるで骨がなくて、体全体がすごく大きな伸び縮みする筋肉の塊みたいだった。妻はマーリーをミスター・ウィグル《くねくね》と呼ぶようになった。

しかもマーリーは、口になにかくわえているときには、とりわけ激しく尻尾を振るのだ。それはおなじみの行動になった。手近な靴や枕や鉛筆をくわえて――じつのところ、手当たりしだいなんでも――そのまま走り去る。頭のなかで小さな声が「さあ、早く！口にくわえろ！　よだれを垂らせ！　さあ走れ！」とささやきかけているかのようだ。

口のなかに隠せる小さな物をこっそりくわえているときには、マーリーはことのほかうれしそうだった――今回こそ見つからないぞと、にんまりするかのようだった。だがポーカープレイヤーばりの素知らぬふりはしない。隠し事をしていると、うれしい気持ちを隠せないのだ。そんなときはいつも妙に浮き浮きしたようすで、そのうち急に、まるで目に見えないいたずらな妖精にとりつかれたかのように爆発的に騒ぎはじめる。全身をぶるぶる震わし、首を左右に振り、後ろ半身は妙なダンスのように揺らしている。僕らはそれをマーリー・マンボと呼んだ。

「さあて、今度はなにを持ってるんだ？」そう問いかけながら近づくと、マーリーは尻尾を振りながら部屋中を歩きまわってはぐらかそうとする。腰をくねらせ、いななく仔馬のように首を上下させながらも、禁制の品物を隠し持っている喜びがありありと見てとれる。ようやく追いつめて、口をぐいっと開かせてみるのだが、そこには必ずなにかが見つかる。マーリーの口のなかには、ごみ箱や床から略奪してきた品々が、そしてもっと体が大きくなってからはダイニングテーブルの上からさらってきた品々が見つかった。ペーパータオル、丸めたクリネックス、食料品のレシート、ワインのコルク栓、ペーパークリップ、チェス駒、瓶の蓋――まるでごみ捨て場だ。ある日、マーリーの口をこじあけて点検したところ、上あごに僕の給料小切手がくっついていた。

数週間もすると、僕らは我が家へマーリーが来る前の生活をもう思い出せなくなっていた。たちまちにして、犬がいる暮らしにすっかりなじんだのだ。毎朝コーヒーを飲む前に、僕はマーリーを連れて水辺まで元気に散歩した。朝食を終えてから、シャベルを手に裏庭をパトロールして、砂地になかば埋まっているマーリーの地雷を処理するのは、僕のシャワー前の一仕事。妻は九時前に出勤、僕はたいてい一〇時すぎになるので、マーリーを新鮮な水が入ったボウルとひとり遊び用の玩具を置いたコンクリートのガレージに入れて、「いい子にしてるんだぞ」と元気よく声をかけてから出かける。一二時半ごろには、昼休みで戻ってきた妻がマーリーに昼御飯をやって、裏庭でボールを投げてへとへとになるまで遊んでやる。最初の数週間は、彼女は午後にもう一度家へ戻って彼を外へ出してやっていた。夕食後には、僕らはマーリーを連れてウォーターフロントまで散歩して、パームビーチからやってきたヨットが水路に係留され、夕日を浴びて輝くのを眺めた。

「散歩」というのはたぶん適切な言葉ではない。マーリーの散歩は暴走機関車を思わせる勢いなのだ。全力でリードを引っぱって、そのせいで首が絞まって苦しくなってもかまわず突進していく。僕らは引き戻そうとリードを引っぱる。マーリーは僕らを引きずって前進する。まるで綱引きだ。首輪で締めつけられて、チェーンスモーカーのようにぜいぜい咳きこみながらも、マーリーは引っぱるのをやめない。あちこちの郵便受けや茂みを目がけて右に左に蛇行しながら、匂いを嗅ぎ、荒い息を吐き、きちんと立ち止まらずにせわしなく排尿するので、おしっこは目標物よりも自分にかかるほうが多いくらいだった。僕らの背後をうろうろしたり、また前へ出たりするうちに、こっちの足にリードがからまって、危うく転びそうになる。よその人が連れている犬に出会うと、うれしそうに一目散に駆けだしたあげく、リードに首を引っぱられて後足立ちの格好になりながらも、友だちになろうと必死だ。「とにかく楽しくってしかたないのね」よその犬の飼い主さんが感心していたけれど、まさにそのとおりだった。

はじめのころマーリーはまだ小さくて、僕らはリードの綱引きに勝てたが、日に日に形勢は逆転していった。彼はどんどん大きくなり、力も強くなった。すぐに僕も妻も勝てなくなるのは目に見えていた。飼い犬に引きずられたあげく車に轢《ひ》かれて死亡、そんな哀れな最期をとげないためにも、マーリーに言うことをきかせ、きちんとペースを守って歩けるように訓練しなければならないと、僕らは実感していた。長年犬と暮らしている友人たちは、あわてて訓練をはじめる必要はないと助言してくれた。「まだ早すぎるよ」と友人のひとりは言った。「仔犬のうちはたっぷり楽しんでおいたほうがいいよ。どうせすぐに大きくなるんだから、しつけはそれからでもいいさ」と。

僕らはその助言どおりにしたけれど、かといって好き勝手にさせたわけではなかった。ちゃんとルールを決めて、できるだけ一貫して守らせようとつとめた。ベッドやソファーの上にのったりかじったりは絶対禁止。トイレの水を飲んだり、人間の股間を嗅いだり、椅子の脚に嚙みつくのは厳重注意で、見つけしだい大声で叱る。だから僕らは、いつも二言目には「ノー」と叫んでいた。「来い」「待て」「座れ」「伏せ」といった基本的な指示も教えたが、完璧とはいえない出来だった。まだ幼いマーリーはとてもハイな状態で、見るものすべてに興味を持ち、ニトログリセリンのごとき爆発力を備えていた。とにかく興奮しやすくて、ちょっと遊んでやると、まるでカフェインたっぷりのエスプレッソでも飲んだかのように、四方の壁にあたって跳ね返るボール顔負けの大騒ぎをくりひろげた。僕らは数年後にようやく気づいたのだが、その当時の彼のようすは、後に騒動の種となる「パンツのなかに蟻《あり》が入った子ども」のような手に負えない数々の問題行動の片鱗をうかがわせていたのだ。我が家の仔犬は、まさに注意欠陥多動性障害（ADHD）の典型例だったのだ。

子どもっぽいばかげた行動のあれこれにもかかわらず、マーリーは我が家の大切な一員となり、僕ら夫婦の関係にも大きな影響を与えた。どうしようもないやんちゃ坊主だったが、妻にも母親としての役目が果たせるのだと証明してくれた。数週間妻の世話になっても、マーリーはぴんぴんしていたのだ。それどころか、ぐんぐん大きくなった。あんまり巨大に成長されても困るし、元気すぎるのも困るから、少しご飯を控えようかと冗談を言い合ったほどだ。

冷酷無比な植木殺しから愛情あふれる仔犬の母親へ、妻の大変身ぶりは目をみはるばかりだった。きっと、彼女自身も驚いていたろう。その姿はとても自然だった。ある日、マーリーが激しくゲーゲーしはじめた。あたふたするだけの僕を尻目に、妻はすばやく動いた。さっと近づいて片手でマーリーの口をこじあけ、もう片方の手を喉の奥に突っこんで、唾でべとべとになったセロハン紙のかたまりを取り出した。とても慣れた感じの動作だった。マーリーはもう一度大きく咳きこんで、尻尾を壁に叩きつけてから、〈もう一回、やってみる？〉といいたげな表情で妻を見上げた。

我が家の新メンバーとの生活になじむにつれて、ちがう意味で家族を増やすことについてもごく自然に話せるようになっていった。マーリーを迎えてから数週間して、僕らは避妊をやめることにした。だからといって、優柔不断をモットーに暮らしてきた僕らとしては、絶対に子どもをつくろうと決心したわけではなかった。やや尻込みしつつも、とりあえず妊娠しない努力をするのはやめようと決めたのだ。なんだか理屈っぽい考え方なのは認めつつ、僕らはそれで納得した。プレッシャーはない。全然ない。僕らは赤ん坊をつくろうとしてるわけじゃなく、たんに成り行きまかせにしているだけだ。なるようになるさ。ケセラセラ、それが人生さ。

じつをいえば、僕らは恐くてたまらなかった。これまでに友人夫婦の何組かが、何カ月も何年も努力したあげく、幸運に恵まれず、しだいに絶望的な心境に陥ったのをまのあたりにしていたからだ。ディナーパーティーで会うと、彼らは医者に通っていることや、精子の数や月経周期の話ばかりして、同じテーブルに座ったみんなは辟易《へきえき》してしまうのだ。だって、どんな相づちをうてばいいのだろう？　「きみの精子の数は最高だよ！」だろうか。そんな会話をするのはごめんだ。自分たちがそんなふうになるのは、想像するのも恐ろしかった。

妻はひどい子宮内膜症で苦しんでいて、結婚前には卵管の癒着組織を腹腔鏡で切除する手術を受けていたが、それが妊娠するにあたって悪条件になるのではと心配だった。それ以上に厄介に思えたのは、過去のちょっとした秘密だった。つきあいだしてまもない情熱がなにより先行する日々のこと、感情が常識を完全に追いやって、僕らは警戒心を脱いだ衣服と一緒に片隅に放り投げ、避妊のことなどお構いなしに自由奔放に愛しあった。それも一度だけでなく、何度も。まったく分別のない行動だったし、数年して振り返ってみれば、望まない妊娠を奇跡的に逃れた幸運を天に感謝すべきところだ。ところが、僕らは二人ともこう思った。〈僕らはどこかおかしいんだろうか？　正常なカップルがあんなふうに無防備なセックスをして、ただで済むなんてどっかおかしいぞ〉と。子どもをつくるのはそう簡単なことじゃないと、僕らは確信した。

そこで、友人たちが子づくり宣言をするなかで、僕らは沈黙を保った。妻は避妊用ピルを洗面所のキャビネットの奥にしまって、その存在を忘れることにした。もし妊娠すれば、それはすばらしいことだし、もしそうならなかったにしても、べつに特別な努力をしてるわけじゃない。そう考えればいいのだ。

ウエストパームビーチの冬は一年で一番いい季節、夜はひんやり涼しく、昼は温かく乾燥して天気がいい。火傷しそうな太陽を避けて、エアコンの効いた室内で過ごし木陰を選んで歩く、耐えられないほど長いだらだらした夏がすぎて、冬こそ亜熱帯の穏やかな側面を楽しむにはもってこいだ。三度の食事は裏のポーチで食べ、毎朝裏庭に実ったオレンジを絞ったジュースを飲み、ささやかなハーブガーデンや家の脇にそって植えたトマトを育て、皿ほどの大輪のハイビスカスを摘んで水に浮かべてダイニングテーブルに飾る。開け放った窓の下で眠る夜には、クチナシの花の香りが僕らを包んでくれた。

三月下旬のそんなすばらしいある日のこと、妻は職場の友人と彼女が飼っているバセットハウンドのバディを家へ招いた。犬どうしを遊ばせようというのだ。バディは施設からひきとられた収容犬で、それまで見たこともないほど悲しげな表情をしていた。僕

57　ミスター・ウィグル

らは二匹を裏庭に放して自由に遊ばせた。年老いたバディは、走りまわったり猛スピードで突進したり自分のまわりをうろうろしたりする、エネルギーにあふれたクリーム色の仔犬を持てあましているようだった。かといって、うるさがるでもなく、やがて二匹はじゃれあって、たっぷり一時間以上遊んだあげくに、疲れはててマンゴーの木の陰でへたりこんだ。

数日後、マーリーが体をひっかきはじめ、とまらなくなった。ひどく爪を立ててひっかくので、血まみれになるのではないかと心配になった。妻は床に座りこんで、いつものように指で彼の披毛をかきわけかきわけ、丹念に皮膚を調べはじめた。するとたちまち、「あら大変! これ見てよ!」と叫び声をあげた。彼女の肩越しにのぞきこむと、ちょうどかきわけられた披毛のあいだに、黒い小さな物体が動くのが見えた。すぐにマーリーを床に寝かせて、隅から隅まで点検した。マーリーは僕らが二人して自分に夢中になっているのがうれしいらしく、ハアハアと息を荒げ、上機嫌で尻尾を床に打ちつけていた。敵はそこらじゅうにいた。ノミだ! それも大軍だ。指のあいだにも、首のまわりにも、垂れた耳のなかにまで。一匹ずつ退治していたのでは、たとえどんなに動きの鈍い相手だとしても、退治しきれない。

フロリダがノミやダニで悪名高いと話にきいてはいた。冬でも凍りつくことがなく、霜さえ降りないので、そうした虫は減るどころか、温かく湿った気候で繁殖する一方なのだ。パームビーチの海岸沿いに立つ豪華邸宅でさえゴキブリが棲みついている土地柄だ。自分の仔犬が害虫にやられていると知って、妻は半狂乱になった。きっとバディがきちんとノミよけをしていなかったせいだろう。犬だけでなく家全体が汚染されてしまったと妻は感じた。彼女は車のキーをつかんで飛びだしていった。

三〇分後、戻ってきた妻は、我が家が有害産業廃棄物の浄化を定めたスーパーファンド法の対象地になりそうなほど、大量の化学物質を持っていた。ノミとりシャンプーにノミとり粉、ノミよけスプレー、ノミ用石けんにノミ用消毒液。芝生用の殺虫剤まであって、ノミを完全に一掃したかったらそれを撒かなければいけないと店員に言われたという。ノミの卵を除去するという特別なくしもあった。

僕は買い物袋に手をのばしてレシートを取り出した。「すごい金額だね。もしかして、農薬散布機をチャーターしたほうが安かったかもね」僕は嘆いた。

だが妻は僕の言葉を無視した。完全に殺し屋モードに入っていた――今回は愛する者を守るための殺し――徹底抗戦の構えだ。そして、必死の形相で仕事にとりかかった。まずはマーリーを洗い物用の水槽に入れて、特別な石けんでごしごし洗った。それから、水で消毒液を薄めて頭のてっぺんから尻尾の先までしっかり行き渡らせたが、その消毒液には芝生の殺虫剤と同じ成分が含まれていた。ダウ・ケミカルの工場のような匂いを漂わせるマーリーをガレージに入れて、体が乾くあいだに、妻は床も壁もカーペットもカーテンもソファーも、何もかも掃除機をかけ、スプレーした。妻が室内に殺虫剤を撒いているあいだに、僕は外回りを担当した。「これで全部やっつけたよね?」やっとのことで仕事を終えた僕は妻に尋ねた。

「だと思うわ」妻は答えた。

チャーチルロード三四五番地におけるノミ制圧戦は大勝利だった。その後も僕らは毎日マーリーを点検した。指のあいだも、耳の後ろも、尻尾の根元も、腹まわりも、とにかく調べられるところは全部。ノミの痕跡はどこにもなかった。カーペットもソファーも、カーテンの折り返しも芝生も、どこにもなにもない。僕らは敵を全滅させたのだ。

5　妊娠検査薬のゆくえ

ノミ騒ぎから数週間後、二人でベッドに寝そべって読書していると、妻がふと本を閉じて、「たぶん、なんでもないわよね」と口にした。

「なにが、なんでもないんだい？」僕は本に視線をあてたまま、うわの空で尋ねた。

「生理が遅れてるの」

それは大変だ。「生理だって？　遅れてるって？」僕はひたと妻を見つめた。

「ときどき遅れることはあるんだけど。でも、今回は、一週間も。それになんだか気分が悪くて」

「どんなふうに？」

「風邪がお腹にきたときみたいな感じ。このあいだ、晩御飯のときにワインを一口飲んだら、吐きそうになったし」

「きみらしくもない話だね」

「お酒の匂いを想像しただけで、気持ち悪くなっちゃうの」

僕は口にこそ出さなかったが、このところ妻は妙に怒りっぽくなっていた。

「もしかして……」僕は思いきって切りだした。

「わかんない。どう思う?」

「僕にわかるわけないだろ?」

「なんともいえないけど。万一ってこともあるし。でも、ぬか喜びはいやだしね」

そこまで話してようやく、それが妻にとって、そして僕にとって、どれほど重要なことなのか実感できた。知らぬまに親になる日が近づいていたのだ。赤ん坊のための準備は整っている。僕らはしばらく無言のまま、ベッドに並んで天井を見つめていた。

「このままじゃ絶対に眠れないよ」とうとう僕が口を開いた。

「ドキドキして死んじゃいそう」妻も同じ気持ちだった。

「さあ、着替えて。薬局へ行って、妊娠検査薬を買ってこよう」

僕らがあわててTシャツと短パンを着て玄関を開けると、真っ先に飛びだしたのは、深夜のドライブに連れていってもらえると大喜びのマーリーだった。我が家の小型トヨタ車の横で、後足で立って飛び跳ね、体をくねらせ、口からよだれを垂らし、荒い息をして、僕が後部座席のドアを開ける瞬間を心待ちにしている。「なんだか、おまえが父親みたいだな」僕は呆れた。ドアを開けてやると、喜んで座席に飛びこんだのはいいが、勢いあまって、そのまま反対側の窓に思いきり頭をぶつけた。それでもまだ、いかにもうれしそうだ。

薬局は真夜中まで営業していた。僕はマーリーと車で待ち、妻が店内へ入っていった。事情を問わず男が買いにくい品物はいくつかあるが、妊娠検査薬はリストの最上位に位置すると言っていいだろう。後部座席のマーリーは視線を薬局の入り口に釘付けにしたまま、くんくん啼きながらせわしなく歩きまわっていた。興奮するといつものことであり、目が覚めているかぎりいつも興奮しているのだが、彼はハアハアと荒い息をしつつ、よだれを垂らしていた。

「頼むから、落ちついてくれよ。ジェニーは裏口から逃げたりしないからさ」僕はマーリーに言った。するとマーリーはぶるぶるっと大きく身震いして、唾液と抜け毛を僕に振りかけた。マーリーの車内でのマナーの悪さには慣れているので、前の座席には念のためにバスタオルが置いてある。僕はそれをつかんで自分の体と座席をふいた。「落ちつけ。ジェニーは絶対に戻ってくるから」

五分後、妻が小さな袋を抱えて戻ってきた。駐車場を出ようとすると、マーリーが僕らのバケットシートのあいだに肩から割りこんできた。前足を中央のコンソールに置いて体重を支え、鼻先がバックミラーにくっつきそうなほど前のめりになっている。車が曲がるたびに、がくんと倒れて胸からサイドブレーキに崩れ落ちる。なんど倒れても、まったくへこまず、ますますうれしそうに、マーリーは体をぐらぐらさせながらその位置に立っていた。

まもなく家へ戻った僕らは、洗面所で八ドル九九セントの妊娠検査キットを広げた。僕は大きな声で説明書を読みあげた。「よし。判定の的中率は九九パーセント。まず最初に、この容器に尿を取るんだ」僕は言った。つぎには、細長い検査紙を採取した尿に浸し、それからキットに入っている小さなガラス瓶の液体に入れる。「五分待つ。それからつぎの液体に浸けて一五分待つ。もし紙の色がブルーになったら、きみはもうすぐママだ！」

僕らは五分間じっと待った。それから、妻が二番目の瓶に検査紙を入れて言った。「ここで待ってるのはたまらないわ」

僕らは居間へ移動して、やかんの湯が沸くのを待っているかのような何気ないふりを装った。「マイアミ・ドルフィンズの調子はどうだい？」僕はまるで興味のない話題を口にした。本心はといえば、心臓が爆発しそうなほどドキドキして、期待と不安で胃が締めつけられる気分だった。もし結果が陽性なら、僕らの人生は大きく変化する。もし陰性なら、妻はひどくがっかりするにきまっている。考えてみれば、僕だってもちろんがっかりするだろう。永遠にも思えるほど長い時間がたって、タイマーが鳴った。「さあ、時間だ。結果がどうでも、きみを心から愛してるからね」僕は立ち上がった。

バスルームへ入って、検査紙をガラス瓶から取り出した。目の前にあるのは、まぎれもないブルー。深い海のブルー。紺ブレザーのような深みのある濃いブルー。まさに正真正銘のブルーだ。「やったね、ジェニー」僕は歓声をあげた。

「まあ、本当なのね」妻はそう言うなり、僕の腕のなかに飛びこんできた。

洗面台の前で、目を閉じて妻と抱きあっているうちに、ふと気づくと足元でなにかがもそもそ動いている。目を開けて下を見ると、そこにはマーリーが身をくねらせ、頭を上下に揺らし、リネン庫の扉がへこみそうなほど強く尻尾を打ちつけていた。なでようと手をのばすと、さっとかわして逃げだした。おっと。マーリー・マンボだ、ということは、なにかを口に隠し持っているにちがいない。

「なにを隠してるんだ？」僕はマーリーを追いかけた。マーリーはぴょんぴょん跳ねて居間へ逃げこみ、手の届かない位置でおいでおいでしている。やっとのことで追いつめ、口をこじあけると、最初はなにも見えなかった。だが、よくよく見れば、舌の根元の、喉の奥のほう、もう少しで飲み込まれてしまいそうな場所になにかがある。細くて長くて平らなもの。色は深い海のブルー。僕は喉の奥まで手を突っこんで、陽性反応を示している妊娠検査紙を引っぱりだした。「残念だけど、これは記念にスクラップブックに貼るんだよ」僕はマーリーに言い渡した。

笑いがこみあげてきて、僕も妻もずいぶん長いあいだ笑った。マーリーがごつい大きな頭のなかでなにを考えていたか想像すると、おかしくてたまらなかった。〈ふ〜ん、証拠さえ消しちゃえば、きっと二人はこんながっかりな話は忘れちゃうだろうし、だいじな棲みかを新入りと分けあう必要はなくなるかも〉、そう思っていたのかもしれない。

妻がマーリーの前足を持って立たせ、一緒にダンスを踊りはじめた。「マーリーはね、おじさんになるのよ！」妻は歌うように言った。マーリーの返事はいつものとおり――飛びついて大きな湿った舌を妻の口のなかにねじこんだ。

翌日、仕事場に妻から電話があった。とても明るい声だった。医者から帰ったところで、妊娠検査薬の結果がきちんと裏づけられたという。「すべて順調です、って」妻はいかにもうれしそうだった。

前の晩に、僕らは指折り数えて赤ちゃんを授かった日を確かめようとしてみた。数週間前に大騒ぎしてノミ退治したときすでに妊娠していたのだと気づいて、妻は心配になった。あんなに大量の殺虫剤を使って、悪影響はなかっただろうか？　医者に尋ねてみたところ、おそらくなんの問題もないでしょうとの答えだった。ただし今後は使わないようにと注意されたという。医者は妊婦用のビタミン剤を処方し、三週間後にまた来てください、そのときには、超音波の機械を使って、成長しつつある小さな胎児の姿が見られますよと、妻に言った。

「忘れずにビデオテープをお持ちください、って。そうすれば映像をダビングしてくれるのよ」

デスクに置いたカレンダーに、僕はしっかりしるしをつけた。

6 悲しみを分かちあう

南フロリダの住人は、ここには四季があると言うだろう。微妙な違いだとは認めながらも、それでも四つの季節に分かれていると言い張るはずだ。そんな言葉を信じてはいけない。ここでは季節は二つしかない。温かく乾燥した季節と、暑くて湿った季節と。一夜にして夏の蒸し暑さが戻ってきた、ちょうどそのころ、僕らは僕らの仔犬がもう仔犬ではなくなったことに気づいた。冬が夏に様変わりするのと同じくらい急激に、マーリーはみちがえるほど大きくなり、思春期を迎えた。最初はクリーム色の大きすぎる毛皮を着ているみたいに皮膚がだぶついて見えたのに、生後五ヵ月になったいまでは、体にしっかり肉がついた。巨大な足はもうおかしなほど不釣り合いではない。針のように細かった乳歯は立派な大人の歯に生え替わって、フリスビーだろうと新品の革靴だろうと、たちまち噛みつぶせる。吠え声は低く、威圧的に響く。後ろ足で立って、まるでロシアのサーカスのクマのようによちよち歩くという得意技を披露すれば、僕の肩に前足をのせて休んだり、僕の目を真正面から見たりもできる。

はじめて動物病院に連れていったとき、獣医がマーリーを見てヒューッと口笛を吹いた。

「この子は大きくなりますよ」

たしかに、おっしゃるとおりだった。マーリーは堂々たる体格に成長し、ありがたいことに、これで僕が彼のために考えた正式な名前はまさに当を得たものだったと妻を納得させられるというものだ。グローガンズ・マジェスティック・マーリー・オブ・チャーチル、すなわちチャーチルロードに住んでいて、非常に堂々としているという意味だ。ともかく、もはやマーリーは、少なくとも見た目からいえば、自分の尻尾を追いかけて遊ぶ仔犬ではなかった。時おり、さんざん走ってエネルギーをすっかり消耗したあとで、マーリーは居間のペルシア絨毯に座って、ブラインドの隙間から斜めに差しこむ日の光を浴びていた。頭を上げ、鼻先をつやつやと輝かせ、前足を交差させている姿は、エジプトのスフィンクスを思わせた。

マーリーの変化に気づいたのは、僕らだけではなかった。道行く人々が避けるようにしたり、マーリーが目の前に飛び出すと思わず後ずさりしたりすることからも、もはや害のない仔犬と見なされていないのはあきらかだった。他人にとっては恐れるべき対象に成長したのだ。

我が家の玄関ドアには、ちょうど目の高さに、縦二〇センチ横一〇センチの小さな細長い窓がついていた。マーリーはとても社交的で、玄関のベルが鳴ると、たちまちものすごいスピードで木の床を駆け抜け、玄関広間にすべり込んで敷いてある小さな絨毯をひっくり返し、勢いあまって玄関ドアにどすんとぶつかる。体勢を立て直して、後足で立ち、前足をドアにかけて大きな声で吠えたてるのだが、来訪者からすれば、目の前の小さな窓いっぱいにマーリーの大きな頭部が迫るわけだ。マーリーにしてみれば、それは歓迎のしるしであり、あふれる喜びを表現しているにすぎない。だが訪問販売のセールスマンにしろ、郵便配達にしろ、マーリーと面識がない人間にとっては、スティーヴン・キングのホラー小説『クージョ』に出てくる狂犬病の犬が襲いかかってくる場面を連想させるし、冷酷無比な狂犬と自分を隔てているのは木製ドア一枚なのだ。ドアベルを鳴らしたもののマーリーの攻勢にあって、たちまち車寄せのなかほどまで避難して、僕らが出てくるのを待っていたのは、一人や二人ではなかった。

これはかならずしも悪いことではなかった。

我が家は都市計画者がいうところの「変遷地域」にあった。周辺の家々は一九四〇年代から五〇年代に建てられて、避寒地や引退後の永住地を求める人々が住んでいたが、そうした第一世代の人々が世を去るにつれ、賃貸の人たちやワーキングクラスがしだいに多くなって、雑多な雰囲気になりはじめた。僕らが入った当時は、ちょうどふたたび変化の時期を迎えていて、今度は水辺の立地やアールデコ調のファンキーな建築物に惹かれたゲイやアーティストや専門職の若い人々が集まることで高級化しつつあった。

我が家があるブロックは、騒々しいサウス・ディキシー・ハイウェイと海岸沿いに立ち並ぶ豪華な家々とのあいだの緩衝地帯になっていた。ディキシー・ハイウェイはもともとは国道一号線で、フロリダの東海岸に沿って走り、インターステート・ハイウェイが開通する以前はマイアミへの主要ルートだった。片側二車線ずつ、真ん中の左折車線を分けあって、合計五車線の日に焼けた舗装道路で、沿道には中古屋やガソリンスタンド、果物の露店、不要品の委託販売店、軽食堂、時代遅れの家族経営モーテルなど、やや うらぶれた印象の建物が並んでいた。

サウス・ディキシー・ハイウェイとチャーチルロードが交わる四つ角には、酒屋と二四時間営業のコンビニ、窓に頑丈な鉄格子がついた輸入品ショップ、そして屋外コインランドリーがあった。コインランドリーでは夜通し人がたむろしていることが多く、茶色い紙袋に入った酒瓶がよく転がっていた。僕らの家は四つ角から八軒目で、ブロックのなかほどにあった。

安全な地域だと思っていたけれど、かならずしもそうではないと示す証拠もあった。

庭に置いてあった道具がいつのまにか消えたり、例年にない寒さが続いたときには、家の脇に積んでおいた薪が全部盗まれたりした。ある日曜日には、いきつけの軽食堂の通りに面したいつもの席で朝食を食べていたら、妻が僕らの頭のすぐ上の窓ガラスに弾が貫通した穴を見つけて、さりげなく僕に報告した。「この前来たときには、あんなのなかったわね」

ある朝、仕事に行こうと家を出て車を走らせかけると、側溝に両手も顔も血まみれの男が倒れていた。すわ交通事故かと、僕はあわてて停車して走り寄った。だが、近づいて屈みこむと、アルコールと尿の匂いが鼻をつき、男が口を開くと、明らかに酔っていた。僕は救急車を呼んでそこで一緒に待っていたが、いざ到着すると、男は手当されるのを拒んだ。救護員や僕が手をつかねて眺めるなか、男は千鳥足で酒屋のほうへ去っていった。

さらには、ある晩、なんだかせっぱ詰まったようすの見知らぬ男がやってきて、隣のブロックの家を訪ねてきたのだが、車がガス欠になってしまったのでガソリン代を貸してくれと言った。そんなことを頼まれて五ドル貸してやれるだろうか？　金は翌朝一番に返すと男は請けあった。〈ふ～ん、なるほどね〉と僕は思った。お困りだろうから警察に電話してあげるよと答えると、男はわけのわからない言い訳をしながらいなくなった。

なにより物騒に思えたのは、斜向かいの小さな家で起きたという事件だった。僕らが引っ越してくる数ヵ月前に、その家で殺人があったのだそうだ。それもただの殺人ではなく、寝たきりの老女が電動ノコギリでばらばらにされた陰惨極まる事件だった。事件は大きなニュースになって、引っ越す前の僕らもくわしく知っていた——場所だけをのぞけば。気づいてみれば、自分が犯行現場の斜向かいの家に住んでいたわけだ。

被害者はルース・アン・ネダーマイヤーという名前の、引退生活を送る元教師。ひとり暮らしで、この近辺に最初に住みついた第一世代の住民のひとりだった。腰の手術を受けた後、身のまわりの世話をしてくれる通いの看護人を雇ったのだが、それが致命的な結果をもたらした。雇われた女は、のちに警察が調べたところによれば、ミセス・ネダーマイヤーの小切手帳から小切手を盗んで、勝手にサインして使っていたのだ。

ミセス・ネダーマイヤーは体はかなり衰えていたものの頭はぼけていなかったので、小切手がなくなったことや、銀行口座から覚えのない支払いが引き落とされている事実を、看護人に突きつけた。悪事が露見して逆上した女は哀れなミセス・ネダーマイヤーを撲殺し、愛人の男に電話して電動ノコギリを持ってこさせ、二人でバスタブのなかで死体をばらばらに切断した。そして、切断死体を大きなトランクに詰めこみ、バスタブの血を洗い流してから車で逃走した。

数日のあいだ、近所の人々はミセス・ネダーマイヤーが急にいなくなったのを不思議に思っていたそうだ。ところが、ある男性が、自分の家のガレージでひどい悪臭がすると警察に通報したことから、事態は急展開、その謎が解けた。やってきた警察が発見したトランクの中身は、ぞっとするものだった。トランクが誰のものか訊かれた家主の男性は、真実を語った。自分の娘から預かったのだと。

ミセス・ネダーマイヤーが犠牲になった残忍な殺人事件は、この近辺で歴史に残る大騒ぎとなったのに、僕らが家の購入を検討しているときには誰ひとり教えてくれなかった。不動産屋も、元の持ち主も、家屋調査士も、不動産鑑定士も口をつぐんでいた。引っ越してきた最初の週に、クッキーや料理のお裾分けを持ってきてくれた近所の人たちからはじめてきいたのだ。夜になってベッドに横たわっていると、寝室の窓からほんの三〇メートル向こうで、か弱い未亡人が殺されて切り刻まれたのだと思わず考えてしまう。あれは内部の者による犯行で、自分たちの身には絶対に起きないと、僕らは自分自身に言いきかせた。それでも、その家の前を通ったり、通りに面した窓からそちらを眺めたりするたびに、そこで起きた惨劇を思わずにはいられなかった。

いずれにせよ、我が家にはマーリーがいて、知らない人たちが彼を恐ろしげに見つめることは、なんともいえない安心感をもたらした。マーリーは体こそ巨大だが、愛すべきバカ犬で、侵入者への攻撃手段があるとすれば、相手をなめまくって窒息させるという奇策だ。だが、徘徊者や侵入者はそんな真実は知る由もない。彼らにとっては、マーリーは大きくて、力が強く、なにをするかわからない恐い犬だ。そう思ってくれるのは、僕らにとって都合がよかった。

妻は妊婦生活にすっかりなじんでいた。朝早く起きて軽く運動し、マーリーの散歩をする。新鮮な野菜や果物たっぷりの健康によい食事をつくる。コーヒーやダイエットソーダはけっして口にせず、もちろんアルコールもやめて、僕がスプーン一杯の料理用シェリーを鍋に入れるのさえ許してくれなくなった。

安定期に入って流産の危険性がなくなるまで、誰にも言わないでおこうと約束したのだが、この件に関しては、僕らはとうてい口が堅いとはいえなかった。うれしさのあまり、ついつい秘密を漏らしてしまい、そのたびごとに誰にも言わないでと相手に釘を刺したものの、しまいには秘密でもなんでもなくなってしまった。まず最初におたがいの両親に話し、つぎはきょうだい、親しい友人たち、職場の仲間たち、そして近所の人、といった順番だった。一〇週目になると、妻の腹部が心もちふっくらしてきた。いよいよ実感が湧いてきた。この喜びをみんなと分けあってなにが悪い？　妻の診察と超音波の予約日がやってきたときには、大きな屋外看板にこう書きたい気持ちだった。ジョンとジェニーに赤ん坊ができました。

　診察を受ける予約日の午前中、僕は休みをとって、赤ん坊の最初の映像を撮るためにビデオテープを持って出かけた。診察を受けるだけでなく、妊婦の心得などあれこれ説明があるとのことだった。助産師がいろいろな質問に答えてくれ、妻の腹囲を測り、赤ん坊の心音を聴き、そしてもちろん、妻の体内に宿っている小さな姿を見せてくれることになっていた。

　午前九時、僕らは期待にあふれて診療所へ到着した。助産師は英国風のアクセントで話す中年の落ちついた感じの女性で、僕らをこぢんまりした検査室へ案内するとすぐに、「赤ちゃんの心音をお聴きになりたいですか？」と尋ねた。もちろんですと僕らは答えた。彼女はスピーカーにつながったマイクロフォンのような器具を妻の腹部に走らせ、僕らは熱心に耳を澄ました。僕らは無言で顔に笑顔を張りつかせたまま、胎児の小さな心音を聞き逃すまいと緊張していたが、スピーカーからは雑音が流れてくるだけだった。

こういうことはよくあるんですよと助産師は言った。「赤ちゃんの体の向きによっては聞こえにくいんです。なにも聞こえないこともあります。少し時期が早いのかもしれませんね」超音波検査に進もうと彼女は言った。「じゃあ、赤ちゃんを見てみましょうね」彼女は明るく言った。

「ベビー・グローガンといよいよご対面ね」妻が僕にほほ笑みかけた。助産師は僕らを超音波検査室へ案内し、妻をモニター画面の隣の台に仰向けに寝かせた。

「テープを持ってきたんですけど」僕はそれを取りだした。

「ちょっとお待ちくださいね」助産師はそう言うと、妻のシャツをたくし上げて、腹部にホッケーのパックのような器具をすべらせはじめた。僕らはなんだか不明瞭な灰色の集積像が映るモニター画面を見つめた。「う～ん、なにも映らないようね」助産師は事務的な口調で言った。「経膣超音波で見てみましょう。そのほうが細かいところまでわかりますから」

彼女はいったん部屋を出て、脱色ブロンドの髪の背が高いべつの助産師を連れて戻ってきた。彼女の名前はエシーといった。エシーは妻に下着を脱ぐよう指示して、コンドームをかぶせた検査器具を妻の膣内に入れた。たしかにこのほうが腹壁を通してより画像がかなり鮮明だ。灰色の広がりの中央にある小さな袋のような子宮に、彼女は焦点を合わせ、パソコンのマウスをクリックしてその部分の画像を拡大し、もう一度それをくりかえした。さらに、もう一度。だが鮮明な画面をいくら見つめても、僕の目には、その袋は中身の入っていないだらっとした靴下のように見えた。妊娠と出産の本に載っていた妊娠一〇週目の胎児の小さな手や足は、いったいどこだろう？　可愛らしい丸い頭は？　拍動する心臓は？　まるでツルのように首を伸ばしてモニター画面をのぞこうとする妻は、期待感にあふれながらも、やや不安げな笑みを浮かべて助産師に訊いた。

「どうです、見えますか？」

視線を上げてエシーの表情を見た僕は、その答えが望ましいものでないことを悟った。何度も画像を拡大していく最中に彼女が一言も発しなかった理由が、その瞬間にぴんときた。彼女は抑えた口調で「妊娠一〇週目の胎児には見えません」と妻に答えた。僕は妻の膝に片手を置いた。僕らはあたかもそうしていれば命を与えられるかのように、画面に映るおぼろげな像をじっと見つめていた。

「どうも問題が起きているようです。シャーマン先生をお呼びしますね」エシーが言った。

気を失う寸前にはイナゴの大群が空から降ってくるような感じがするとかねがね聞いていたが、無言で待つあいだ、僕はそれを実際に味わった。頭からさっと血の気が退いて、ひどい耳鳴りがする。〈すぐに腰かけないと、この場で卒倒しそうだ〉と思った。

そんなことになったら、どれほどみっともないだろう？　気丈な妻がひとりで悲しい宣告をけなげに受けとめている横で、夫の僕は床に倒れて、看護師に気付け薬を嗅がされているなんて。僕は検査台の端に浅く腰かけ、片手で妻の手を握り、もう片方の手で肩をなでた。妻は目に涙を浮かべていたけれど、泣き声はあげなかった。

シャーマン先生は背が高く、見るからに有能そうで、ぶっきらぼうだが気さくな物腰の男性だった。先生は胎児が死んでいると確認した。「ふつうなら心臓が動くのが見えるはずです」僕らが本を読んですでに知っていることを、先生は穏やかな口調で説明した。流産は六分の一の確率で起こる。それは、発育不全や重篤な奇形を持つ胎児を選別する自然の摂理なのだ。先生はノミ駆除スプレーに関する妻の心配を念頭に置いているらしく、妊娠中の行動が影響することはありませんと言った。そして、妻の頬に手をあてて、キスしそうなほど近くに身を乗りだしてささやいた。「本当に残念です。でも、しばらくすればまたチャンスに恵まれますよ」

僕らは黙ったまま座っていた。かたわらに置いたビデオテープが、自分たちの能天気な楽天主義を象徴しているようで、急にいたたまれない気持ちに襲われた。そんなもの放り投げてしまいたかった。隠してしまいたかった。僕はシャーマン先生に尋ねた。

「それで、どうすればいいんでしょう？」

「胎盤を処理しなければなりません。昔なら、赤ちゃんが死んでいてもわからないままで、出血してはじめて気づくというケースです」

中絶するのと同じく、胎児と胎盤を子宮内から吸い出す処置をしなければならないが、いったん自宅へ戻って週末を過ごしてから月曜日に病院へ来てもいいですが、どうなさいますかと、彼は尋ねた。けれど妻は、早く済ましてしまいたい気持ちだったし、それは僕も同じだった。「早いほうがいいんです」妻は答えた。

「わかりました」先生は拡張剤らしきものを投与してから、部屋を出ていった。彼が廊下の先のほうのべつの検査室へ入って、妊婦さんとなごやかに談笑する声が聞こえた。

部屋に残された僕ら二人がたがいにしっかり抱きあっていると、ドアに遠慮がちなノックの音がした。それまで面識のない年配の女性だった。束ねた書類を持っている。「失礼するわね、ごめんなさい」彼女は妻に声をかけた。そして、処置に関する危険性を説明した承諾書にサインをくださいと言った。

戻ってきたシャーマン先生は、淡々と仕事にかかった。まず安定剤のベイリウムを、つぎに鎮痛剤のデメロールを妻に注射した。処置はまったく痛みがないわけではないにせよ、迅速だった。薬が完全に効く前に、もうすべて終わっていた。済んだ後、薬の効果が強かったのか、妻はほぼ意識のない状態だった。「万が一、息が止まったら大変ですから、気をつけてあげてくださいね」先生はそう言い残して部屋を去った。冗談じゃない。患者の息が止まらないように気をつけるのは、医者の仕事じゃないのか？　それに、妻がサインした承諾書には「麻酔薬の過剰投与で呼吸が止まる危険性があります」なんて文言はなかった。それでも僕は言われたとおりにした。大きな声で妻に話しかけ、腕をさすり、頬を軽く叩き、「ねえ、ジェニー！　僕だよ、わかる？」と呼びかけた。

妻は死んだようにぐったりしていた。

しばらくして、エシーがようすを見にきた。妻の血の気のない顔を見るなりきびすを返した彼女は、すぐに濡れタオルと気付け薬を持ってきた。エシーが気付け薬を妻の鼻先に永遠とも思えるほど長く押しつけていると、妻はようやく身動きしはじめたが、それはほんの一瞬だった。僕は大きな声で呼びかけつづけ、僕の手に息がかかるくらい深く呼吸して、と言いつづけた。妻の肌はまるで血の気がなかった。脈拍は六〇だ。僕は不安をなだめながら妻の額や頬や首に濡れタオルを押しあてた。すると、やっとのことで妻は意識を取り戻したけれど、まだひどくぼうっとしていた。「とっても心配したんだよ」僕は声をかけた。妻はぼんやりした表情で、まるでなにが心配なのか確かめようとするかのように僕を眺めた。そしてまた、意識が遠のいた。

三〇分後、助産師に手伝ってもらって身支度した妻を抱えるようにして病院を出たが、その際にこんな注意を受けた。今後二週間は、入浴も水泳も膣洗浄もタンポンもセックスもだめ。

車内で、妻は心ここにあらずのようすで黙りこくり、助手席にもたれてずっと窓の外を眺めていた。その目は赤かったが、泣いてはいなかった。なんとか慰めたいと思ったが、言葉が見つからなかった。じつのところ、いったいなにが言えただろう？　僕らは赤ん坊を失ったのだ。たしかに、また今度があるさと言うこともできたろう。こんな悲しい思いをしているのは僕らだけじゃないんだよと言うことも。けれど、そんな言葉は彼女の心には届かないだろうし、僕も口にしたくなかった。時がたてば、振り返って思い出せる日も来るだろう。だけど、今日は無理だ。

僕は、ウエストパームビーチのウォーターフロントに沿って、医師の診療所がある北の端から僕らの家がある南の端まで、眺めのいいフラグラードライブに車を走らせた。陽光が水面にきらめき、雲ひとつない青空の下でヤシの葉がやさしく揺れている。人生の喜びを感じさせるような日だったけれど、僕らのための日ではなかった。僕らは黙ったまま家へ向かった。

家へ帰りつくと、妻を室内へ連れて入ってソファーに落ちつかせてから、いつものように僕らの帰りを期待で息を切らせて待っているマーリーがいるガレージへ向かった。僕の姿を見るなり、マーリーは特大の骨型牛皮に飛びついてくわえ、体全体を揺らし、尻尾をティンパニのばちのように洗濯機に強く打ちつけながら、見せびらかして歩いた。それを奪い取ってみろと僕を誘った。

「今日はだめなんだよ」そう言って僕はマーリーを裏庭へ放してやった。マーリーはビワの木の根元にたっぷりおしっこしてから猛スピードで戻ってきて、そこらじゅうに水をはね散らしながら水を飲んで、妻を捜しに室内へ入っていった。裏口に鍵をかけて、飛び散った水をモップでふき、マーリーを追って居間へ行くのに数分かかった。

居間の入り口で、僕は思わず足を止めた。そんなことが起きるなんてとうてい信じられなかった。いつもハイで手に負えない我が家の犬が、大きなごつごつした頭を妻の膝にあずけて静かに立っている。尻尾は両足のあいだにだらりと垂れていたが、体を触られているのに尻尾を振っていないマーリーを見たのは、これがはじめてだった。マーリーは妻を見上げ、低く悲しげに鼻を鳴らしている。妻はゆっくりとマーリーの頭をなでていたが、突然、毛が密生した彼の首に顔を埋めて嗚咽《おえつ》しはじめた。感情を解き放ち、大きな声で心の底から泣いていた。

マーリーは彫像のように動かず、妻はまるで大きなぬいぐるみを抱きしめているようで、彼らは長いあいだそうしていた。少し離れて立っていた僕は、なんだか見てはいけない二人だけの瞬間を邪魔している気がして、どうしたらいいかわからなかった。と、妻が顔を伏せたまま、腕を上げて招いたので、僕もソファーに座って、妻の体に両腕をまわして抱きしめた。そうして僕らとマーリーは、堅く抱きしめあって悲しみを分かちあった。

7　飼い主と獣と

医者へ行った翌日は土曜日で、明け方ふと目覚めると、妻が僕に背を向けて静かにすすり泣いていた。マーリーも目覚めて、女主人に同情を寄せるかのようにマットレスにあごをのせていた。僕はそっと起きて、コーヒーを淹れ、オレンジを絞ってジュースをつくり、新聞を持ってきて、トーストを焼いた。しばらくしてローブ姿で起きてきた妻は、もう大丈夫よというかのように、けなげにほほ笑んでみせた。

朝食を済ませてから、一緒に散歩に出かけてマーリーを泳がせようということになった。この近くの海岸線は、コンクリートの波消しブロックや大岩で土手が築かれていて水には近づけない。だが、六ブロックほど南へ歩けば、波消しブロックが陸側へ入りこんで、流木が散らばった狭い白砂の浜辺が開けている。犬が遊ぶにはもってこいの場所だ。その小さなビーチに着くと、僕はマーリーの目の前で棒きれを振ってみせてから、リードを外した。マーリーは飢えた男がパンを見るような目つきで、食い入るように棒きれを見つめた。「取ってこい！」僕は叫んで、できるかぎり遠くの水面に向かって投げた。マーリーはコンクリートの壁をひらりと飛び越え、ビーチを過ぎて浅い海へ走りこんで、水しぶきをあげた。ラブラドール・レトリーバー本来の姿だ。それは彼らのなすべき仕事として遺伝子に刻みこまれている。

ラブラドール・レトリーバーがもともとどこで産まれたのか、たしかなことはわかっていないが、つぎのような事実は知られている。原産地はカナダ東部のラブラドール半島ではない。この筋骨たくましい短毛の水鳥狩猟犬《ウォーター・ドッグ》が登場する最初の記録は一六〇〇年代のことで、場所はラブラドール半島の南、ニューファンドランド島だ。当時の記録に、地元の漁師が平底の漁船に犬を乗せて海へ出て、綱や網を引かせたり、針からはずれた魚を取ってこさせたりしていたとある。その犬は氷のように冷たい水をはじく油分を含んだ毛皮を持ち、泳ぎが上手で、エネルギーにあふれ、魚の体を傷つけずに口にくわえる能力を備えていたことから、北大西洋の厳しい漁場で使役犬として重宝された。

この犬がそもそもどのようにしてニューファンドランド島に渡ってきたのかは、推測に頼るしかない。彼らはもとからこの島にいたのではなく、最初にこの島へ定住したイヌイットたちが犬を連れてきたという証拠もない。ヨーロッパ大陸や英国からやってきた漁師たちによって猟犬がニューファンドランド島へ持ちこまれ、その多くが船から逃

げて、沿岸部に棲みついて繁殖したというのが、もっとも妥当な説だろう。その後、さまざまな交雑が進んで、現在のラブラドール・レトリーバーになったのだろう。血筋からいえば、より大型で長毛の犬種であるニューファンドランドと共通する部分もあるのだろう。

どんな経緯でやってきたにせよ、この驚くべき能力を持つ猟犬を、ニューファンドランド島の猟師たちは、仕留めた猟鳥や水鳥を回収させるのにおおいに利用した。一六六二年、ニューファンドランド島セントジョンズに住んでいたW・E・コーマックが、徒歩で島を旅した際に数多く見かけたウォータードッグについて、「鳥猟の回収犬《レトリーバー》としてすばらしく訓練されており……それ以外でも有用である」と記録している。一九世紀はじめには英国紳士たちがこの犬に目をつけ、キジやライチョウやウズラなどの鳥猟に使うためにイングランドへ輸入した。

一九三一年に全米の愛好者たちが設立し、この犬種の純粋性の維持に貢献しているラブラドール・レトリーバー・クラブによれば、「ラブラドール」という名前の由来は、一八三〇年代に第三代マームズベリ伯爵が第六代バックルーチ公爵に宛てた手紙のなかで、自分が所有するすばらしいレトリーバーについてあれこれ自慢したことによるのだという。「われわれはこの犬をラブラドール犬と呼んでいる」とマームズベリ伯爵は書いた。それ以降、この名前が定着した。賢明なる伯爵は「この犬種の血統を純粋に保つために」最大限の努力を払った、と書いている。だが、他の人々はラブラドールにそれほど格別な愛着を持たず、むしろこの犬種の優秀な特質を獲得させようとして、さまざまなレトリーバーと交配した。けれど、犬種本来の特質はしっかり維持され、一九〇三年七月七日、英国ケンネル・クラブによってラブラドール・レトリーバーは独立した犬種として認められた。

この犬種の愛好者で長年にわたって繁殖を手がけているB・W・ジーソーは、ラブラドール・レトリーバー・クラブの会報にこう書いた。「アメリカの狩猟家たちはこの犬をイングランドから輸入して、自国の狩猟に役立つように育成し、訓練した。それ以降、ラブラドールは厳寒のミネソタ州で猟鳥を取りに凍てつく水に入り、南西部の酷暑をものともせずに一日中ハト狩りを助けている。そんな彼らの報酬は、よくやったとなでてもらうことだけだ」

ラブラドール・レトリーバーの輝かしき血統はざっとこんなところだが、マーリー自身はといえば、そうした本来備えているはずの特質の、少なくとも半分は持っていた。獲物を追跡するのは、得意中の得意なのだ。ただし、捕らえた獲物を持ってくるという発想はまるでない。マーリーのいつもの態度は、〈もし、そんなに棒きれが欲しいんなら、自分で水に飛びこんで持ってくれば〉だ。

マーリーが口に棒きれをくわえて、ビーチを駆け戻ってきた。「持ってこい！　マーリー、ここまで持ってくるんだ！」僕は叫んで、手を叩いた。マーリーは興奮して全身を揺らしながら、そのへんを跳ねまわり、ぶるっと大きく体を震わせて僕を水と砂だらけにした。と、驚いたことに、僕の足元に棒きれを落とした。〈おお、やっとわかったのか〉僕はうなずいた。やったとばかりに、シマナンヨウスギの木陰に座っている妻を振りむくと、彼女もうなずいてくれた。だが、棒きれを拾おうとする僕を、マーリーは虎視眈々《こしたんたん》と狙っていたのだ。さっと飛びかかって棒きれをくわえると、奇妙な8の字を描いて旋回しながらビーチを逃げていく。そして、またすぐ近くまで戻ってきて、捕まえてみろといわんばかりだ。何度か追いかけてみたけれど、足の速さでも機敏さでも向こうが何枚も上手だ。「おまえはラブラドール・レトリーバー《回収犬》だぞ！　ラブラドール・イベイダー《逃亡犬》じゃないんだぞ！」僕はむなしく叫んだ。

だが、マーリーになくて僕にあるものがある。少なくとも筋力よりちょっとはましな、進化した脳だ。僕はもう一本棒きれをつかんで、うれしそうにはしゃいでみせた。棒きれを高く持ち上げて手から手へ放り投げたり、大きく振ったり。マーリーの気持ちがぐらつくのが見てとれた。ついさっきまでこの世で一番貴重だった自分の口のなかの棒きれが、突如として輝きを失ったのだ。僕の棒きれは、まるで魅惑的な美女のように彼の心を惹きつけた。マーリーはそろりそろりと近づいてきて、僕の目の前までできた。「ほらほら、だまされやすいやつはどこにでもいるもんだ、そうだろ、マーリー？」僕が高笑いして、棒きれで鼻先をなでてやると、マーリーは獲物をよく見ようとして寄り目になった。

いったいどうやったら、こっちの棒きれをくわえたまま、あっちの新しい棒きれを取れるだろうかと、マーリーの頭のなかで小さな歯車がカタカタまわっているのが目に見えるようだった。二本一緒にくわえられるかどうか確かめようとするかのように、上唇がひくついている。すかさず僕はマーリーがくわえている棒きれの端をしっかりつかんだ。引っぱると、マーリーはうなり声をあげながら引っぱり返した。僕は二本目の棒きれをマーリーの鼻孔に押しつけて、「これが欲しいんだろ」とささやいた。まさに図星だった。彼はその魅力に逆らえなかった。急に引っぱる力が弱くなるのが感じられた。あと、マーリーは行動に出た。自分の棒きれを口に入れたままもう一本くわえようと、あごをゆるめたのだ。その瞬間、僕は棒きれを二本とも高く持ち上げた。マーリーは跳びあがり、吠え、きりもみ状態に体をくねらせた。あんなに慎重に仕掛けたのに、どうしてこんなヘマをしてしまったんだろうと、途方にくれているようだ。「それは、僕がご主人様で、おまえは獣だからさ」僕は言ってやった。すると、マーリーはぶるっと身震いして、さっきよりひどく僕を水と砂だらけにした。

棒きれの一本を水に放り投げると、マーリーはけたたましく吠えながら追っていった。そして、知恵を増した新たな敵となって戻ってきた。今回は、とても用心深く、近くへ来ようとしない。三メートルほど離れた場所で、棒きれをくわえて立ち、欲しくてたまらない新しい獲物をじっと見つめている。それはついさっきまで自分がくわえていた棒なのだが、いまは僕が頭上にかかげている。またしても、マーリーの頭のなかの歯車の動きが透けて見えた。マーリーは考えていた。〈今度は、あの棒を投げるまで待とう、そうすれば、二本とも手に入れられるはずだ〉と。「おまえは、ぼくが大ばかだと思ってるだろ」僕は言った。そして、棒きれを握った手を思いきり振りあげて、わざと大きなうなり声を出しながら、全力で放り出す格好をした。思ったとおり、マーリーは自分の棒をくわえたまま、猛烈な勢いで水に突進した。じつをいえば、僕は自分の棒を投げてはいない。マーリーはそれに気づくだろうか？　パームビーチに向かって半分ほど泳いだところで、やっと彼は僕の手にまだ棒があるのに気づいた。

「まったく、意地悪なんだから！」妻がそう叫んだので振り返ると、彼女は笑顔だった。

マーリーはようやく浜辺に戻ると、砂の上にどさっと倒れこんだ。ひどく消耗しているが、棒きれはしっかりくわえて放さない。僕はマーリーに自分の棒きれを見せびらかし、それが彼の棒きれよりずっとすばらしいのだと思い出させてから、「放せ！」と命令した。僕がもう一度腕を振りあげると、マーリーはさっと起きて、また水のほうへ走りだした。戻ってきたマーリーに、僕はもう一度「放せ！」と命令した。それを何度かくりかえしたすえ、とうとうマーリーは言うとおりにした。口から離れた棒きれが砂に落ちた瞬間、僕は持っていた棒きれを放り投げてやった。それを何度もくりかえすうちに、マーリーにも少しずつその仕組みがわかったようだった。練習するうちに、鈍い頭でもしだいに合点がいったらしい。棒を返せば、新しい棒を投げてくれるのだと。「会社でのプレゼント交換みたいなもんさ。欲しいなら、まず先にあげないとね」僕はマーリーに言った。マーリーは僕に飛びついて、わかったよと言うかのように、砂だらけの鼻先を僕の口に押しつけてきた。

家へ帰る道すがら、疲れはてたマーリーはリードを強く引っぱらなかった。僕と妻は達成感に満ちた視線を交わしていた。何週間ものあいだ、マーリーに基本的なルールやマナーを教えようと努力してきたのだが、成果はなかなか上がらなかった。まるで野生の雄馬と一緒に生活して、壊れやすい陶器のカップで紅茶を飲む方法を教えているみたいに絶望的だった。ヘレン・ケラーを教育したサリバン先生になった気分だった。昔飼っていたセイント・ショーンを思い出しては、わずか一〇歳の少年だった僕があれほど短期間で、立派な犬として必要なことをあらかた教えられたことに、あらためて感心した。今回は、いったいどこでまちがってしまったのだろうか。

けれど、「取ってこい」の練習のささやかな成果は、一筋の光明を与えてくれた。

「マーリーはきっと、やっとわかりはじめてるんだな」僕は妻に同意を求めた。

妻は僕らの横をとぼとぼ歩いているマーリーを見下ろした。びしょぬれで砂まみれ、口のまわりはよだれの泡だらけ、苦労のすえに勝ち得た棒きれはまだ口にくわえている。

「そうだといいんだけど」妻は不安げに答えた。

翌朝、夜明け前に目覚めると、またしても妻がそっとすすり泣いていた。僕は彼女の体を両腕で包んだ。妻が僕の胸に顔をうずめると、Tシャツが涙でぬれるのが感じられた。

「わたしは大丈夫。ほんとよ。ただ、どうしても……」

妻の気持ちは僕にもわかっていた。毅然としていなくてはと思うものの、喪失感や挫折感はどうにもぬぐいきれないのだ。不思議なものだ。ほんの四八時間前には、僕らは生まれてくる赤ん坊のことをあれこれ想像して天にも昇る心地だった。それがいまでは、妊娠など最初からなかったことのように思える。まるでけっして醒めない夢を見ているかのような気持ちだった。

その日の午後、僕はマーリーを連れて食料品や妻の薬を買いに出かけた。帰り道、花屋に寄って、少しでも妻の心が晴れるようにと願いつつ、春の花をアレンジした大きな花かごを買った。そして、車のなかで転がらないように、マーリーの隣のバケットシートにシートベルトで留めた。その後、ペットショップを通りかかったので、マーリーにもなにかご褒美を買ってやろうと思った。結局のところ、悲しみに沈んだ妻を慰めるのは、僕よりもマーリーのほうが上手だから。「おとなしくしてるんだぞ！　すぐ戻るから」僕はペットショップに飛びこんで、急いで大きなサイズのチュウボーンを買った。

数分後、家へ帰り着くと、出迎えてくれた妻を見つけたマーリーは、車から転げるように走り出た。「びっくりするものがあるんだよ」僕は妻に言った。けれど、花かごを取ろうとして後部座席をのぞくと、びっくりしたのは僕のほうだった。花かごには白いデイジーと黄菊と、色とりどりのユリと、明るい赤のカーネーションが活けられていたはず。ところが、カーネーションがひとつもない。近づいてよく見ると、さっきまできれいに咲いていた花が、茎だけになっていた。カーネーション以外はすべて無事だ。マーリーを睨みつけると、まるでダンス番組のオーディションを受けるみたいに、そこらじゅうを踊りまわっている。「こっちへ来い！」大声で叫んで、やっとのことで捕まえて、口をこじあけると、そこには動かぬ証拠があった。洞窟のごとき口の奥深く、嚙み煙草のような固まりは、たしかに一輪のカーネーションの花だ。他はすべて飲みこんでしまったにちがいない。絞め殺してやりたい気分だった。

振り返ると、妻が涙を流していた。ただし、それは悲しいのではなく、笑いすぎたせいだった。マリアッチのバンドを呼んでセレナーデを演奏してもらったとしても、彼女をこんなにも楽しませることはできなかったろう。こうなっては、僕も笑うしかなかった。

「まったく、なんて犬だ」僕はつぶやいた。

「わたしはカーネーションがそれほど大好きってわけじゃないもの」妻はやさしかった。マーリーは僕たちが幸せそうに笑っているのを見ていっそう興奮し、後足で立って、ブレイクダンスを踊ってくれた。

翌朝、目覚めると、ブラジルコショウボクの枝葉のあいだから明るい日差しが洩れていた。時計を見るともう八時近い。傍らで眠っている妻の寝顔は安らかで、呼吸に合わせて胸がゆっくり上下しているのが見えた。僕は妻の髪にキスをして、腰に腕をまわし、ふたたび目を閉じた。

8 訓練失格

もうすぐ生後六ヵ月を迎えようというとき、僕はマーリーをしつけ教室に参加させることにした。きちんとした調教が絶対に必要だった。先日ビーチの特訓で、投げた棒を取ってこられるようになったものの、マーリーはあいかわらず手に負えない生徒で、まぬけで乱暴、注意力散漫、しかもありあまるエネルギーをもてあましていた。マーリーはほかの犬とはちがうのだということが、おそまきながら僕らにもわかってきた。僕の父親は、膝に抱きついてあらぬ行動におよんだマーリーに、「こいつは頭のねじがゆるいんだな」と呆れていた。僕らには専門家の助けが必要だった。

陸軍訓練センターの裏の駐車場で、地元の愛犬家クラブが火曜日の夜に基礎的なしつけ教室をやっていると、獣医が教えてくれた。講師はクラブに所属しているボランティアで、アマチュアだが自分の愛犬を品行方正な優良犬に仕立てあげた人たちばかりだという。全八回のコースで料金は五〇ドル、マーリーがほんの三〇秒で五〇ドルの靴を一足噛みつぶせることを考えれば、安い出費だ。そのうえ、みごと教室を卒業すれば名犬ラッシーに変身できると保証されていた。登録に出かけた僕らは、マーリーのクラスを担当する女性に会った。彼女は厳格で冗談の通じないタイプの人間で、世の中には矯正不能な犬など存在せず、問題なのは意志の弱い飼い主のほうだという理論を押しつける、恐ろしく高圧的な女性だった。

一回目のレッスンは彼女の自説を証明したように思えた。僕らが車から出るより先に、マーリーは駐車場に飼い主と一緒に集まっている犬たちを発見した。パーティーだ！　マーリーは僕らを飛び越えて車から脱出し、リードを後ろに引きずりながら突進した。そして、つぎつぎによその犬に寄っていっては、股ぐらを嗅ぎ、おしっこをひっかけてまわり、よだれを盛大にまき散らした。マーリーにとっては、そこは匂い博覧会だった――あっちもこっちも嗅がなくちゃならなくて、とても時間がたりない――追いかける僕の一歩先を走って、やりたい放題楽しんでいた。もう少しで手が届くと思うたびに、マーリーはさっと数メートル先に移動した。ようやくすぐ近くまで追いついた僕は、大きくジャンプして、リードの上に二本の足で着地した。リードを押さえられたマーリーはがくんと急停止するはめになり、一瞬、僕はマーリーの首をへし折ってしまったかと思った。マーリーは大きく後ろへのけぞって、背中から地面に叩きつけられ、仰向けにひっくり返ったまま、まるでやっと麻薬を打ってもらった中毒患者のような安らかな表情で僕を見上げた。

その一部始終を講師の女性は、まるで僕がその場で服を脱ぎ捨てて踊りだしでもしたかのように、軽蔑のまなざしで眺めていた。「ちゃんと並んでください」彼女はそっけなく言ってから、僕と妻が二人でマーリーに付き添っているのを見て、「どちらがトレーナーになるのか決めてください」と注意した。二人ともちゃんとしつけられるようにしたいのでと言いかけた僕を遮って、彼女は「犬は主人はひとりしか持ちません」と断言した。反論しようとしたが、じろりと睨まれて僕は思わずすくんでしまい――きっと犬を服従させるときもあんなふうに睨むのだろう――妻に主人役を譲って、自分は尻尾を巻いて、その場からそそくさと退散した。

たぶん、それが間違いのもとだったのだろう。マーリーは妻よりもかなり力が強くなっていて、しかもそれを自覚していた。飼い主が主導権を握ることの重要性について、講師の女性が話しはじめてまもなく、マーリーは向かい側にいたスタンダードプードルとお近づきになろうと心に決めた。そして、妻を引きずって突進しはじめた。

ほかの犬たちはみな、一〇歩ずつ間隔をあけて立つ飼い主の脇におとなしく座って、指示を待っていた。妻は雄々しく両足を踏んばって暴走をくいとめようとしたが、マーリーは抵抗をものともせずに、セクシーなプードルの匂いを嗅ぐという任務遂行を目指して、妻を引きずっていった。妻の格好は、さながらモーターボートに引かれて水上スキーをしているかのよう。全員の視線が集中した。くすくす笑っている人もいた。僕は両目を覆った。

マーリーは堅苦しい挨拶は苦手なタイプだ。プードルに体当たりするなり、鼻を彼女の足のあいだに突っこんだ。たぶん、雄犬流で「ねえ、ここにはよく来るの？」と話しかけていたのだろう。

マーリーがプードル相手の婦人科検診に満足すると、妻はようやく彼を所定の位置まで引きずって戻ることができた。嫌みな講師は悟りきった表情でこう説明した。「いいですか、みなさん。いまのは、自分が群れの最高位の雄犬《アルファ・ドッグ》だと思うことを許されている犬の典型的な行動パターンです。犬のほうが主導権を握っているのです」。その説明を立証するかのように、マーリーが今度は自分の尻尾を追って遊びはじめた。くるくるまわって、尻尾の先に噛みつくたびにあごが鳴る音をぱくぱく響かせ、そのあげく、妻のくるぶしをリードでぐるぐる巻きにして、完全に動きを封じてしまった。妻があまりに気の毒で、いたたまれない気持ちを味わいながらも、自分が妻の立場にいないことを僕は感謝した。

講師の指導のもと、「座れ」と「伏せ」の練習がはじまった。妻は厳しい口調で「座れ！」と命令した。だが、マーリーは彼女に飛びついて、肩に足をかける。尻を地面に押しつけようとすれば、寝転がって腹をなでてくれとせがむ。引っぱって起こそうとすれば、リードをくわえて、まるで大蛇と戦っているかのように頭を大きく左右に振っている。あまりの惨状に、もうとうてい見ていられなくなった。途中でちょっと目を開けてみると、どういうわけか妻が下向きに寝そべり、マーリーがそれを見下ろしてうれしそうにハアハア荒い息をしていた。後から妻が言うには、「伏せ」の見本を見せていたのだそうだ。

教室が終わって、妻とマーリーが僕のところへ戻ってくると、講師が「おたくは、本気でその犬をなんとかしなくちゃいけないわね」といかにも馬鹿にした口調で声をかけてきた。〈さてさて、貴重なアドバイスをどうも。まったく僕らはみなさんに笑いを提供するために参加したようなもんですよ〉心ではそう思いつつも、僕も妻も一言も不平は漏らさなかった。ひたすら打ちひしがれて車へ戻り、黙ったまま家へ向かった。沈黙の車内で、はじめて体験した教室での興奮が醒めやらぬマーリーのハアハアという喘ぎだけが響いた。とうとう僕は口を開いた。

「ひとつだけ言えるのは、こいつは教室が好きみたいだ」

　翌週は、僕とマーリーだけで教室へ行き、妻は留守番することになった。この家でアルファ・ドッグに一番近いのは僕だろうと言ってみたところ、妻は喜んでご主人様の肩書きを放棄し、しつけ教室へは二度と顔を出さないと誓った。家を出発する前に、僕はマーリーの背中を軽く叩いてから、正面に立ちはだかるようにして、できるかぎり威圧的な声を出した。「ボスは僕だ！　おまえじゃない！　ボスは僕だ！　いいな、わかったな？」。マーリーは尻尾を床に打ちつけてから、僕の手首にむしゃぶりついた。

　その晩のレッスンは「つけ」をして歩くことで、僕はそれをどうしても会得したかった。散歩のたびにマーリーがあまりに言うことをきかないので、疲れはてていたのだ。だしぬけに猫を追いかけようとして、妻を引きずり倒して膝に怪我をさせたこともあった。そろそろ、僕らの横に寄り添って落ちついて歩くことを学ぶべきだ。その場の犬たちに手あたりしだい飛びつこうとするマーリーを引っぱり寄せながら、僕はやっとのことで所定の位置についた。講師は両端に輪がついた短い金属製の鎖、チョークチェーンを僕ら一人ひとりに手渡した。この秘密兵器さえ使えば犬にきちんと「つけ」をさせて歩けますと、彼女はのたもうた。チョークチェーンの仕組みはすばらしく単純だ。犬が行儀よくご主人様の横を歩いていれば、リードは緩んでいるから、チョークチェーンも首のまわりでだらりとしている。けれど、前に突進しようとしたり、勝手な方向へ行こうとすれば、たちまち首つり縄のように絞まるので、犬は首が苦しくなって止まらざるをえない。窒息死したくなければ服従するしかないと犬が理解するのにはそんなに時間はかかりませんと、彼女は請けあった。〈じつに巧妙でうまい〉と僕は感心した。

僕はチョークチェーンをマーリーの頭からするりと首に通そうとしたが、マーリーはめざとく見つけて口でひったくった。僕は口をこじあけてチョークチェーンを取り戻し、もう一度試みた。マーリーはまたしてもひったくった。他の犬たちはすでに全員がチョークチェーンをして、僕らを待っている。僕は片手でマーリーの鼻づらをつかんで、もう片方の手で今度は鼻先からチョークチェーンを首に通そうとした。マーリーは後ずさりながら、口を開けて、とぐろを巻いた銀色の謎のヘビを攻撃しようとした。ようやく頭までチェーンを通したところで、マーリーはその場に座りこんで、体を震わせ、四本足をばたつかせ、頭を激しく左右に振って、またしてもチェーンを口にくわえた。僕は講師を見上げて言った。「どうやら、これが好きみたいで」

とにかく彼女に指示されたとおり、僕はマーリーを立たせて、チェーンを口からはずしてちゃんと首に通した。それから、またしても指示どおりに、お座りさせたマーリーの横につき、自分の左足が彼の右肩をなでるくらいの位置に立った。一、二、三、と三つかぞえてから、「マーリー、ついてこい！」と言って、左足から——右足ではいけない——歩きはじめることになっていた。犬がついて歩きはじめれば、必要に応じてリードをさっと強く引いたりして、歩き方に修正をくわえていくのだ。「では、みなさん、三つかぞえましょう」講師が大声で言った。マーリーは興奮で全身を震わせていた。首のまわりで銀色に輝く見慣れない物体が、彼を完全に興奮させていた。「一……二……三……」

「マーリー、ついてこい！」僕は指示を出した。僕が第一歩を踏み出すやいなや、マーリーは空母から発進する戦闘機のように飛びだした。あわててリードを強く引くと、喉元のチョークチェーンが絞まり、マーリーは息が詰まって咳きこんだ。一瞬ひるんだマーリーは後ろに跳ね返ってきたが、チェーンが緩むと、ついさっき首を絞められたことなどけろりと忘れ、小さな脳味噌が教訓を学ぶひまもなくすべては忘却の彼方へ消え去った。マーリーはまたしても突進した。リードを引っぱって引き戻すと、またしても喉を詰まらせて咳きこんだ。駐車場の端から端まで、僕らはそれをくりかえしつつ進んだ。マーリーが突進し、僕が引き戻す。しかも、くりかえすたびに力を込めて。マーリーは咳きこんで、ハアハアあえぐ。僕は文句を言い、汗まみれになる。

「犬に言うことをきかせるんです！」講師が叫んだ。僕は全力を尽くしたけれど、どうしてもうまくいかず、ひょっとしたらマーリーは僕の指示を理解する前に窒息して死んでしまうかもしれないと思った。周囲を見れば、他の犬たちは飼い主の横にぴったり寄り添って堂々たるようすで歩き、リードを引けば反応して方向転換も自在だ。「頼むよ、マーリー。僕らのプライドは風前の灯火だぞ」僕は小さな声でつぶやいた。

全組が整列して、もう一度最初から練習がはじまった。マーリーはまたしても、目をむいて自分で自分の首を絞めながら、まるで躁病患者のように我が道を進む。駐車場の端まで行くと、僕とマーリーのペアは悪い見本として紹介された。「では、私がお手本を見せましょう」見ていられないとばかりに講師がマーリーのリードに手をのばした。僕がリードを渡すと、彼女は手際よくマーリーを引き寄せ、チョークチェーンを上に引いて「座れ」と命じた。マーリーは命じられるままにおとなしく座って、うれしそうに彼女を見上げた。〈なんてやつだ〉僕は思わず歯嚙みした。

さっとリードを引いて、彼女はマーリーと一緒に歩きだした。が、いくらも行かないうちに、マーリーはアラスカの犬ぞりレースに出場したリーダー犬のごとく、猛スピードで突進しようとした。彼女はリードを引き、マーリーは体勢を崩し、よろめいて、ゼイゼイ息を詰まらせるが、またもや突進しようとする。彼女の腕を根こそぎ引っこ抜こうかという勢いだ。本来なら、自分の犬の馬鹿さかげんを恥ずかしく思うところだろうが、僕はむしろこれで言い訳が立つというか、妙な満足感を感じていた。彼女だって僕と同じく、マーリーを思いどおりにできないじゃないか、と。参加者たちはくすくす笑い、僕は邪悪な優越感でにんまりした。〈ほうら、どうだ、うちの犬は僕だけじゃなくて、誰の手にも負えないんだ！〉

笑いものになっているのは僕だけじゃないとなれば、その光景は痛快だったと認めないわけにはいかない。講師とマーリーは駐車場の向こうの端まで行ってから、方向転換して、悪戦苦闘しながらまたこちらへ戻ってきた。講師はあきらかに激怒で顔をゆがめていたが、マーリーはいかにも上機嫌だった。彼女がリードを思いきり引っぱると、マーリーは口から泡を飛ばしながら、もっと強く引っぱり返して、この新種の綱引きをあきらかに楽しんでいる。僕を見つけると、マーリーはスピードを上げた。限界をはるかに超えたアドレナリンを噴出させて、僕めがけて突進したため、講師は否応なしに全力疾走させられるはめに陥った。マーリーは僕にぶつかってようやく止まり、いかにも彼らしい「生きる喜び」をみなぎらせていた。講師の射るような視線は、僕がもう後戻りできない一線を越えてしまったことを物語っていた。犬と訓練についての彼女の教えのすべてを、マーリーはお笑いにしてしまったのだ。生徒たちの面前で、みごとに侮辱したわけだ。彼女はそそくさと僕にリードを返すと、いましがたの不幸な出来事に背を向け、最初からなにもなかったかのような顔をして、レッスンを続けた。「いいですか、みなさん。三つかぞえてください……」

レッスンが終わってから、ちょっと話があるので残ってくださいと言われた。彼女が生徒さんたちの質問に根気強く答えているあいだ、僕はマーリーと一緒に待っていた。最後のひとりが帰った後、彼女はこちらに向き直り、それまでとはうって変わってなだめるような口調で話しかけてきた。「お宅のわんちゃんは、きちんとした訓練を受けるにはまだちょっと幼すぎるように思います」

「手にあまる、ということですか？」恥ずかしい体験をしたのはおたがいさまだと、僕は彼女に仲間意識さえ感じていた。

「準備が整っていないんです。もう少し成長してからじゃないと」

ようやく話の意味が飲みこめてきた。「つまり、おっしゃりたいのは――」

「この子がいると他の子たちの気が散るんですよ」

「――あなたは僕らに――」

「とても興奮しやすいですし」

「――この教室をやめろと？」

「あと半年くらいしたら、いつでもどうぞ」

「つまり、この教室をやめろとおっしゃるんですね？」

「費用はちゃんと返金しますよ」

「だから、やめろとおっしゃるんですね？」

「そうです。やめてください」とうとう彼女は本音を吐いた。

それを合図にしたかのように、マーリーが左足を上げて怒りのおしっこを放ったが、惜しくも彼女の足には数センチ届かなかった。


時として、人間が本気になるには怒りが必要だ。しつけ教室の講師は僕を怒らせた。僕は美しい純血種のラブラドール・レトリーバーを飼っている。ラブラドール・レトリーバーは盲導犬や災害救助犬や猟犬として高い能力を誇り、穏やかさと知性を備えた犬種として定評がある。たった二回のレッスンで落第だと決めつけるなんて、ひどいじゃないか？　たしかにマーリーはちょっと元気すぎたが、悪気はまったくなかった。グローガンズ・マジェスティック・マーリー・オブ・チャーチルがけっして落ちこぼれではないことを、あの癪《しゃく》にさわるうぬぼれ屋に思いしらせてやらねばならない。世界最高のウエストミンスター・ドッグショーで、あいつの面前でそれを証明してやらねば。

翌朝一番に、僕はマーリーを裏庭に連れだした。「グローガン家の犬をしつけ教室から追いだすなんてとんでもない。訓練不能だって？　だれが訓練不能なもんか、証明してやろう。わかったな？」僕はマーリーに言いきかせた。マーリーは無邪気に飛び跳ねている。「できるな？」マーリーは尻尾を振った。「どうした、返事がないぞ！　できるな？」マーリーは吠えた。「ようし。じゃあ、さっそくやってみよう」

まずは「座れ」だ。これは小さな仔犬のころからずっと練習してきて、すでに上手にできた。僕はマーリーの目の前にそびえ立ち、アルファ・ドッグの凄みをきかせて、力強い落ちついた声で座れと命じた。マーリーは座った。僕は褒めてやった。何度かそれをくりかえした。つぎは「伏せ」だが、これもすでに練習を重ねていた。マーリーは僕をじっと見つめ、背筋をぴんと伸ばして、指示を待ち受けていた。マーリーが命令を待つ目の前で、僕は片手をゆっくり上げた。そして、指をぱちんと鳴らして、地面を指して「伏せ！」と指示した。マーリーは地響きを立ててどさっと体を低くした。真後ろで迫撃弾が爆発したよりももっとすごい勢いで、マーリーは伏せた。ポーチでコーヒーを飲みながら見物していた妻が、「敵の攻撃だ！」と叫んだ。

何度か「伏せ」の練習をしてから、つぎの段階へ進むことにした。「来い」だ。これはマーリーの苦手な種目だった。こっちへ「来る」だけなら簡単なのだが、問題なのは、指示を出すまでその場でじっと待っている部分だった。我が家の注意力欠損犬は僕らにくっついているのが大好きなので、僕が離れていくのを座ったまま待つなんて耐えられないのだ。

僕はマーリーに座れの姿勢をとらせて、その前に立ち、ひたと目を見つめた。そのうえで手を上げて彼の鼻先で手のひらを広げ、交通整理の指導員のように動きを制した。「待て」と言って、いよいよ後ずさりしはじめた。マーリーは心配げに僕を見つめてじっとしていたが、一緒に来てもいいというサインをけっして見逃すまいと必死なようすだ。僕が四歩後退したところで、マーリーはもうこれ以上我慢ならんとばかりに立ち上がり、飛びついてきた。僕は注意を与えて、もう一度最初からやりなおした。それを、何度も何度もくりかえした。一回ごとに、少しずつ距離が長くなった。とうとう一五メートル離れた場所まで来た僕は、広げた手のひらでマーリーの飛び出しを制していた。僕は待った。マーリーは元の場所を動かずに座っていたが、高まる期待で全身を震わせていた。彼の体内でいらだちのエネルギーが膨れあがるのが見てとれた。まるで噴火寸前の火山だ。だが、彼はしっかり待っていた。僕は一〇までかぞえた。彼は動かない。よし、拷問はこれで十分だ。僕は手のひらを下げて叫んだ。「マーリー、来い！」

急発進したマーリーに対し、僕は膝を落として構え、両手を叩いて励ました。たぶんジグザグに進んでくるだろうと思っていたのだが、彼は僕めがけて直線コースをとった。完璧だ！「さあ来い、来るんだ」僕は指示を飛ばした。マーリーは指示に従った。猛スピードで突進してくる。「スピードを落とせ」僕は叫んだ。彼は突進し続けた。「スピードを落とせ！」マーリーの焦点の定まらない妙に浮かれた形相に気づいた瞬間、僕は彼の頭が空っぽなのを悟った。本能に駆りたてられて大移動する群れの一頭のようなものだ。最後の命令を発する時間はあった。「止まれ！」僕は叫んだ。ドッカーン！マーリーがブレーキなしで激しくぶつかってきたので、僕は後ろにのけぞり、地面に叩きつけられた。数秒後、目を開けてみると、マーリーは僕を完全に踏みつけにして、胸のあたりに寝そべって僕の顔をなめまくっていた。〈ボス、言うとおりにできただろ？〉そういわんばかりだ。技術的にいえば、たしかに彼は僕の命令に従った。ただし、いったん飛びだしてしまってからは、「止まれ」を伝えるすべはまったくなかったが。

「ミッション終了だ」僕はうめきながら宣言した。

妻がキッチンの窓からこちらを見て、「じゃあ、わたしは仕事に行くわ。二人とも気が済んだら、窓を閉めるのを忘れないでね。午後から雨ですって」と呼びかけた。僕はフットボール選手顔負けの体当たり犬におやつをやってから、シャワーを浴びて仕事へ出かけた。

その晩、帰宅すると、妻が見るからに動揺したようすで待ちかまえていた。「ガレージを見てよ」彼女は訴えた。

ガレージへ通じるドアを開けると、最初に目に入ったのは、カーペットの上で憔悴しきっているマーリーだった。一目見て、口と前足が尋常でないのがわかった。いつものクリーム色ではなく、血がこびりついて茶色く変色している。そこでようやく周囲を見まわした僕は、はっと息を飲んだ。難攻不落の要塞だったはずのガレージが、見るも無惨なありさまだ。小さなカーペットはぼろぼろ、コンクリートの壁のペンキは爪ではぎ取られ、アイロン台は倒れ、布製のカバーはずたずたに引き裂かれていた。最悪だったのは僕が立っているキッチンへ通じるドアで、まるで木材粉砕機で攻撃されたかのようだった。ドアから半径三メートル、ガレージの半分くらいまで細かい木片が散乱していた。ドアの両側の側柱は、下の部分一メートルばかりが影も形もない。マーリーが口と前足で必死に破壊した四方の壁には、筋状に血の跡がついている。「こりゃ、ひどい」僕は怒るよりむしろぞっとした。向かいの家の哀れなミセス・ネダーマイヤーと電動ノコギリ殺人の話が、思わず脳裏をよぎった。これじゃまるで殺人現場だ。

「お昼に帰ってきたときには、なんでもなかったのよ。でも雨が降りそうな空だったわ」後ろから妻の声がした。妻が職場に戻った後、激しい嵐がやってきて、どしゃぶりの雨を降らし、目もくらむ稲妻が光り、心臓を貫くような雷鳴がとどろいたのだ。

二時間ほどして妻が帰宅すると、マーリーはなんとか逃げだそうと必死にあがいたすえにつくりだした大惨状のただなかで、パニックに襲われてひどい興奮状態だった。あまりに哀れな姿だったので、妻はマーリーを叱りつける気にもなれなかった。だいいち、いまさら叱っても、とうのマーリーはなんで怒られるのかわからないだろうから、なんの効果もない。とはいえ、一生懸命に手をかけて改装した僕らの家をこんなひどいありさまにされたショックで、妻はなすすべもなかった。「パパが帰ってくるまで待ってなさい!」妻はマーリーにそう言い渡してガレージのドアを閉めたのだ。

夕食を食べながら、僕らはマーリーの「破壊行為」の原因を解明しようと話しあった。嵐がやってきたとき、ひとりだったマーリーは恐怖のあまり動転して、助かる道はただひとつ、なんとか穴を掘って母屋に逃げだすことだと思いこんでしまったとしか説明がつかなかった。巣穴を掘って暮らしていた、はるか遠い祖先であるオオカミから伝えられた本能に従ったのだ。そして目的達成のために驚異的な力を発揮して、重機がなければばできないようなすごい仕事をやってのけたのだ。

　食事の後片づけをしてから、ガレージを見に行くと、マーリーはいつものようすに戻って、噛んで遊ぶ玩具をくわえて僕らのそばを跳ねまわり、引っぱりあいをして遊んでくれないかと期待していた。僕がマーリーを押さえているあいだに、妻は体についている血をスポンジでふいてやった。惨状を片づけている僕らを、マーリーは尻尾を振りながら眺めていた。僕らはカーペットとアイロン台のカバーを捨て、ドアの残骸を掃除し、壁の血をモップで落としてから、被害を修復するために金物屋で買わなければならない品物のメモをつくった――その後、マーリーと一緒に暮らしていたあいだずっと、僕らは何度となくそうやって修理を重ねることになった。自分がリフォームしたガレージに、僕らがやってきて作業を手伝ってくれると思うのか、マーリーはとても機嫌良く見えた。

「そんなにうれしそうな顔するな」僕は叱りつけたが、その晩は母屋で寝かせることにして、マーリーを連れて入った。

9 男の存在価値

犬にとって健康を維持し、病気を未然に防ぐには、良い獣医が必要だ。新米飼い主にとっても、アドバイスをもらったり、あれこれ確認したり、話をきいてもらったりするために、良い獣医はなくてはならない存在だ。ただし、それは獣医の側からすれば、無料で法外な時間を提供していることになるのかもしれないが。かかりつけの獣医に出会うまでに、僕らはちょっと回り道をした。最初にかかった獣医はとても忙しくて、高校生ほどの年頃のアシスタントにしか会えなかった。つぎのひとりはすごく年寄りで、チワワと猫の区別もつかないだろうと思われた。三番目は、どう見てもパームビーチの金持ち女性とアクセサリー代わりに飼われている犬を顧客にしていた。そして、とうとう、僕らは理想の獣医に出会った。彼の名前はジェイ・ビュータン——ドクター・ジェイとみんなが呼んでいた——若くて有能でスマートで、とてつもなく心やさしい人物だ。ドクター・ジェイは最高のエンジニアが車をよく理解しているように、本能的に犬を理解していた。動物を心から愛し大切に思う一方で、人間世界での彼らの役割について健全な感性を備えていた。最初の数カ月、僕らは何度も短縮ダイヤルであわてて電話しては、ひどくばかげた心配事の相談にのってもらったものだ。マーリーのひじの部分が禿げてきたとき、僕はひょっとしてめずらしい皮膚病になったのではと恐れた。大丈夫、落ちついてください、床に座っていてたこができただけです、とドクター・ジェイはなだめるように答えた。ある日、マーリーが大きなあくびをしたひょうしに、舌の裏に奇妙な紫色に変色した部分が見えた。ああ大変だ、と僕はあわてた。これはガンじゃないだろうか。口のなかにカポジ肉腫ができている、と。ドクター・ジェイは、それは単なる生まれつきのあざでしょうと教えてくれた。

そして、ある日の午後、僕らはドクター・ジェイの診察室で、悪化してきたマーリーの雷恐怖症について話していた。ガレージのドア粉砕事件は例外的な異常事態だと僕らは考えたかったが、じつのところ、それは生涯続く雷恐怖症という理解できない行動のはじまりにすぎなかった。ラブラドール・レトリーバーはすぐれた狩猟犬として定評ある犬種であるにもかかわらず、僕らが選んだのは、シャンパンのコルクを開ける音よりも大きな音には、なんであれ過剰なほど敏感に反応する犬だった。爆竹の破裂音もエンジンの爆音も銃声も、マーリーを怯えさせた。雷鳴はまさに恐怖の館そのものだ。嵐がやってくる気配がすると、それだけでもうすっかり怯えてしまう。僕らが家にいれば、べったりくっついてきて、体を震わせ、だらだらよだれを垂らし、目を神経質そうにぎらつかせ、耳を後ろに倒し、尻尾は両足のあいだにしまいこむ。僕らが留守でひとりのときには、破壊癖を発揮し、安全な場所を求めてあたりかまわず掘り返す。あるとき、雲行きが怪しくなるなか、妻が帰宅すると、怯えた獣の目をしたマーリーが洗濯機の上で、爪をかちゃかちゃ鳴らしながら絶望のダンスを踊っていたそうだ。どうやってそこへ登ったのか、そもそもなぜそこに登ろうと思ったのか、僕らにはとうとうわからずじまいだった。人間も追いつめられると馬鹿なことをしたりするものだが、犬もきっとそうなんだろうと考えるのがせいぜいだった。

ドクター・ジェイは「これを使ってみてください」と、小さな黄色い錠剤が入ったガラス瓶を僕に手渡した。それは安定剤で、「マーリーの不安感を鈍らせるはず」とのことだった。薬が効いて心が落ちつけば、嵐をむやみやたらに恐がる必要はないのだと理解する手助けになり、さらには大きな音がしても害はないのだとわかるようになるかもしれないと期待しての投薬だった。雷恐怖症は犬にはさほどめずらしくはなく、とりわけ気怠《けだる》い夏の午後には毎日のように大きな雷がやってくるフロリダでは、よくある話だとドクター・ジェイは言った。マーリーは僕の手のなかのガラス瓶を鼻先でつつき、どうやら薬物依存症の生活をスタートする気満々らしかった。

ドクター・ジェイはマーリーの首筋をなでてから、大切なことを話したいのだがうまい言葉が見つからないかのように唇を動かした。「あの……」彼はそこで一呼吸置いた。「そろそろお考えになる時期かと思うんですが、去勢手術について」

「去勢？」僕は訊き返した。「それって、つまり……」僕はマーリーの股間にぶらさがっている滑稽なほど巨大な球体、すなわち睾丸に目をやった。

ドクター・ジェイも同じ場所を見ながら、うなずいた。僕はひどくぎょっとして、無意識に自分の股間を握りしめたらしい。なぜなら、ドクター・ジェイがすばやくこうつけ加えたからだ。「痛みはまったくありませんし、手術すれば、マーリーはいまよりもっと快適に暮らせるんです」。ドクター・ジェイはマーリーが起こした騒動をすべて知っていた。なにかあればいつも相談にのってくれ、しつけ教室の悲惨な顚末も、ばかげた異常行動の数々も、破壊癖も、躁状態も、すべて承知していた。そのうえ、生後七カ月になった最近のマーリーは、動くものを見れば手当たりしだいマウント行為におよんで、我が家を訪れた客にも容赦なくあらぬ行動をしかけていた。「手術すれば、欲求がおさまって、性格がもっと穏やかになるし、幸せに暮らせます」とドクター・ジェイは説明した。そして、手術しても明るく元気な性格が失われたりはしないと約束してくれた。

「さて、どうしたらいいのか。ただ、どうも、それは……最後の手段のような気がして」僕は迷った。

ところが、妻はとても乗り気だった。「そんなもの、さっさと取ってしまってください！」なんの迷いもなかった。

「でも、子どもをつくれなくなってもいいの？　マーリーの血統が途絶えてしまうんだよ」マーリーを繁殖に使って種付け料を儲ける夢を、僕はまだあきらめていなかった。

ドクター・ジェイはまたしても慎重に言葉を選んだ。「現実的に考える必要があると思いますよ。マーリーは大切なペットですが、繁殖用の種雄犬として需要があるかどうかは、またべつの話でしょう」彼はできるかぎりこちらの感情を傷つけまいと配慮して話していたけれど、表情はその配慮を裏切っていた。彼の表情はいまにも叫びだしそうだった。〈とんでもない！　つぎの世代のためを思えば、こんな遺伝的欠陥が受け継がれるのはなんとしても防がなければ！〉

少し考えさせてくださいと答えて、安定剤を手に僕らは家路についた。

マーリーの男としての存在価値をなくすべきかどうか話し合っていた同じ時期に、妻は僕の男としての存在価値をこれまでにないほど強く求めていた。シャーマン先生が妊娠してもいいという許可を与えたせいだ。妻はオリンピック選手顔負けのひたむきさで、前向きに努力をはじめたのだ。ただ単に避妊用ピルをやめて成り行きにまかせるという、のんびりしたやり方は過去のものとなった。受胎戦争では、妻が攻撃側にまわった。作戦を成功させるには、弾薬の供給を管理する僕が鍵を握る協力者として欠かせない存在だ。自慢じゃないが、僕は一五歳のころからずっと、目が覚めている時間はすべて、繁殖行為のパートナーとしての価値を女性に認めてもらいたいと願ってきた。いまようやく、それを認めてくれる相手を見つけたわけだ。それこそ、うれしくてたまらないはずだ。生まれてはじめて、僕が女性を必要とするよりも強く、女性が僕を必要としてくれたのだから。男冥利に尽きるというもの。お願いする必要も、ひれ伏す必要もない。最高の種雄犬のように、ともかくも僕は必要とされていた。狂喜乱舞するべき話だ。ところが、いざそうなってみると、まるで仕事をさせられているようで、しかもそれはストレスの大きい仕事だった。妻が僕に求めているのは、仲良くじゃれあうことではなく、赤ん坊そのものだった。すなわち、僕は実績を上げなければならない。これは大変な仕事だ。楽しいはずの夜の営みは、基礎体温のチェックや月経周期や排卵日がからんだ味気ない義務と化した。まるで女王様に仕えるしもべになった気分だった。

それは、納税計算と同じくらいやる気が起こらない状況だった。妻は以前から甘い言葉で誘いかけてくるタイプではなかったけれど、状況が変わってもそれに変化はなかった。たとえば、僕がごみを捨てようと片づけている最中に、妻がカレンダー持参でいそいそ近づいてきてこう言うのだ。「この前の生理は一七日に終わったから、そこから計算すると、今日やらないとならないの。さあ！」

代々グローガン家の男はプレッシャーが苦手と相場が決まっているが、かくいう僕も例外ではない。男として不甲斐ない状態、つまり任務遂行失敗に陥るのは時間の問題だった。いったん失敗すると、まさに一巻の終わり、だった。自信は砕け散り、勇気は失われた。一度あれば、二度目もある。失敗は自己完結型の予言に進化した。夫の役目を果たさなければと責任を感じれば感じるほど、リラックスできなくなり、事は以前のように自然には運ばなくなった。妻にあらぬ期待を抱かせてはいけないので、僕はその気がある素振りを絶対に見せないようにつとめた。ありえないとは思いつつも、ひょっとして妻が、どうぞこの服を破って好きなようにしてちょうだいと迫ってくるのではないかと、かなり真剣に恐れるようになっていた。人里離れた僧院での禁欲生活も、まんざら悪くないかもしれないと思えてきたほどだ。

妻はそう簡単にはあきらめてくれなかった。こうなると、彼女は狩人、僕は獲物だ。ある日の午前中、家からほんの一〇分ほどの場所にある新聞社の仕事場にいた僕に、妻が電話をかけてきた。家で一緒にランチはいかが、と。〈僕ひとりで？　付き添いなしで？〉

「それなら、近くのレストランはどう？」僕は訊いてみた。どうせなら、ひどく混みあってるレストランがいい。できれば、同僚も何人か連れて。いっそ、おたがいの母親を呼んでごちそうするのはどうだろうか。

「やめてよ。そんな変なことばっかり」そこで妻は声をひそめた。「今日はいい日なのよ。たぶん、わたし……排卵日だと思う」僕は恐怖の波に飲みこまれた。ああ、お願いだ、「はいらん」という言葉はうんざりだ。プレッシャーのスイッチが入った。任務遂行、はたまた失敗。文字どおり、浮沈のかかった一戦だ。電話口で「ゆるしてください」と叫びそうになった。けれど僕は、つとめて冷静な口調で、「いいよ。一二時半でいい？」と答えた。

玄関を開けると、いつものようにマーリーが待ち受けていたが、妻の姿はどこにもなかった。僕は大声で呼んでみた。「バスルームよ。すぐ出るわぁ」妻が返事した。郵便物に目を通して時間をつぶしているうちに、なんとも重苦しい雰囲気が漂いはじめ、まるで病理検査の結果を待っているようなたまらない気持ちに襲われた。「お待たせ、水兵さん」後ろから声がしたので振り返ると、妻が露出度の高いシルクの上下を身につけて立っていた。ひどく細いストラップであぶなげに肩でとまっているトップスの下からは、ほっそりした腹部がのぞいている。両脚はすらりと美しくのびている。「いかがかしら？」両手を体の横で広げて、妻は訊いた。彼女はすばらしかった、本当にすばらしかった。寝間着といえば、いつもだぶだぶのTシャツを愛用していて、この手の魅惑的な装いはまったく好みではなかったはずだ。だが、なるほど効果は抜群だった。

寝室へさっと走りこむ妻の後を、僕は追いかけた。たちまち僕らはシーツの上でたがいの腕のなかに身をゆだねていた。目を閉じると、しばらくご無沙汰していた感覚が活動しはじめた。魔法の力が戻ってきたのだ。〈大丈夫だぞ、ジョン〉僕はできるかぎりみだらな想像を頭のなかでくりひろげた。〈よし、これならいける！〉僕は華奢《きゃしゃ》なストラップを手探りした。〈あせるな、ジョン、プレッシャーはないんだから〉彼女の息づかいがきこえる、顔にかかる息は熱く湿っている。そして濃密だ。熱く、湿って、濃密な吐息。〈なんてセクシーなんだ〉

だけど、待てよ。なんだ、この匂いは？　彼女の息がなんだか匂う。よく知っているけれど異質な、はっきり不快ではないが魅力的とはほど遠いなにか。知っている匂いなんだが、なんの匂いだかわからない。ふと、僕はためらった。〈なにしてるんだ？　いいから、匂いのことなんか忘れろ。集中しろ。集中！〉だが、この匂い――僕は頭からそれを追い出せなかった。〈おいおい、気が散ってるぞ、ジョン。気を散らすんじゃない〉これはなんだ？〈ちゃんと完走しろ！〉好奇心のほうが勝りはじめた。〈放っとけ、放っとくんだ！〉僕は鼻をくんくんさせはじめた。食べ物の匂い、たしかにそうだ。だけど、どんな食べ物？　クラッカーじゃない。ポテトチップスじゃない。ツナ缶でもない。あと一息だな。これは……そうだ……犬用ビスケット、じゃないか？

犬用ビスケットだ！　間違いない！　彼女の息は犬用ビスケットの匂いがする。だけど、どうして？　不思議だった。頭のなかでささやき声の質問がきこえた。〈いったいどうして、ジェニーは犬用ビスケットなんか食べたんだろう？〉それに、彼女の唇は僕の首のあたりにある……いったいどうして、首にキスしながら、同時に顔に息を吹きかけられるんだろう？　そんなの、おかしいじゃないか……。

ああ……なんて……ことだ。

僕は目を開けた。すぐ目の前に、視界いっぱいに広がっているのは、マーリーの巨大な顔だった。ベッドにあごをのせ、嵐のごとき荒い息を吐きながら、シーツにだらだらよだれを垂らしている。両目はなかば閉じられ——完全に恍惚としているようすだ。「なんてヤツだ!」僕は大きく叫んでベッドの端まで飛びのいた。「ノー! ノー! 自分の寝床へ行け!」僕は逆上して命令した。「あっちへ行くんだ! おとなしくしてろ!」だが、もう時すでに遅し。僧院への憧れがよみがえってしまった。〈そう落ち込みなさるな、水兵さん〉

翌朝、僕はマーリーの去勢手術の予約をした。僕が残りの人生ずっとセックスしないですごせるなら、彼もしないですごせるだろうと納得したのだ。仕事へ出かけるついでにクリニックにマーリーを置いて、帰りに連れて戻ればいいと、ドクター・ジェイは言った。手術は一週間後と決まった。

当日、支度をしていると、出かけるのだと感づいたマーリーはうれしそうに壁にじゃれついていた。マーリーはなんであれ外出が大好きなのだ。行き先も所要時間も、まるで関係ない。ごみ捨てに行く?〈もちろん!〉。ミルクを取りに行く?〈つれてって!〉。僕の心で罪の意識がうずきはじめた。この哀れな犬は、なにが自分を待ち受けているか知らないのだ。僕らを心から信頼しきっているというのに、去勢手術を受けさせるなんて。これ以上の裏切り行為があるだろうか？

「おいで」僕はマーリーを呼んで、床で取っ組みあいをして遊んでやり、腹を盛大にかいてやった。「たいしたことじゃないさ。いいか。セックスは過大評価されすぎてるんだ」そう言いながらも、ここ二週間の情けない体験をひきずっているこの僕でさえ、その言葉を信じていなかった。僕は誰をだまそうとしていたのだろう？　セックスは最高だ。セックスはすばらしい。哀れなこの犬は、人生の最大の喜びを経験しそこなうのだ。可哀想なやつだ。僕はいやな気分だった。

僕が口笛を吹くと、マーリーは弾むような足取りで玄関から出てきた。信頼しきったようすでうれしげに車に乗りこむマーリーを見ていると、心はさらに落ち込んだ。マーリーはすっかり勢いづいて、僕らがすばらしい冒険に連れだしてくれるのを待っている。妻が運転して、僕は助手席に座った。マーリーはいつものように前の座席のあいだのコンソールボックスに前足をかけ、鼻先をバックミラーにくっつけている。妻がブレーキを踏むたびにマーリーは前へつんのめってフロントガラスにぶつかったが、気にとめるようすはなかった。最高の仲間二人と車に乗っているのだから。これ以上楽しいことなんてあるはずもない。

窓を細く開けると、マーリーは右側へ体を傾け、漂ってくるそとの匂いを嗅ごうとして僕のほうへよりかかった。そのうちに、もぞもぞ体を動かして移動し、完全に僕の膝の上にのっかってしまい、窓の隙間に鼻をぴったり押しつけて、なんとかそとの空気を吸い込もうと鼻息を荒くしだした。〈好きにさせてやろう〉と思った。マーリーにとっては、これが完全なる男性としての最後のドライブだ。新鮮な空気を吸わせてやるくらいお安いご用だ。僕はマーリーが鼻先を十分突きだせるくらい窓を開けた。するととても喜んだので、もう少しよけいに窓を開けてやると、今度は頭全体を外へ出した。マーリーは風に耳をはためかせ、街の空気を飲むように舌を突きだした。とてもうれしそうだ。

ディキシー・ハイウェイを走りながら、僕は妻に、マーリーをこんな目に遭わせるなんて、つらくてたまらないよと訴えた。妻が僕の良心の呵責など無視した発言をしようとしたとき、マーリーが半分開いた窓のへりに両前足をかけているのが見えたが、危ないと思うよりも、むしろおもしろいと感じていた。そのうちに、首から肩までもが窓の外に乗りだした。これでゴーグルとシルクのスカーフをつければ、第一次大戦時代の戦闘機パイロットだ。

「ジョン、ちょっと危ないんじゃない」妻が不安そうに言った。

「大丈夫だよ、ちょっと新鮮な空気が吸いたいだけ――」

その瞬間、マーリーの前足がすべって窓から飛びだし、窓ガラスのふちに両脇がひっかかってあやうく止まった。

「ジョン、つかんでよ！　しっかりつかんでてよ！」

僕が手を出す前に、マーリーは僕の膝を蹴って、走っている車の窓から這い出ようとした。尻が浮いて、後足が足場を求めて空《くう》を切っている。目の前をすべっていくマーリーの体をあわててつかもうとしたが、左手で尻尾の先を握るのがやっとだった。渋滞のなかで、妻が急ブレーキをかけた。マーリーの体はもうすっかり走っている車のそとへ出て、逆さまにぶら下がり、尻尾を握っている僕の手はいまにも力尽きそうだ。僕の体はねじれて窮屈な格好になっていたので、右手は使えない状態だった。マーリーは前足で舗装道路を小走りに二足歩行していた。

車を外側車線に停めると、後ろに車の列ができてしまい、クラクションを浴びせかけてきた。「なんだってんだ？」僕は叫んだ。だが、まるで身動きがとれなかった。マーリーを窓からなかへ引っぱりあげられない。ドアも開けられない。右手を動かすこともできない。かといって、握っている尻尾を放すこともできない。そんなことをしたら、マーリーはたちまち走りだして、周囲で右往左往している車に轢《ひ》かれてしまうにちがいない。僕は愛する者の命を必死に守ろうとしていたのだが、そのあいだじゅうずっと、僕の顔は窓ガラスに押しつけられ、目の前には巨大な陰嚢が揺れていた。

妻がハザードランプを点滅させて、助手席側へ走り寄り、マーリーの首輪をつかんで押さえてくれたので、その隙に僕はなんとか自由を取り戻し、二人でマーリーを車のなかへ戻した。この騒動の舞台はガソリンスタンドの目の前だったので、ようやく妻が運転席に戻って車のギアを入れ、やっと人心地ついた僕があたりを見ると、整備士が全員おもてに出て一部始終を見物していた。みんなひどく笑い転げていた。きっと笑いすぎて漏らしたやつもいたにちがいない。「みなさん、どうも！　明るい朝を提供できてうれしいよ」僕は大声で叫んでやった。

ようやくクリニックに着いて、ここで逃げられては大変と、僕はリードをしっかりつかんだ。罪の意識はすっかり消え去り、決心は不動のものとなっていた。「もう逃げられないぞ、タマなしくん」僕はマーリーに言い渡した。彼はリードをいっぱいに引っぱって、動物の匂いを探して、そこらじゅうを嗅ぎまわっていた。待合室では猫二匹を威《い》嚇《かく》し、パンフレットが置かれた台を攻撃した。僕はマーリーをドクター・ジェイの助手に渡して、こう言った。「ばっさりやってください」

夜になって迎えに行くと、マーリーはまるでちがう犬に見えた。手術の痛みが残っているのか、用心深く動いている。目は充血して、麻酔のせいで元気がなく、まだふらふらしていた。なによりも、あんなにも堂々と揺れていた巨大なお宝が……影も形もなかった。あるのは、小さくしぼんだ袋状の皮膚だけ。マーリーの手に負えない血統に、これで正式に永遠の終止符が打たれたのだ。

10　アイルランドの幸運

僕らの生活は「仕事」でがんじがらめになっていた。新聞社での仕事。家での仕事。庭や外回りの仕事。子づくりの仕事。そのうえ、休みの日でさえ、マーリーを育てるという仕事に追われていた。あらゆる点からして、マーリーは本当に子どものような存在で、手間も時間もわが子の世話をするのと同じくらいかかったので、もしこの先僕らが親になれたとして、どれほどの責任を背負わなければいけないのか、ある程度想像できるようになった。とはいえ、それはあくまでも「ある程度」でしかなかったけれど。いくら子育てに無知な僕らでも、子どもたちに水入れを持たせてガレージに閉じこめたまま、一日中外出したりできないのは、さすがにわかっていた。

結婚二周年の記念日もまだ迎えていないのに、僕らはきちんとした大人として結婚生活を維持することの大変さを感じていた。僕らには息抜きが必要だった。休暇をとって、二人だけで、日常生活のすべての重荷から解き放たれたかった。ある晩、僕はアイルランド行きのチケットを二枚取りだして、妻をびっくりさせた。三週間の旅。旅程は決めず、ガイドの案内もなく、どこでなにを見るかも決めない、自由気ままな旅。レンタカーと道路地図と、ベッド&ブレックファストの宿のリストだけが道連れだ。チケットを手にしただけで、重い枷《かせ》が外されたように感じた。

旅に出るには、いくつか解決しなければならない問題があり、リストのトップはマーリーだった。ペットホテルに預けるのは絶対に不可能だ。一日のうち二三時間を狭いケージのなかで過ごすには、マーリーは幼すぎるし、興奮しすぎるし、勝手気ままずぎる。ドクター・ジェイが約束したとおり、去勢手術をしてもマーリーの元気さにはなんの変化もなかった。しかも、いかれた行動にもなんの影響もなかった。生き物以外にはマウント行為をしなくなったという一点をのぞけば、以前とまるで同じコントロール不能の獣だ。あまりにやりたい放題で——しかもパニックに陥るとどんな破壊行為におよぶか想像もつかないので——友人の家に預けるわけにもいかない。かといって、敵の家に預けるわけにもいかないが。僕らに必要なのは、この家に住み込んで面倒をみてくれるドッグシッターだ。当然ながら、ふだんのマーリーの所行を考えれば、誰でもいいというわけにはいかない。責任感があって、信頼のおける、非常にタフで、全力で脱走を図る体重三〇キロのラブラドール・レトリーバーをたぐりよせられるほど体力がある人材が必要だった。

僕らは知っているかぎりの友人や隣人や同僚の名前を書きだしてリストをつくり、ひとりずつ消していった。パーティー好きな男。削除。忘れっぽい性格。削除。犬のよだれが苦手。削除。ラブラドールはおろかダックスフントも扱えないほど臆病。削除。アレルギー体質。削除。犬の糞を拾えない。削除。そうして削除し続けた結果、リストにたったひとつ名前が残った。僕のオフィスで働いている、独身で恋人もいないキャシーだ。キャシーは中西部育ちで動物好き、いつかいま住んでいる狭いアパートを出て庭付きの一戸建てに移りたいと願っていた。運動が得意だし、散歩も好きだ。欲をいえば、恥ずかしがりやでおとなしすぎるくらいなので、アルファ・ドッグを自任するマーリーを威圧するのに手こずるかもしれないが、それ以外は完璧だ。なによりも、彼女はこの話を引き受けてくれた。

僕はまるで瀕死の病気の子どもの世話でも託すかのように、マーリーの生活全般にわたる注意事項の詳細なリストを準備した。ぎっしりと六枚に綴ったマーリー・メモの内容は、こんな具合だった。

食事——食事は一日三回。一回分はドッグフードを二カップ。カップはフードの袋のな

か。朝の起床時と夕方の帰宅時にやってください。昼の食事は近所の人に頼んでありま
す。食事の量は合計で一日に六カップですが、ひもじそうにしていたら、もう一カップ
程度やってください。当然ですが、口から入ったものはお尻から出ます。後述の「うん
ちパトロール」の項を参照のこと。

ビタミン剤——毎朝、ペット用ビタミン剤を一錠与えます。マーリーにこれを飲ませる
一番いい方法は、床にぽとりと落として知らん顔していること。禁じられたものはなん
でも飛びついて食べますから。もし、どういうわけか、この策が通用しなかったら、ス
ナックに混ぜて食べさせてみてください。

水——暑い日には、かならず新鮮な水をすぐに飲める場所に用意しておいてください。
水入れは餌入れの隣に置いて、一日に一度は水を入れ替え、少なくなっているのに気づ
いたら足してやってください。警告……マーリーは水入れに鼻を突っこんで、潜水艦遊
びをするのが好きです。これをやると周囲は水だらけになります。それから、マーリー
のあごには水が驚くほどたくさんたまり、歩くとそこらじゅうに水が垂れます。しかも、
マーリーはびしょびしょの口を服やソファーでふきます。もうひとつ警告……たっぷり
水を飲むと、マーリーは体をぶるっと震わせます。すると、よだれが壁やランプシェー
ドなどにかかります。乾くとシミになって絶対に取れないので、僕たちはすぐにふくよ

うにしています。

ノミとマダニ――もし万一マーリーの体にノミやマダニを見つけたら、ペット用殺虫スプレーをかけてください。もしものときのために、カーペットなどに吹きつけるスプレーも用意してあるので、あやしいと思ったら使ってください。ノミは小さくて動きが速く、捕まえにくいのですが、人間を刺すことはほとんどないので、僕らはあまり気にしません。マダニはノミより大きくて、動きが遅く、マーリーの体にときどきついていることがあります。もし見つけて、いやだと思ったら、手でつまむかティッシュでつぶしてください（マダニは驚くほど丈夫なので爪を立てないとつぶれないかもしれません）。あるいは流しやトイレに流しても大丈夫（血を吸って膨らんでいるマダニには、この方法がお薦めです）。マダニはライム病をはじめさまざまな病気を人間に媒介すると読んだことがあるかもしれませんが、複数の獣医に確かめたところ、フロリダではライム病に感染する確率はきわめて低いとのこと。ですが念のため、マダニを取った後は、かならず手をよく洗ってください。マーリーの体についたマダニを上手に取るコツは、まず玩具を与えて、マーリーがそれを口にくわえて遊んでいる隙に片手で毛をつまみ、もう片方の手でマダニをつまみとることです。もうひとつ、もしマーリーの体がひどく臭くなったら、できれば、裏庭にある子供用ビニールプール（マーリー専用）を使って洗ってやってください。ただし、水着着用のこと。びしょぬれになるから！

耳――マーリーは耳アカがたまる体質で、放っておくと炎症を起こしてしまいます。僕らが出かけているあいだ、一度か二度でいいですから、綿棒と耳用洗浄剤を使って、きれいに掃除してやってください。なかなか大変な作業なので、汚れてもいい格好でどうぞ。

散歩――朝の散歩に連れていかないと、マーリーはガレージで悪さをします。もしものときの後始末を考えれば、眠る前にもちょっと散歩をするほうがよいと思いますが、判断はおまかせします。散歩に出るときにはチョークチェーンを使いますが、チョークチェーンをつけたままでひとりにしないでください。窒息する危険があります。本当にやりかねません。

基本的指示――「つけ」をさせられれば、散歩はずっとらくになります。まずマーリーを自分の左横に座らせておいて、「マーリー、つけ！」と命令して、左足から歩きだしましょう。もしマーリーが勝手に突進しようとしたら、すかさずリードを強く引くこと。たいていの場合、それで止まります（しつけ教室で習いました！）。もし、リードを引っぱって勝手に走っていってしまったら、「マーリー、来い！」と命令すれば、戻ってくるはず。ただし、命令を出すときには、体勢を低くしないできちんと立っているほうが安全です。

雷――ほんの少しでも雷が鳴ると、マーリーはおかしな行動をとる傾向があります。戸棚に、ビタミン剤と一緒に安定剤（黄色い錠剤）があります。雷がやってくる三〇分前に飲ませれば（これができれば気象予報士になれるかも！）効果を発揮するはず。マーリーに薬を飲ませるには、ちょっとしたコツが要ります。ビタミン剤のように床に落としておけば食べる、というわけにはいきません。最良の方法は、馬乗りになって片手で口をこじあけ、もう片方の手でできるだけ喉の奥まで突っこむこと。肝心なのはしっかり奥まで入れること、さもないと咳をして吐き出すので。それから、ちゃんと飲み込むまで喉をなでてやること。当然ながら、作業後はよだれだらけの手を洗いたくなること請け合い。

うんちパトロール――裏庭のマンゴーの木の根元に、僕がうんち拾いに使っているシャベルがあります。うんちの始末を一日何回、何時ごろにやるかはおまかせします。足元にはくれぐれも注意！

禁止事項――我が家ではマーリーのこんな行動は禁止です。

＊家具の上に登る。

＊家具や靴や枕などをかじる。

＊トイレの水を飲む（便器の蓋は閉めておいてください。ただし、マーリーは鼻先で蓋を跳ね上げる技を習得済みなので、要注意）。
＊庭を掘ったり、草花を掘り返したりする（十分にかまってくれないと感じると、こういう行動に出る可能性あり）。
＊ごみ箱をあさる（ごみ箱はカウンターの上に置くほうがよい）。
＊人に飛びかかる、股ぐらを嗅ぐなど、一般に行儀の悪い行動。とくに腕をしゃぶるのは厳しくやめさせようとしています。おわかりでしょうが、やられた人はとてもいやがります。マーリーはまだこの癖が直りません。もしやったら、遠慮なく尻を叩いて、きっぱり「ノー！」と注意してください。
＊人が食べているものをねだる。
＊玄関や裏口の網戸に飛びつく（すでに何度も張り替えました）。

引き受けてくれて本当にありがとう。心から感謝しています。きみがいてくれなかったらどうしようもありませんでした。きみとマーリーが良い友だちになれるように、そしてきみが僕らのようにマーリーとの生活を楽しめるように祈っています。

僕はこのメモを妻に見せて、なにか書き忘れていないだろうかと尋ねた。読み終えた妻は僕を強くなじった。「なに考えてるの？　こんなの見せられないわ」妻はメモを振った。「これを見せたら、アイルランドなんか行けないわよ。引き受けてくれたのは彼女だけなのよ。それなのに、こんなものを見せたら、すべておしまいじゃない。たちまち逃げられちゃって、二度と戻ってこないわよ」一気にまくしたてたうえ、さらに念押しした。「いったい、なに考えてるの？」

「書きすぎだ、って言うの？」僕は尋ねた。

けれど、何事も包み隠さずとの信念に従って、僕はキャシーにそのメモを見せた。彼女はあまりの内容に尻込みしたし、とくにノミ駆除方法のところでぞっとしているのがはっきりわかったが、最後までしっかり読み終えた。かなりショックを受けて顔色が青くなったものの、約束を翻《ひるがえ》すにはあまりにも心やさしいキャシーは決心を変えなかった。「旅行を楽しんできてください。私たちは大丈夫ですから」彼女は言ってくれた。

アイルランドはまさに夢見たとおりの場所だった。美しく、緑が広がり、のんびりしている。輝くばかりの快晴の日が続いて、地元の人々は干ばつの心配をするほどだった。

出発前の約束どおり、どこへ泊まってなにを見るのか、なんの計画も立てなかった。気ままに旅して、海岸沿いにレンタカーを走らせ、行く先々で散歩したり、買い物したり、山歩きを楽しんだり、ギネスを飲んだり、あるいはまた、あてもなく海を眺めたりした。車を停めて干し草を集めている農夫と話したり、道路を占領している羊と写真を撮ったりもした！ 気の向くままに針路を決めた。行かなければならない場所などないのだから、道に迷いようがなかった。家へ持ち帰らなければならないのは、遠い土地の思い出だけだった。

毎日、ようやく日が暮れかかるころ、その晩の宿を探した。親切なアイルランド人の未亡人がやっている民宿が、いつもちゃんと見つかった。女主人は僕らを気に入ってくれ、お茶をふるまい、シーツを取り替えてくれ、かならずと言っていいほど、「じゃあ、すぐにも赤ちゃんが欲しいと思ってるのね？」と尋ねた。そして、立ち去りぎわに、わかってるわよとばかりに意味ありげな笑顔を浮かべて振り返ってから、部屋のドアを閉める。

もしかしてアイルランドでは、客室のベッドの真向かいの壁にローマ法王かマリア様の肖像を飾るべしと法律で決められているのだろうか。なかには、肖像が両方とも飾られている部屋もあった。そのうえ、ベッドボードに大きなロザリオの飾りまでついている部屋も。さらにアイルランドの「旅行者禁欲法」は、客室のベッドはひとりが寝返りすればもうひとりがたちまち目を覚ますほど、盛大にきしまなければならないと定めているらしい。

いろいろな条件が重なりあって、状況は女子修道院さながら、あやしい気分をそそりようのない場面だった。僕らは他人の家に泊まっていて——しかもとても信心深い他人の家——壁は薄く、ベッドはうるさくきしみ、法王や聖女の肖像に見つめられ、おしゃべり好きな女家主はドアの向こう側で聞き耳を立てているかもしれない。いちゃいちゃするには最悪の条件だ。言うまでもなく、それが逆に、僕のなかに妻を求める新鮮で力強いなにかをもたらした。

電気を消してベッドへもぐりこみ、体の重みでスプリングが悲鳴をあげた瞬間、僕は妻を抱き寄せた。

「やめて!」妻がささやいた。

「なんで?」僕はささやき返した。

「わかんないの? 壁のすぐ向こうに、ミセス・オフレアティがいるのよ」

「だから?」

「だから、できないの!」

「できるさ」

「きこえちゃうわ」

「静かにやればいいよ」

「静かに、ですって！」

「約束するよ。できるだけ静かにする」

「じゃあ、その前に、法王様の肖像をTシャツかなんかで隠して」妻はとうとうやさしく言った。「じっと見つめられてたら、なんにもできないもの」

突如として、セックスが禁断の果実に思えてきた。ハイスクール時代に戻って、母親の疑り深い視線をかいくぐっているような気分にさせられた。そんな状況であえて事におよぶというのは、翌朝の食卓で恥ずかしい思いをする危険を冒すことだった。下手をすれば、意味ありげな笑みを浮かべたミセス・オフレアティが卵と焼きトマトをよそいながら、眉毛をあげて「で、お部屋のベッドの寝心地はよろしかった？」と訊いてくる。アイルランドは隅から隅までセックス禁止地帯だった。それこそ、僕に必要な誘惑だった。僕らは旅のあいだじゅう、ウサギみたいにしょっちゅう愛しあった。

とはいえ、妻は家に残してきた大きな赤ん坊を始終心配していた。数日おきに硬貨をたくさん公衆電話に放りこんで、キャシーに電話してようすを訊いていた。僕は電話ボックスの外で、洩れてくる妻の会話に聞き耳を立てた。

「そんなことをしたの？……ほんとに？……車の渋滞のなかへ？……あなたは、けがしなかったの？……あら、まあ……わたしだって叫んじゃうわよ……なにを？　あなたの靴？……あら、やだ！　財布も？……ちゃんと弁償させていただくわ……影も形もなく？……もちろん直すわよ……で、相手の人はなんて？……えっ、乾いてないセメント？　いったいなんでそんなことになったの？」

電話はいつもそんな具合だった。問題行動のくりかえしで、しかも悪化する一方、仔犬時代の悪戦苦闘を勝ち抜いてたいていのことではびくともしなくなった僕らでさえ、驚くような悪さばかりだった。マーリーは救いがたい生徒で、キャシーは不運な代替教師だった。マーリーははめを外せる日々を満喫していたにちがいない。

僕らが帰宅すると、マーリーは外まで駆けてきて出迎えた。キャシーは疲れはてた表情で戸口にもたれていた。過酷な戦場で生き抜いて戦争神経症になった兵士のように、彼女は遠くを見つめていた。すぐに立ち去れるよう、まとめた荷物が玄関に置いてあった。手には車の鍵を持って、一刻も早く消え去りたいようすだ。僕らはキャシーにお土産を渡して、心からの感謝を伝え、破れた網戸その他は気にしないでと言った。彼女は礼儀正しく挨拶して、行ってしまった。

想像するに、キャシーはすっかりマーリーになめられてしまい、まったく言うことをきかせられなかったのだろう。ひとつ勝利するごとに、マーリーはますますずうずうしくなったにちがいない。「つけ」を忘れ、彼女を引きずって好き勝手に歩きまわったのだ。「来い」と言っても知らん顔。靴だろうと財布だろうと枕だろうと手当たりしだいにくわえて、絶対に放さなかった。彼女の皿から食べ物を強奪した。ごみをあさった。彼女のベッドまで乗っ取ろうとした。マーリーは両親がいないあいだの責任者は自分だと決めて、心やさしいルームメイトの指図はいっさい無視して好き勝手にふるまっていたのだ。

「かわいそうなキャシー。なんだか疲れきってたみたいよね？」妻は深く同情していた。

「疲労困憊《こんぱい》、だったな」

「たぶん、もう二度と頼めないわね」

「だめだろうな。やめといたほうがいいよ」

僕はマーリーに向きなおって声をかけた。「ハネムーンは終わりだよ、チーフ。明日から、また訓練だぞ」

妻と僕は翌日から仕事に戻った。だが僕はその前にまず、チョークチェーンをマーリーの首に引っかけて、散歩に出かけた。マーリーは「つけ」の姿勢をとるどころか、いきなり突進しようとした。「すっかり忘れちゃったのかい？」そう訊きながら、僕が全身の力を込めてリードを引くと、マーリーは大きくよろめいた。なんとか体勢を立て直した彼は、咳きこんでから、なにやら恨めしげな表情で僕を見上げた。〈そんなに乱暴にしないでよ、キャシーはそんなことしなかったよ〉とその顔は語りかけていた。

「慣れるんだな」僕はマーリーに「座れ」の姿勢を命じた。そして、チョークチェーンをマーリーの首の高い位置に合わせた。経験上、それが一番効果的なのだ。「オーケー、じゃあ最初からやり直しだ」僕は言った。マーリーは素知らぬ顔を決めこんでいた。

「マーリー、つけ！」命令して、左足から元気よく踏みだした。左手のリードは極端に短く握っているので、チョークチェーンをそのまま引っぱっているのに近い。マーリーが勝手な方向へ行こうとすると、リードを思いっきり引っぱり、情け容赦なく首を締めつけてやった。「こうやってかわいそうな女の子をひどい目に遭わせたんだな。恥を知れ」僕はつぶやいた。散歩が終わるころには、あまりに強くリードを握っていたので手が血の気をなくして白くなったが、僕は時間を浪費するつもりはないと、なんとかマーリーに知らしめた。これはゲームではなく、どんな行動を取ればどんな結果が待っているか、現実を教えるレッスンだった。マーリーが横にそれようとすれば、容赦なくリードを締めあげた。けっして甘やかさなかった。マーリーが僕と足並みを揃えて一緒に歩けば、リードがゆるんで、首のまわりのチェーンはほとんど感じられなくなる。勝手な方向へ行けば、首が絞まる。つけをして歩けばちゃんと息ができる。その理屈は、マーリーでも理解できるほど単純だった。僕はサイクリング道路を行ったり来たりして、くりかえし練習させた。勝手な方向は首絞め、つけをして歩けば呼吸できる。僕がご主人様で自分はペットであり、それはこの先ずっと変わらないのだということが、マーリーにもしだいにわかってきたらしい。我が家の車寄せまで帰ってくると、さすがの頑固者のマーリーも、完璧ではないにせよかなりまともに、僕の半歩後ろに並んで小走りに歩いていた。マーリーは生まれてはじめて満足な「つけ」を、少なくともそれに近いものを披露したのだ。僕はそれを勝利と受けとった。「よし、いいぞ。ボスの座は取り戻した」僕は勝利を叫んだ。

数日後、妻がオフィスに電話してきた。シャーマン先生の診察を受けに行っていたのだ。

「アイルランドで授かった幸運よ。赤ちゃんができたのよ」

11　マーリーが食べたもの

今回は、前回のようなわけにはいかない。悲しい経験は大切な教訓をいくつも与えてくれたので、僕らは二度と失敗をくりかえすつもりはなかった。まずは、妊娠を知った日以来、そのニュースをひた隠しにした。医師と看護師をべつにすれば、誰にも、たがいの両親にさえ秘密にしていた。友人が我が家へ遊びに来たときには、不審に思われないように、妻はワイングラスにグレープジュースを入れて飲んでいた。口外をひかえるだけでなく、二人だけのときでも、うれしがって興奮しすぎないように気をつけた。「もし、すべてが順調に行ったら……」「なんの問題も起こらなかったとして……」といった具合に、条件付きで会話をした。有頂天になってしゃべりすぎると、良くない結果になるようで不安だったのだ。化学薬品でつくられた洗浄剤や殺虫剤は、すべて遠ざけた。前回と同じ道をたどるのは絶対にごめんだった。妻は酢を使ったナチュラルクリーニングに転向したが、これは壁にこびりついたマーリーのよだれをものの見ごとに落とした。虫は殺すが人間には害がないホウ酸の白い粉は、マーリーの体と寝床のノミ駆除に威力を発揮した。どうしてもノミ取りシャンプーで洗わなければならないときには、プロにまかせることにした。

妻は毎朝夜明けとともに起きて、マーリーを連れて水路沿いを元気に散歩した。妻は健康そのものだった、ただ一点だけをのぞけば。彼女は毎日のように、始終吐き気に襲われていた。それでも一言も愚痴をこぼさなかった。それどころか、吐き気の波がやってくるたびに、大喜びとしか表現できないようすで迎えた。なぜなら、それは胎内に宿った小さな命が順調に成長しているしるしだったからだ。

たしかに胎児は順調に育っていた。今回こそ、助産師のエシーが僕の持参したビデオに、不鮮明ながら赤ん坊の記念すべき最初の映像を撮ってくれた。しっかり心音も聞こえたし、四つの部屋に分かれた心臓が拍動しているのも見えた。超音波検査室に顔を出したシャーマン先生は、すべて順調ですとほがらかに告げてから、うれし涙を流している妻に「なんで泣いているの？　幸せいっぱいのはずなのに」と大きな声をかけた。エシーが手にしていたクリップボードで先生を叩いて、「先生はさっさとお仕事して」と叱りつけ、妻のほうを向いて「まったく、男って生き物はわかってないんだから」とばかりに目をまわしてみせた。

妊娠中の妻をどう扱うかについては、「わかってない」は僕にうってつけの表現だった。とりあえず僕は妻をなるべくそっとして、気分が悪ければいたわり、『すべてわかる妊娠と出産の本』を読んできかせたいというのであれば、あからさまに嫌な顔をするのはひかえた。彼女のお腹がめだってくるにつれて、その姿形を褒めそやした。たとえば、「きれいだよ。ほんとに。スレンダー美女がバスケットボールを万引きして、スカートの下に隠してるみたいだ」といったふうに。筋が通らない理不尽な言動が多くなっても、大目に見て言いなりになった。アイスクリームやリンゴやセロリや耳慣れないフレーバーのガムをしょっちゅう買いに行ったので、二四時間営業のコンビニの夜番の店員とも仲良くなった。「これ、ほんとにクローブ風味？　クローブ風味じゃないとだめだって妻が言うんだよ」僕は彼を質問責めにした。

妊娠五ヵ月目のある夜、妻は赤ん坊にはソックスが必要だとひらめいた。なるほどそうだねと僕はうなずいて、生まれるまでに準備万端整えればいいと思った。けれど妻の考えはちょっとちがっていた。いますぐに必要だというのだ。「病院から家へ帰ってくるときに、赤ちゃんの足に履かせるものがないわ」彼女は声を震わせた。

予定日は四ヵ月先だという事実など、妻の頭にはなかった。そのころには気温は三五度もあって、赤ん坊の足が凍えるはずがないという事実も。僕みたいなわかってない男でさえ知っているが、生まれたての赤ん坊は退院するときにはおくるみにくるまれているという事実も。

「ねえジェニー、落ちついて。日曜の夜の八時なんだ。赤ん坊のソックスをどこで買えっていうんだい？」

「ソックスが必要なのよ」妻はくりかえした。

「ソックスを買う時間は、まだ何週間も、何カ月もあるんだよ」

「小さな足の指がむきだしなんて、かわいそう」

どうにもこうにもしかたがなかった。僕はぶつくさ言いながらも車で走りまわって、営業しているKマートを発見し、驚くほど小さくてまるで親指ウォーマーのようなソックスのなかから、陽気な色合いの品を選んだ。家に戻って袋からソックスを取りだして見せると、妻はようやく満足した。僕らはついにソックスを手に入れた。いつ何時、なんの予告もなくソックスが全国的に品切れになるかもしれないなか、幸運にも、最後に残された貴重な数足をこの手にしたのだ。生まれてくる赤ん坊の大切な足指は、これでもう安心だ。僕らはベッドに入って、安らかな眠りについた。

妊娠期間が進むにつれて、マーリーの訓練も進んでいった。毎日の訓練を重ねた結果、僕が「敵襲だ！」と叫ぶとマーリーがすかさず「伏せ」をするという芸を友人たちに披露できるまでになった。マーリーは着実に指示に従うようになり（ただし、よその犬や猫、リス、蝶、郵便配達人、漂っているタンポポの綿毛などに気をとられてしまわなければ、の話だが）、ちゃんとつけをして歩けるようになった（ただし、犬や猫やリスなど前述のごときものに魅力を感じて、首が絞まってもかまわないと思わないかぎりは）。努力はそれなりに実ったわけだが、とはいえ、マーリーが穏やかで品行方正な犬に成長したというわけではなかった。目の前に立ちはだかって厳しい口調で命令すれば、言うことをきいたし、喜んで言うままになることもあった。けれど、その欠陥犬ぶりは永遠に救いがたいものだったのだ。

マーリーは裏庭にたくさん落ちるマンゴーの実が大好きだった。ずしりと重いマンゴーの実は、食べると歯が浮きそうなほど甘い。マーリーは芝生に寝ころんで、両前足でマンゴーの実を固定し、器用に少しずつ皮から実をはがして食べた。大きな種はトローチのように口のなかでしゃぶる。しゃぶり終えて、吐き出した実は、まるで酸に浸けたかのようにぼろぼろになっていた。そうして何時間もずっと、庭で熱心にマンゴーの実を食べていることもあった。

果物を食べすぎればありがちなことだが、マーリーのうんちに変化があらわれた。たちまちにして、裏庭のあちこちに陽気な色の軟便の山が散在することとなった。ふだん、うっかりうんちを踏んでしまうのはほとんど避けられないことなのだが、マンゴーの季節には、工事現場のコーンのような鮮やかなオレンジ色のおかげで踏まずにすむのだけは、なかなかありがたかった。

マーリーが食べたのはマンゴーだけではなかった。そしてまた、当然ながら、食べたものは出てくる。毎朝、シャベルで後片づけをするたびに、悪事の証拠が見つかった。こっちにはプラスチックの玩具の兵隊、そっちには輪ゴム。つぶれたソーダ瓶の蓋が出てきたこともあった。噛みつぶされたボールペンのキャップも。「こんなところに、僕のくしが！」ある朝そう叫んだこともある。

マーリーはバスタオルやスポンジ、ソックス、使ったティッシュなども食べた。使い捨て布巾はとくに好物で、その切れはしが消化されずに出てくると、鮮やかなオレンジ色の山の上の小さな青い旗のように見えた。

口に入れたものすべてがうまく飲みこまれて胃に収まるとはかぎらず、異常な食欲を見せるマーリーはよく吐いていた。隣の部屋でゲッゲッゲッと大きな音が聞こえて、駆けつけてみると、未消化のマンゴーや犬用ガムにまみれて、家にあったなにかしらが吐き出されていた。思いやりにあふれたマーリーは、木の床やキッチンのリノリウムの床はできるかぎり避けて、いつもペルシア絨毯を狙った。

妻と僕は、家を留守にするとき、安心して犬を家のなかで放しておければどんなにいいだろうかと、ありえない夢を抱いていた。出かけるたびにマーリーをガレージに閉じこめるのには飽き飽きしていたし、「帰ってきて玄関を開けたときに出迎えてくれないなら、犬を飼う意味なんかあるの?」という妻の意見には僕も賛成だった。雨が降る可能性のあるときは、マーリーをひとりで留守番させられないのはわかりきっていた。犬用精神安定剤を飲ませておいても、地球の裏側の中国まで届きそうな勢いで穴を掘る実力があるのは実証済みだ。けれど、天気のいい日に、ほんのちょっと外出するだけなのに、わざわざガレージに閉じこめるのは気が進まなかった。

そんなわけで、そこまで買い物にとか、お隣まで用事でというときには、僕らはマーリーに留守番させることにした。結果からいえば、戻ってみると、家は無事ということもあった。そういうときは、居間の窓辺で僕らの帰りを待っているマーリーの黒い鼻先がブラインドの隙間からのぞいている。ところが、なにか悪さをしてしまったとき、マーリーは窓辺で待つのではなく、どこかに隠れてしまっているので、ドアを開けるまでもなく問題が発生したのだとわかった。

妻が妊娠六カ月のとき、小一時間ほど出かけて帰ってみると、マーリーがベッドの下に潜りこんでいた。体の大きさからして、よほど無理しないと入れない場所だ――どうやら、ついさっき郵便配達人を殺したらしい。マーリーは全身に罪悪感をにじませていた。室内は、一見するとなんでもないように思えたが、そのようすからしてなにか後ろ暗い秘密を隠しているにちがいないので、一部屋ずつくまなく調べてまわった。すると、ステレオスピーカーのカバーがひとつなくなっていた。僕らはそこらじゅうを捜したけれど、跡形もなく消えていた。もし翌朝のうんちパトロールで動かぬ証拠が見つからなかったら、マーリーはスピーカーカバーをものみごとに消し去ったということになるところだった。スピーカーカバーの残骸は、数日間にわたって排泄された。

そのつぎに出かけたときには、マーリーは同じスピーカーからウーファーコーンを取り外した。スピーカー自体は倒れてもいないし、位置さえずれていない。紙製のコーンだけが、まるでだれかが刃物で切りとったかのようになくなっていた。そのうちに、もうひとつのスピーカーも同じ被害にあった。帰宅してみると四本足のスツールが三本足になっていて、消えた足の痕跡はなにひとつ残っていない、という日もあった。

南フロリダでは雪は降らないはずだが、ある日玄関を開けると、居間は猛吹雪に襲われていた。白くてふわふわの綿雪が部屋中に漂っていた。ホワイトアウトさながらに視界の悪いなか、目を凝らしてみると、暖炉の前でなかば雪に埋もれたマーリーが、いましがたダチョウを仕留めたかのように、派手に引き裂いた大きな羽毛枕をくわえて振りまわしていた。

それもこれも、たいていの場合、僕らは悟りの境地で対応した。犬の飼い主として生きるかぎり、先祖伝来の家宝といえども失うことは覚悟のうえだ。ただ一度だけ、さすがの僕も腹を切り裂いてでも取り戻したいと思ったことがあった。

妻の誕生日に、僕は華奢なチェーンに小さな留め金がついた一八金のネックレスをプレゼントした。妻はすぐにそれを身につけてくれた。だが数時間後、片手を喉元にあてて「ネックレスがないわ！」と叫んだ。留め金が壊れたか、うまく固定されていなかったのだろう。

「落ちつくんだ。僕らは家から出てない。だから、この家のなかのどこかにあるはずだよ」僕は妻をなだめた。そして、一部屋ずつ丁寧に調べてまわった。そうこうするうち、マーリーがふだんにも増して妙に騒がしいのに気づいた。僕は立ち上がって、マーリーを見た。マーリーはムカデのように身をくねらせている。僕に見つめられていると気づくと、たちまち逃げの体勢に入った。おっと、大変だ――マーリー・マンボだ。その意味するところはただひとつ。

「あれ、なに？　マーリーの口から垂れ下がってるもの」妻の声はパニックでうわずっていた。

細くて華奢なもの。そのうえ金色に輝いている。「やられた！」僕はうめいた。

「騒いじゃだめ」妻がささやき声で言った。僕らは二人とも堅く身構えた。

「ようし、いい子だ、大丈夫だよ。だれも怒ってなんかいない。こっちへ来い。ネックレスさえ返してくれればいいんだから」僕は人質の奪還交渉をするSWAT隊員のようになだめすかした。本能的に僕と妻は逆方向からマーリーを包囲し、氷河のようにゆっくりと前進した。まるでマーリーの体に高性能爆弾がつながれていて、ちょっとでもへまをすれば爆発してしまうかのような雰囲気だった。

「落ちついてね、マーリー」妻はできるかぎり冷静な声を出した。「大丈夫だから。ネックレスを放せば、だあれも怒ったりなんかしないのよ」

マーリーは頭を左右に振って、さぐるような目つきでこちらを見た。僕らは彼を追いつめたが、彼は自分がくわえているものを僕らが欲しがっているとわかっていた。マーリーが身代金の要求を考えているのが見てとれた。〈しるしのついていない犬用ビスケット二〇〇個を紙袋に入れて持ってこい、さもないと、だいじなネックレスには二度とお目にかかれないぞ〉と。

「マーリー、放すんだ」僕はもう一歩進みながら、小さな声で呼びかけた。マーリーは全身を震わせはじめた。僕はじりじり忍び寄った。妻も側面からほんのわずかずつ近づいた。二人して襲撃可能な位置についた。僕らは目くばせしあって、黙ったまま事を運んだ。「財産奪還作戦」はそれまでにも何度となく遂行していた。妻は背後から飛びついて下半身の自由を奪って逃げられなくする。僕は頭に飛びついて、口をこじあけ、品物をひったくる。勝負は一瞬だ。それが作戦計画であり、マーリーもその瞬間が来るのを知っていた。

僕らとマーリーとの距離は六〇センチ。僕は妻にうなずいて、声を出さずに口の動きだけで「一、二の、三、でね」と伝えた。だが、こちらが動くより早く、マーリーが頭を後ろに傾けるや、舌をぴしゃっと動かす音が響いた。口から垂れ下がっていたネックレスの端の部分が姿を消した。「食べてるわよ！」妻が悲鳴をあげた。僕らはマーリーに飛びついた。妻は下半身を押さえ、僕はヘッドロックをかけた。口をこじあけて、喉の奥のほうまで手を突っこんだ。口のなかを隅々まで懸命に手探りした。「遅かった。飲み込んだよ」万事休すだ。妻は「吐き出しなさい、このバカ犬！」と叫びながらマーリーの背中をぶった。だが、どうにもならなかった。それどころか、マーリーは満足げに大きなげっぷをした。

当面の戦いはマーリーの勝利に終わったけれど、それがくつがえるのは時間の問題だとわかっていた。自然の摂理は僕らの味方で、口から入れたものはいつかは出てくる。想像するのもおぞましいが、気長にうんちを調べていれば目当ての品は見つかるだろう。これがもし、シルバーや金メッキのもっと安い品物なら、僕は吐き気に負けたことだろう。だが、ちゃんとした金のネックレスで、支払いはかなりの額だった。吐こうがどうしようが、やるしかなかった。

そこで僕は、マーリーが大好きな通じ薬を用意して――熟れきったマンゴーのスライスを大きなボウルにいっぱい――じっと待った。三日間、マーリーを庭に放すたびに後をつけ、シャベルを手に彼が用を足すのを待ちうけた。出たものはさっさとフェンスの向こうへ放るのではなく、芝生に大きな板を用意してその上に置き、木の枝でほじりつつ、庭用ホースで少しずつ水をかけて便を洗い流し、異物を選り分けた。僕は砂金を捜す気分を味わいつつ、靴紐からギターのピックにいたるまで、飲みこまれたさまざまな財宝を発見した。だが、ネックレスは出てこない。いったいどこへ行ったのか？　いいかげん出てくるはずじゃなかろうか？　うっかり見落として、水で流してしまったのだとすれば、芝生に紛れてもう見つからないかもしれない。だけど、五〇センチもある金のネックレスを見落とすだろうか？　ポーチからこの挽回作戦を熱心に見守っていた妻は、僕に新しいニックネームをつけてくれた。「ねえ、うんち屋さん、幸運は見つかった？」

四日目、忍耐はついに報われた。僕は出したてほやほやのマーリーのうんちをシャベルですくって、いつものように「まったく、勘弁してくれよ」とぼやきながら、小枝とホースで作業にかかった。くずれて流れていくうんちのなかに、ネックレスを捜した。なにもない。あきらめかけたとき、奇妙なものが目に入った。ライマメほどの小さな茶色い固まりだ。そのなかにネックレスが入るとはとうてい思えないほど小さかったが、明らかに異質だ。僕は「うんち棒」と名づけた探索用の小枝で、その固まりを押さえつけ、勢いよく水をかけた。洗い流されるにつれ、驚くほど明るく輝く物体が姿をあらわした。やった！　金を掘りあてたのだ。

ネックレスはありえないほど圧縮されて、僕の想像を超えるほど小さくなっていた。あたかもブラックホールかなにか地球のものではない力によって、謎の宇宙空間に吸いこまれて、ふたたび吐き出されたかのようだった。実際、それは当たらずとも遠からずだったろう。水の勢いでしだいに固まりがほどけると、からまってもいない切れてもいない金のネックレスがあらわれた。もとのままの状態だ。というか、もとよりいい状態になっていた。家のなかへ持っていって妻に見せると、妻はそれまでの経緯はどこへやら、大事な品を取り戻せたことをひたすら喜んでいた。ネックレスが輝きを増していたのは驚きだった——もとの姿よりはるかに輝いていた。マーリーの胃酸はみごとな働きを見せていた。金のネックレスは見たこともないほど輝いていた。「おい、マーリー、一緒にジュエリー・クリーニングの店でもはじめようか」僕は口笛を吹いた。

「きっと、パームビーチのお金持ちのおばあさんたちに大人気よ」妻もうなずいた。

「さて、みなさま」僕は精一杯いかさまセールスマンの口調をまねた。「当店の秘密の特許技術は、他店では絶対にお目にかかれません！　専売特許の『マーリー・クリーナー』はみなさまの貴重なお品物を、ご想像以上の驚くばかりの輝きに仕上げます」

「なかなか繁盛しそうね」妻はそう言って、取り戻した誕生日プレゼントを消毒しようと家のなかへ入っていった。その後、妻は長いあいだそのネックレスを身につけていたが、それを目にするたびに、僕は金探しの才能をいかんなく発揮したこのときの出来事を思い出した。「うんち屋さん」も「うんち棒」もすっかり過去の話になってしまった。

そして、あんな経験は二度としたくない。

12　スラム病棟へようこそ

はじめての子が生まれるのだから、とにかく一大事だ。だから、ウエストパームビーチの聖マリア病院で、追加料金を支払えばきれいな特別個室に入れると言われた僕らは、ふたつ返事で飛びついた。特別個室はまるで高級ホテルのスイートルームのようで、広広として明るく、木目の美しい家具が並び、壁紙とカーテンはきれいな花柄、バスルームはジャグジーつきだった。そのうえ、新米パパが泊まり込めるようにソファーベッドも備えてある。この部屋の「ゲスト」は、食事もふつうの病院食ではなく、メニューが選べるグルメディナーを食べられる。シャンパンだって注文できる。もっとも、赤ん坊に母乳を与える母親はアルコールにはちょっと口をつけるだけだろうから、きっと父親がひとりで乾杯のグラスを重ねるのだろう。

「うーん、リゾート旅行の気分だね」父親用ソファーベッドの寝心地を確かめた僕は、うれしくなってはしゃいだ。妻の出産予定日の数週間前に、病院へ下見に出かけたときのことだ。

特別個室はヤッピーたちに人気を博し、医療保険でカバーされない部分を自費で負担しても、ワンランク上の快適な出産をと望む裕福なカップルのおかげで、病院は大きな利益を獲得していた。ちょっと贅沢かな、と僕らは思った。でも、なにしろはじめての出産なのだから、思いきって奮発することにした。

それなのに、ついに妻の「記念すべき日」がやってきて、ボストンバッグを手にあわてて病院に到着すると、少々問題がある、と言われてしまった。

「問題って？」

「今日はお産が多くて、あいにく特別個室が全部ふさがっているんです」受付の女性はにこやかに言った。

全部ふさがってるって？　僕らの人生最大の山場だっていうのに？　座り心地のいいソファーと、ロマンティックなディナーと、シャンパンの乾杯は、いったいどうなるんだ？「どういうことなんです？　何週間も前に予約したんですよ」僕は断固抗議しようとした。

「申しわけありませんが、妊婦さんたちの陣痛がいつはじまるのか、こちらがコントロールできるわけじゃありませんので」女性は当然とばかりの口調だった。

たしかにそうだ。妊婦がいつ産気づくのかは、彼女のあずかり知らないところだろう。僕らは別のフロアへ行くようにと教えられた。一般病室があるフロアだ。ところが行ってみると、産科病棟の受付カウンターの看護師から、さらに悪いニュースを告げられた。「こちらのベッドも全部埋まってるんですよ。信じられないでしょうけど」と。冗談じゃない、信じられるもんか。妻は平静さを保とうとしていたけれど、僕はすっかり頭に血がのぼっていた。「じゃ、どうすればいいんですか？　駐車場で産めとでも？」と嚙みついた。

看護師はあわてふためく新米パパ予備軍のおかしな言動には慣れているようで、「ご心配なく、なんとかしますから」と、おだやかな笑みを浮かべた。

彼女は手際よく何本か電話をかけてから、廊下の突き当たりに見える両開きのドアの向こうへどうぞと言った。ドアを開けると、そこはさっきの産科病棟と似たような造りだったが、ひとつ大きな違いがあった。そこにいる患者たちは、ラマーズ法の教室に来ていたような、きちんとした身なりをした可処分所得の多いヤッピーたちではなかった。看護師が患者にスペイン語で話している。病室のそとの廊下には、浅黒い肌の男たちがごつごつした手に麦わら帽を握りしめて心配そうに立っていた。パームビーチ郡は鼻持ちならない富裕層の保養地として知られているが、じつのところ農業地帯でもあって、街の西側には、エバーグレーズ湿地を干拓した広大な耕作地が広がっている。毎年の農繁期には、メキシコや中米諸国から大量の移民労働者が南フロリダにやってきて、ピーマンやトマトやレタスやセロリを収穫し、それが東海岸の冬季の野菜需要の大半をまかなうのだ。そんな移民労働者たちが出産する場所を、どうやら僕らは見つけたらしい。女性の苦痛に満ちた悲鳴や恐ろしげなうめき声や、スペイン語の叫びがくりかえし響きわたっている。まるでお化け屋敷の効果音だ。妻の顔はゴーストさながらに蒼白だった。

僕らはベッドと椅子がひとつずつと電子モニターしかない狭い小部屋へ案内され、妻は着替えの患者用ガウンを手渡された。「スラム病棟へようこそ！　でも、部屋の見た目にだまされちゃいけませんよ」まもなく颯爽《さっそう》と現れたシャーマン先生は明るく言った。「この病棟には、病院中でいちばん高度な医療機器と、いちばん熟練した看護師がそろっている。貧しい妊婦は出生前検診を受けていないことが多いから、高リスク出産の発生率がふつうより高い。だから、あなたがたは優秀なスタッフに囲まれてるんですよと、彼は僕らを安心させてから、妻を破水させた。そして、やってきたときと同じく、すばやく病室から姿を消した。

たしかに、午前中ずっと、妻がしだいに強まる陣痛に苦しんでいるあいだ、僕らは本当にいいスタッフに囲まれているのだと実感した。看護師は自信に満ち思いやりにあふれたベテランばかりで、状況を的確に見きわめ、赤ん坊の心音をチェックし、妻をあれこれ指導してくれた。僕はただそばにいるだけで、なんとか力になりたいと必死だったけれど、なんの役にも立たなかった。そうこうするうち、妻が歯を食いしばってうなりながら、「二度とこんな目にあわせたら、あんたの顔を切り裂いてやる!」と僕を怒鳴りつけた。すると、僕の顔がよほどひきつったらしく、看護師がわざわざそばに来て、肩にやさしく手を置いてなぐさめてくれた。「もうすぐパパになるのよ。お産はこういうものなのよ」

僕は静かに部屋を出て、ほかの男たちと一緒に廊下で待つことにした。みんな自分の妻がうめき苦しんでいる病室の外壁にもたれていた。ポロシャツにカーキパンツ、スニーカーという格好が周囲から浮いているような気がしたが、農場労働者たちから敵意の視線を浴びることはなかった。すぐに、笑顔をかわしたり、おたがい大変だねとばかりにうなずきあったりした。彼らは英語を話せなかったし、僕はスペイン語を話せなかったが、そんなことは関係なかった。状況は同じだったのだ。

いや、ほぼ同じ、というべきだろう。僕はこの日、アメリカでは「無痛分娩」はあたりまえなのではなく、一種の贅沢なのだと知った。費用を払う余裕のある人、あるいは僕らのように、それをカバーする高い保険に入っている人だけに、病院は硬膜外麻酔を処方する。中枢神経系に直接作用して、痛みの感覚を麻痺させるものだ。妻の陣痛がはじまって四時間ほどしたころ、麻酔医がやってきて長い針を彼女の脊椎に刺し、点滴につないだ。数分で腰から下の感覚がなくなり、妻は激痛から解放された。周囲にいたメキシコ人女性たちはそのままだ。痛みに耐えるしかない彼女たちの金切り声は、その後も周囲に響きわたり続けた。

数時間が過ぎた。妻は必死にいきんだ。僕も必死に励ました。日が暮れたころ、僕は布でくるんだ小さなフットボールをかかえて廊下に出た。生まれたての息子を頭上にかかげ、新しい友人たちに見せ、「男の子だ《エス・エル・ニーニョ》！」と叫んだ。どの父親もみんなぱっと笑顔になり、やったね、と親指を立てた。万国共通のジェスチャーだ。犬の名前を考えるのにあれほど喧嘩したのに、長男の名前はたちまちにして決まった。アイルランドのリマリックからアメリカにやってきた、最初のグローガン一族にちなんで、この子はパトリックと命名された。まもなく、看護師がやってきて、特別個室が空いたと告げた。いまさら移るのもどうかと思ったけれど、看護師はさっさと妻を車椅子に座らせ、息子を妻の腕に抱かせて、僕らを移動させた。グルメディナーは想像していたほどすばらしいものではなかった。

出産予定日の数週間前から、自分を我が家の人気者ナンバーワンの座から追い落とす新生児との暮らしに、マーリーをどう順応させようか、僕らはさんざん話し合いをした。できるならば、おだやかにナンバーツーに降りてほしかった。赤ん坊に嫉妬して、とんでもない行動に出る犬の話はいろいろ耳にしていた。持ち物におしっこをひっかけたり、揺りかごをひっくり返したり、なかにはまともに攻撃したり。そうなってしまえば、犬を檻に閉じこめる結果になる。僕らは予備の寝室を子ども部屋に模様替えしたとき、あらかじめマーリーをベビーベッドにも寝具にも、あらゆる幼児用品に自由に近づかせた。マーリーは好奇心が満たされるまで匂いを嗅ぎ、よだれを垂らし、なめまくった。妻が三六時間入院しているあいだ、僕は何度も、赤ん坊の匂いがついた毛布やらなにやらを家に持ち帰って、マーリーに嗅がせた。使用済みの小さな紙おむつまで持ち帰った。マーリーは紙おむつを熱心に嗅いでいた。あまりに熱心なので、鼻から妙なものを吸いこんで、高い治療費がかかるはめになるのではと心配になるほどだった。

いざ赤ん坊を連れて帰宅してみると、マーリーは気づかなかった。妻は眠っているパトリックをチャイルドシートのまま僕らのベッドの真ん中に置いてから、屋外ガレージでマーリーにただいまの挨拶をしている僕のところへきて、ひとしきり再会の大騒ぎにつきあった。マーリーの興奮が狂喜レベルから大喜びレベルに落ちついたところで、彼を家のなかへ入れた。あくまでも何気なく行動して、わざわざマーリーの目の前に赤ん坊を差しだしたりはしないという計画だった。僕らが赤ん坊の周囲をうろうろしているうちに、マーリーが自然に新参者の存在に気づくよう仕向けるつもりだった。

マーリーは妻のあとについて寝室に入り、開いたボストンバッグに鼻先を深くつっこんだ。ベッドの上に生き物がいるとは、まるで頭にないようすだった。と、パトリックが目を覚まし、鳥のさえずりのような小さな声を出した。マーリーは耳をぴくりとさせ、動きをとめた。〈いまの音はどこから？〉。パトリックがもう一度声をあげた。マーリーは片方の前足を上げて、鳥猟犬のように方向を指し示した。なんと、赤ん坊を、狩りの獲物のように指し示している。一瞬、僕はマーリーが羽毛枕を猛攻撃したときのことを思い出した。おまえは赤ん坊をキジとまちがえるほどバカじゃない、よな？

マーリーは突進した。「獲物を殺す」襲撃モードではない。歯を剝《む》いてうなってもいない。とはいえ、「ようこそ我が家へ、おチビちゃん」という歓迎モードでもなかった。マーリーの胸がいきおいよくマットレスにぶつかって、ベッド全体が大きく揺れた。パトリックはすっかり目覚めて、両目をぱっちり開いていた。マーリーはちょっと下がってすぐまた前足を踏み出し、こんどは新生児の足指まで数センチのところに口を近づけた。妻は赤ん坊に飛びつき、僕はマーリーに飛びつき、両手で首輪をつかんだ。マーリーはいつのまにか我が家の聖域にまで忍び入ってきた新入りになんとか近づこうと、必死にあがいていた。後ろ足で立って前進しようとするマーリーの首輪をつかんでいる僕は、愛馬シルバーをいなすローン・レンジャーの気分だった。「よし、ここまでは上出来だ」僕は言った。

妻はチャイルドシートの留め金をはずしてパトリックを抱きあげ、僕はマーリーを両脚のあいだにはさみこんで両手で首輪をしっかり握った。妻から見ても、マーリーに敵意はなさそうだった。マーリーはあいかわらずのまぬけな顔で息をはずませ、目を輝かせ、尻尾を振っている。僕がマーリーをしっかり押さえつけているところに妻がゆっくり近づいてきて、まずはつま先、つぎに足、ふくらはぎ、太腿と、マーリーが赤ん坊を嗅ぐのを許した。哀れなわが子は、生後一日半にしてすさまじい吸引力の掃除機で全身を吸いまくられているようなものだ。マーリーは紙おむつに行き着くと、とたんに恍惚となった。聖なる場所に到達したのだ。表情はこのうえなく幸福そうだった。

「マーリー、少しでも変なことしたら、丸焼きにしてやるからね」妻が警告を放った。もちろん本気だ。もし赤ん坊にわずかでも攻撃性を示していたら、本当にそうしていただろう。でも、マーリーはそんなそぶりは微塵《みじん》も見せなかった。赤ん坊を傷つける心配はまでないと、すぐにわかった。むしろ問題なのは、マーリーを汚れた紙おむつのゴミ箱からいかに引き離すかだった。

数日が過ぎ、数週間がたち、数カ月になった。マーリーはパトリックを親友として受け入れた。ある夜、少し早めに寝ようと電気を消そうとすると、マーリーの姿が見えなかった。あちこち捜して最後に子ども部屋をのぞくと、そこにいた。マーリーはパトリックのベビーベッドと並んで床に寝そべり、一人と一匹は仲良く寝息をたてていた。僕らの前ではやりたい放題のマーリーだが、パトリックに対してはちがっていた。赤ん坊が傷つきやすい小さな人間だということを理解しているかのようで、パトリックのそばでは慎重にふるまい、顔や耳をなめるにしてもやさしくなめた。パトリックがハイハイをはじめると、マーリーは床に静かに横たわったまま、体によじのぼられても、耳を引っぱられても、目をつつかれても、毛をつかまれても、彫刻のようにじっとされるがままになっていた。マーリーはパトリックにかしずく「優しい巨人」となり、おとなしくナンバーツーの座に甘んじることにしたらしい。

僕らのマーリーに対する全面的な信頼を、誰もが肯定したわけではなかった。いまや体重四五キロ近くに成長した、乱暴で力が強く予測不可能な獣を、無防備な幼児のそばに平気でうろつかせるなんて、親として無謀すぎると思う人がいるのは当然だろう。僕の母はそう確信しているひとりで、僕らに意見するのをはばからなかった。母は可愛い孫息子をマーリーがべろべろなめるのが我慢ならなかった。「犬の舌なんて、なにをなめたもんだかわかりゃしないでしょ」と大げさに顔をしかめた。マーリーがいるときは赤ん坊から目を離してはいけないと、脅しかけるように注意した。太古の昔からの捕食本能が突然よみがえったりしたら大変だ、と。母からすれば、マーリーとパトリックは、つねにコンクリートの壁で隔てておくべきだった。

母がミシガン州から我が家に泊まりにきていたある日、居間から悲鳴が響いてきた。「ジョン、来て！　犬が赤ん坊に噛みついてる！」母が叫んでいた。あわてて半裸のまま寝室から駆けつけてみると、パトリックがうれしそうに玩具のブランコに乗っていて、その下でマーリーが寝転がっている光景が目に入った。たしかに、犬が赤ん坊に噛みついていると言えなくもない。でも、それはパニックになった母が恐れている行動とはちがう。マーリーは揺れるブランコの真下に横たわって、布の吊りひもで固定された、おむつに包まれたパトリックのお尻の揺れに合わせて顔を動かしていたのだ。マーリーはブランコが反対側に揺れ戻る瞬間をとらえて、そのたびごとにおむつにじゃれつき、パトリックはうれしそうに歓声をあげていた。「ママ、心配しなくて大丈夫。マーリーはおむつが大好きなんだよ」僕は母に言った。

僕と妻は赤ん坊のいる新しい生活に慣れていった。妻は、毎夜数時間ごとに起きてパトリックの世話をし、午前六時のミルクは妻が休めるように僕がやった。僕は眠い目をこすりながらパトリックを抱きあげ、おむつを替え、ミルクをつくる。さて、ここからがひと仕事だ。僕は裏のポーチに腰かけ、パトリックの小さな温かい体を大事に抱えてミルクをやる。ミルクを飲んでいるパトリックの頭の上に覆いかぶさるようにして、うたた寝してしまうこともあった。ナショナル・パブリック・ラジオを聴きながら、夜明けの空が紫色からピンクに、そしてブルーに変わるのを眺めることもあった。パトリックがお腹いっぱいになると、げっぷをさせ、着替えさせ、僕も着替えて、口笛でマーリーを呼び、水辺へ朝の散歩に出かけた。僕らは自転車用の大きなタイヤが三輪ついたベビーカーを買った。これなら砂地も縁石も問題なく進める。二人と一匹の軍団は、毎朝恒例の見ものだったにちがいない。そり犬さながらにマーリーが先導し、最後尾を僕が固め、真ん中でベビーカーに乗っているパトリックは、交通整理のお巡りさんのように腕を大きく振りまわしているのだから。家に戻るころには妻も起き出して、コーヒーを淹れていた。僕らはパトリックをハイチェアに固定し、パトリックの皿に小粒のドーナツ型のシリアルを散らした。もっともそれは、僕らが背を向けた瞬間にマーリーに盗み食いされる。マーリーは皿のすぐ横に顔を出して、長い舌でさっとすくって口に運ぶのだ。赤ん坊から食べ物を盗むなんて、あまりにも意地汚いじゃないか、と僕らはあきれた。けれど、パトリックはそれを心から楽しんでいて、やがて、自分のシリアルをマーリーに拾わせようと、わざと床に落とすことを覚えた。さらに、床ではなく膝の上に落とせば、マーリーがテーブルと膝のあいだに頭をつっこむことも覚えた。鼻先でお腹を突つかれると、パトリックはきゃっきゃと声をあげて喜んだ。

ふと気づくと、僕らは親であることにすっかりなじんでいた。育児のリズムに慣れ、ささやかな喜びを楽しみ、ストレスを苦笑いで切り抜けることを覚えた。つらい日も、すぐにいい思い出になることを知った。欲しいものはすべてそろっていた。宝物のような赤ん坊。どうしようもないバカ犬。水辺に近い小さな家。そしておたがいを必要とする夫と妻。しかも、その年の一一月、僕はコラムニストに昇進した。週三回、一面の囲み部分に自分の感じたことを好きなように書ける、誰もがなりたがる職種だ。人生は順調だった。パトリックが生後九カ月になったころ、妻はそろそろつぎの子どものことを考えなくちゃと言いはじめた。

「そんなこと言われても」僕はおもわずためらった。子どもが二人以上欲しいことは、おたがいに確認しあっていた。でも、僕としては、具体的な時期までは考えていなかった。ここまでの経緯を考えると、赤ん坊の育児の大変さを急いでもう一度くりかえす気にはなれなかった。「とりあえず、また避妊をやめて、運を天にまかせてみようか」と僕は提案した。

「そうね」と妻はうなずいた。「我が家の家族計画は、『なるようになるさ』だものね」

「そうケチをつけるなよ」と僕は言った。「この前はうまくいったじゃないか」

ということで、僕らは自然にまかせることにした。来年中に妊娠すれば、タイミングとしてはベストだろう。「いまから六カ月後に妊娠したら、その九カ月後に出産でしょ。子どもは二歳ちがいってことになるわ」と妻は指折りかぞえた。

僕にとってもそれはいいタイミングに思えた。二年といえばかなり長い。はるか先の話に思えた。二年という数字に現実感覚はなかった。自分に授精能力があるのはすでに証明済みなので、プレッシャーもなかった。心配も、ストレスもない。なるようになるさ。

一週間後、妻は妊娠した。

13　真夜中の叫び声

体内で赤ん坊が育つにつれ、妻の奇妙な夜中の食欲が復活した。ある夜はルートビア、つぎの夜はグレープフルーツ。「スニッカーズのチョコレート・バー、もうなかったかしら？」真夜中近くになって、妻がまたしても言いだした。どうやら、僕を二四時間営業のコンビニまで買い出しに行かせるつもりらしい。僕は口笛を吹いてマーリーを呼び、リードをつけて家を出た。コンビニの駐車場には、ブロンドの髪に明るい紫色の口紅、見たこともないような高いハイヒール姿の若い女性がいた。「あら、かわいい！　ハーイ、ワンちゃん、お名前は？」彼女が賑やかに話しかけてきた。マーリーはもちろん、仲良くなろうと身を乗りだしたが、僕は必死でリードを押さえつけた。紫色のミニスカートと白のタンクトップに、よだれを垂らされちゃかなわない。「あたしにキスしたいだけよね、ワンちゃん？」彼女はそう言って、チュッと派手なキスの音を立てた。

そんなやりとりをするうちに、こんな時間にこんな魅力的な女性がディキシー・ハイていたのでもなさそうだ。自分の車を持っているようには見えない。これから店に入るのでも、店から出てきたのでもなさそうだ。

ウェイ沿いの駐車場でなにをしているんだろうと、僕は疑問を感じた。自分の車を持っているようには見えない。これから店に入るのでも、店から出てきたのでもなさそうだ。コンビニの「ミス駐車場」として、通りすがりの人間とその飼い犬に愛想を振りまいているのだろうか。それとも、たんに愛想のいい性格なのだろうか。だが、美人はふつうは愛想がよくないし、少なくとも夜中の駐車場で見知らぬ男に話しかけたりはしないものだ。そこへ車がやってきて、年配の男がガラス窓を下げた。「ヘザーかい？」彼は尋ねた。彼女は僕に微妙な笑顔を向けた。家賃を払うためにしかたなくやってるのよ、とでも言いたげに。「行かなきゃ」と言うと、彼女は男の車に乗りこんだ。「バイバイ、ワンちゃん」

車が出ていくのを見送りながら、僕はマーリーに言った。「好きになっちゃだめだぞ、おまえとはすむ世界がちがう相手だ」

数週間後の日曜日の午前一〇時、僕はマーリーを連れて同じコンビニに『マイアミ・ヘラルド』紙を買いにいった。すると今度は、どう見てもティーンエイジャーらしき少女が二人、憔悴しきって緊張した表情で立っていた。この前出会った女性のように魅力的な風情ではなく、魅力的に見せようともしていなかった。二人とも麻薬にありつきたい一心というようすだった。「ハロルドさん？」と、ひとりが僕に声をかけた。「いえ」と答えつつ、僕は心のなかで思った。きみたち、援助交際しようという男が、ラブラドール・レトリーバーを連れてくるなんて考えられるかい？　この娘《こ》たちは、僕のことをどんな人間だと思ってるんだろう？　店の前の箱から新聞を取り出していると、車がやってきて――きっとハロルドだろう――少女たちを乗せて走り去った。

ディキシー・ハイウェイで増えつつある売春現場に遭遇したのは、僕だけではなかった。姉がうちに泊まりにきたとき、真っ昼間、尼僧なみの地味な格好で歩いていたのに、二度も車に乗った男から誘いをかけられたという。友人の男性は、うちに来る途中で車を走らせていたら、道沿いにいた女がいきなり胸をはだけたと驚いていた。

住民からの苦情に応えるべく、市長は取り締まりを強化する約束をし、警官は女性の囮《おとり》捜査官を街頭に立たせて、客が引っかかるのを待った。囮売春婦は見たこともないような不器量ぞろいだったが――ＦＢＩ長官だったＪ・エドガー・フーバーが女装した姿を想像してみてほしい――それでも声をかける男はいた。警察の手入れは我が家の目前の通りでも実施され、テレビ取材陣までやってきた。

問題が売春だけだったなら、僕らは我関せずで平和に暮らせただろうが、犯罪はそれだけではすまなかった。近隣地域は日に日に危なっかしい雰囲気になってきた。日課の水辺の散歩をしていたある日、妻はひどいつわりに襲われて、ひとりで先に家に帰ることにした。僕とパトリックとマーリーは散歩を続けた。妻がわき道を歩いていると、うしろから車がのろのろやってくる音がした。最初はご近所さんが挨拶をしてくれるのかと思った。彼女がふり返って車内をのぞき込むと、運転手は下半身をあらわにして自慰をしていた。男は期待どおりの反応を得ると、ナンバープレートを見られないように猛スピードで道を逆走して消えた。

パトリックが一歳になるかならないかのころ、我が家の近所でまた殺人事件が起きた。ネダーマイヤー夫人のときと同様、被害者は一人暮らしの老女だった。ディキシー・ハイウェイからチャーチルロードへ折れた最初の家で、真裏には二四時間営業の屋外コインランドリーがある。被害者の女性と僕は、通りがかれば手を振る程度の知り合いでしかなかった。ネダーマイヤー夫人のときは、犯人が夫人の家のなかの人間だったから、内部犯行ということで片づけることができた。だが、今回の事件はちがう。行き当たりばったりの犯行で、見ず知らずの犯人が、日曜の午後に老女が洗濯物を裏庭に干している最中に家に忍びこんだのだ。犯人は室内に戻った老女の手首を電話コードで縛って、マットレスの下に押しこみ、現金をあさった。目当ての現金を手に犯人は逃走したが、か弱い老女はマットレスの重みで窒息死した。すぐに警官が、コインランドリーのあたりをうろついていた犯人を逮捕したが、ポケットから出てきたのはたったの一六ドルと硬貨数枚だった。人ひとりの命の値段がこれだ。

　周囲で犯罪が増えてくると、僕らはマーリーの実力以上の存在感に感謝するようになった。平和主義者のマーリーの最大の防衛戦略がよだれ攻撃だとしても、未知の訪問者への最初の反応が、一緒に遊んでもらおうと期待してテニスボールを持ってくることだとしても、この際ものを言うのは見た目なのだ。侵入者は真相を知らないはずだから。僕らは見知らぬ人に応対するとき、マーリーを閉じこめておくのをやめた。この犬が無害だと教えるのをやめた。かわりに、それとなく警告を込めた台詞を発するようにした。たとえば「こいつは最近、なにをやらかすかわからないもんで」とか、「犬が突進するんで、この網戸がいつ破れるかと心配で」といった具合に。

　我が家には赤ん坊がいて、さらにもうひとり増えることになっていた。もはや身の安全にそう無頓着ではいられない。妻と僕はよく、もし誰かが赤ん坊や僕らに危害をくわえようとしたら、マーリーはどうするだろう、という話をした。僕の予想では、マーリーははしゃいで吠えて息を荒くするだけ。妻はもっと信頼していた。マーリーは僕らに、とりわけシリアルを横流ししてくれる新入りパトリックに、強い忠誠心を抱いているから、もし万一危機が迫ったら、きっと本能的に僕らを守ろうとして戦ってくれるはずだと妻は確信していた。

「まさか。あいつは悪者の股ぐらに鼻先を突っこんで、それで終わりさ」と僕は鼻で笑った。だが、いずれにせよ、マーリーの存在が他人をひるませるのは確かだった。それだけでも十分役に立つ。マーリーが家にいるだけで、我が家は無防備ではないという安心感があった。マーリーをあてにできるかどうか、話しあっても結論は出ないものの、ベッドの横にマーリーがいるだけでぐっすり眠ることができた。そしてある夜、その議論にきっぱり決着がついた。

一〇月だというのに季節はまだ夏のままだった。その夜もうだるように暑く、僕らは窓を閉めてエアコンをかけていた。一一時のニュースを観たあと、マーリーを外に出しておしっこさせ、パトリックのベビーベッドを確認し、明かりを消して、僕はすでにぐっすり眠っている妻の隣に這いこんだ。マーリーはいつものようにベッド脇の床にどさっと身を横たえ、大きく吐息をついた。うとうとしはじめた瞬間、けたたましい長く響く音が耳をつんざいた。僕がはっと目を覚ますと、マーリーも起きていた。闇のなか、マーリーは耳をぴんと立て、ベッドの脇で身を固くしている。もう一度聞こえた。しっかり閉まった窓をなんなく通り抜け、エアコンのモーター音にもかき消されずに。悲鳴だ。女性が叫んでいる。最初は、ティーンエイジャーが路上で騒いでいるのかと思った。このあたりではよくあることだ。けれど、この叫びは、ふざけたりはしゃいだりしているのとはちがう。死に物狂いの、本物の恐怖がなまなましく感じられた。誰かが恐ろしい目にあっているのだ。

「大変だぞ」僕は小さな声で言って、ベッドを出た。

「行っちゃだめ」暗がりのなかで妻が声をかけてきた。彼女も目を覚まして聞き耳を立てていたのだ。

「警察に電話してくれ」と僕は言った。「大丈夫、慎重に行動するから」

僕はマーリーのチョークチェーンをつかんで、ボクサーショーツ一枚の姿で玄関ポーチに出た。ちょうどそのとき、水路のほうに向かって駆けていく人影が目に入った。と、逆の方向から、また悲鳴があがった。壁にも窓ガラスにもさえぎられていない屋外に響く女性の悲鳴は、ホラー映画さながらの、ものすごい迫力だった。周辺の家々の玄関ポーチの明かりがつきはじめた。向かいの貸家で共同生活をしている若い男性二人が短パン一枚で飛び出してきて、叫び声のほうに駆け出した。その少し後ろを慎重に追いかけていくと、マーリーは僕の横にぴたりとついてきた。二人の男性は二、三軒先の芝生に駆け入り、すぐにこちらへ取って返してきた。

「女の子をたのむ！　刺されてるんだ」一人が叫んで少女を指さした。

「僕らは奴《やつ》を追っかける」ともう一人が大声で言って、二人は裸足のまま人影が逃げた方角へ走った。ネダーマイヤー家の隣のボロ家を買って、自分で修理して住んでいる肝の据わった独身女性のバリーが車に飛び乗り、追跡にくわわった。

僕はマーリーを放し、悲鳴がしたほうへ走った。三軒先の家の車寄せに、近所の一七歳の少女が屈みこんだ格好で、恐怖にすすり泣いていた。肋骨のあたりをぎゅっと押さえていて、両手の下からブラウスに広がっている血の色が見えた。赤みがかった茶色の髪を肩まで垂らした、細身でかわいい女の子だ。離婚した母親と二人暮らしで、母親は夜勤看護師をしている感じのいい女性だ。その母親とは二、三度話をしたことがあったが、娘とは挨拶で手を振るくらいで、名前も知らなかった。

「声を出すな、さもないと刺すぞ、って言われたの」彼女は泣きじゃくっていた。激しくあえぐように呼吸しながらも、必死にしゃべりだした。「でも、叫んだ。あたし、叫んだの。そしたら、刺されちゃって」僕がその話を信じないと思っているかのように、彼女はシャツをまくり上げて肋骨の辺の刺された傷を見せた。「車のなかで、ラジオを聴いてたら、急に男が、出てきて」。落ちつかせようとして腕に手を添えて、ふと見ると、彼女の膝ががくがく震えていた。つぎの瞬間、彼女は僕の腕のなかに崩れおち、傷ついた仔鹿のようにがくっと脚を折った。僕は彼女をゆっくりと歩道に座らせ、抱えるようにして支えた。そうしていると、声がだんだん落ちついてきて、視線もしっかり定まってきた。

「声を出すなって言ったわ」彼女はくりかえした。「あいつはあたしの口を手で押さえて、声を出すなって言ったのよ」

「きみは正しかったよ」と僕は言った。「きみが叫んだから、やつは逃げたんだ」

彼女がショック状態に陥りつつあるのがわかったが、手当はできないし、途方にくれた。救急車よ、頼むから早く来てくれ、と祈る思いだった。僕は自分が知っている唯一の方法で彼女を落ちつかせようとした。子どもをなぐさめるときのように、髪をなで、頬に手をあてて、涙をふいてやった。彼女がだんだん弱っていくのを、がんばれ、もうすぐ助けがくるからと元気づけた。「大丈夫だからね」と僕は言ったが、その言葉には自信がなかった。彼女の顔は土気色だった。そうして彼女を支えながら歩道に何時間も座っていたように感じたが、警察の調書によれば、たったの三分間だったそうだ。そのうちに、ふとマーリーはどうしたかと思い出した。顔を上げると、マーリーは僕らから三メートルほど離れたところで、敵に身構える雄牛のように堂々と立っていた。これまで一度も見たことのない姿だった。戦闘態勢だ。肩の筋肉をいからせ、口を堅く結び、肩甲骨のあいだの毛を逆立てている。道路を凝視し、いつでも飛び出せる姿勢だ。その瞬間、僕は妻が正しかったのだと悟った。もし刃物を持った襲撃者が戻ってきたら、まずはこの犬と戦うことになる。僕は確信した。マーリーは襲撃者を僕らに近づけないよう、死ぬまで戦う気だ、と。もし少女が自分の腕のなかで死んでしまったらどうしようと、僕はかなり動揺していた。そこへきて、ふだんとはまるでちがうマーリーの堂々たる行動を目にしたのだ。僕は思わず涙ぐんだ。犬は人間の最良の友というが、マーリーはまさしくそれだ。

「僕がついてる」そう少女に声をかけた。でも、本当のところは、「僕」ではなく「僕ら」だった。マーリーと僕がついてるから、と言いたかった。「すぐに警察が来るよ。もう少しだから、がんばれ」僕は彼女を励ました。

「あたしの名前は、リサ」彼女はかすかな声でそう言ってから、目を閉じた。

「僕はジョンだ」こんな状況でご近所どうしの自己紹介をやるなんて、なんだか変だ。あまりに不釣り合いな状況に思わず笑みが浮かびそうになったのを抑え、彼女の髪を耳の後ろになでつけて、「もう大丈夫だからね、リサ」と言った。

天国から送られた大天使のように、警察官は勢いよく歩道を駆けてきた。僕は口笛でマーリーを呼び、「もういいよ、あの人はお巡りさんだから」と言った。すると、その口笛を合図に、催眠術が解かれたかのようだった。マーリーはいつものまぬけでお人よしの犬に戻り、ぐるぐる円を描いて歩き、息を弾ませ、僕らの匂いを嗅いだ。永遠の眠りからさめていったんは解き放たれた本能の精は、ふたたびランプのなかに戻ったらしい。警官の数はさらに増え、担架と滅菌ガーゼを手にした救急隊もやってきた。僕はリサを救急隊にまかせて、警官に事情を話してから、歩いて家に帰った。ぴょんぴょん跳ねるように駆けるマーリーのあとについて。

玄関で待っていた妻とともに、僕らは道路に面した窓から騒ぎのようすを見守った。あたり一帯が、テレビの警察ドラマのセットのようだった。赤いストロボライトの光が窓を通して入ってくる。頭上では警察のヘリが旋回し、裏庭や路地をライトで照らしている。警官は交通を遮断して、周辺をくまなく捜索した。だが、その甲斐もなく、容疑者は逮捕されなかったし、動機も特定できなかった。犯人を追いかけていった隣人たちも、結局、なにも見つけられなかったという。僕らはようやくベッドに戻ったが、なかなか寝つけないでいた。

「マーリーの雄姿を見せたかったよ」僕は妻に言った。「不思議なもんだ。どういうわけか、あいつは事態の深刻さを感じとったんだ。危険を察知したとたん、ふだんとまるでちがう犬に変身した」

「だから言ったでしょ」彼女は得意げだった。

ヘリが飛ぶ音が去っていくと、妻は寝返りをうって横向きになり、「これで平和が戻ってきたわね」と言うと眠ってしまった。暗がりのなか、僕はベッドの横にいるマーリーに手を伸ばした。

「よくやったぞ。評判を上げたな」僕はマーリーの耳をかいてやりながらささやいた。そして、マーリーの背に手を置いたまま眠りについた。

南フロリダは犯罪が多すぎて、麻痺してしまっているようなところがある。自宅前で自分の車にいたティーンエイジャーが刺された事件は、翌朝の新聞ではたった六行の記事として扱われた。『サンセンティネル』紙は、三面に「少女、男に襲われる」という見出しで短くのせただけだった。

記事には僕のこともマーリーのことも、半裸で犯人を追いかけた勇敢なお向かいさんたちのことも書いていなかった。車で追いかけたバリーのことも。このブロックの全世帯が玄関の明かりをつけて911に電話通報したことも。暴力犯罪が日常的な南フロリダでは、我が家の近所のドラマなど、ささいなトラブルにすぎなかった。死人もでなかった、人質もいない、たいした事件じゃないというわけだ。

傷が肺に達していたため、リサは五日間入院したあと数週間自宅療養した。母親は娘は順調に回復していると語っていたが、本人はずっと家にこもりきりで姿を見せなかった。心の傷が残っているのではないかと僕は心配だった。恐くて家の外に出られないでいた。いるのかもしれない。三分間そばにいただけだったが、まるで妹のような気がしていた。彼女のプライバシーを侵害するつもりは毛頭なかったが、直接会って、無事を確認したいと思っていた。

ある土曜日、僕はマーリーを連れて家の前の道路で車を洗っていた。ふと顔を上げると、リサが立っていた。僕の記憶より美人だった。日に焼けて、元気そうで、引き締まっていて、すっかりよくなっている感じだった。彼女はにこっとして尋ねた。「あたしのこと、憶えてます?」

「だれだっけなあ」僕はとぼけてみせた。「どっかで見たことがあるぞ。ひょっとして、トム・ペティのコンサートで僕の前の席にいて、ずっと立ちっぱなしだった人?」

彼女は笑い声をあげた。僕は尋ねた。「で、調子はどうなの、リサ?」

「うん、まあまあ。ふだんの生活に戻ったとこ」

「すごく元気そうだよ。この前会ったときより、ずっと」

「まあね」そう言って、彼女は足元に目を落とした。「最悪の夜だったから」

「ほんと、最悪の夜だったね」僕はくりかえした。

事件について話したのはそれだけだった。彼女は病院のこと、医者のこと、事情聴取に来た捜査官、お見舞いの果物がたくさん届いたこと、自宅療養中の退屈などについて話した。だが、襲われたときのことは口にしなかった。だから僕もその話題には触れなかった。そっとしておくほうがいいこともある。

リサはその日の午後、しばらく僕とマーリーと一緒にいた。庭で用事をする僕のまわりをうろつき、マーリーの相手をし、他愛ないおしゃべりをした。なにか話したいことがあるのに、どう話せばいいのかわからないでいるのかもしれない、と僕は思った。まだ一七歳。話す言葉が見つからなくても当然だ。僕ら二人の人生は思いがけずに交差して、一緒に理不尽な暴力事件に投げこまれた。ご近所どうしとして、礼儀正しくふるまったり、境界線を築いたりする時間はなかった。思いがけない危機に陥って、心臓の鼓動がきこえるほどの至近距離で身動きもままならない状況のなか、ボクサーショーツの父親と血にぬれたブラウスの少女は、おたがいの体と希望にしがみついていた。僕らのあいだには連帯感のようなものが生まれていた。と同時に、なんともいえない気恥ずかしさもあった。あの瞬間、二人とも恥も外聞もなく、相手にしがみついていたのだから。

じつのところ、言葉は必要なかった。僕は、彼女が僕に感謝していること、不器用なやり方で懸命になぐさめようとした僕の努力を十分に認めていることを知っている。彼女だって、僕が彼女のことを本気で心配していたことを知っている。あの夜、あの場所で、僕たちはなにかを分かちあった。あれは、運命の岐路に直面した鮮明で絶対的な短い時間だった。僕も彼女もすぐには忘れられない体験だろう。

「来てくれて、うれしかったよ」僕は言った。

「あたしも、来てよかった」リサは答えた。

彼女が立ち去るころには、僕はこの少女に前向きなものを感じとっていた。この子は強い。タフだ。きっと乗り越える。その直感は正しかったと数年後にわかった。彼女はテレビのキャスターをめざし、それを実現させたのだ。

14 早産の危機を乗りこえるには

「ジョン」

どこか遠くから呼ばれているのを感じて、僕は心地よい眠りの世界から引きずりだされた。「ジョン、ジョンったら、起きて」気づくとジェニーが僕の体を揺すっていた。

「赤ちゃんが生まれそうなの」

僕はひじをついて上体を起こし、目をこすった。妻はベッドで横向きになって膝を抱えていた。「赤ん坊が、なんだって？」

「なんだか、お腹がすごく痛くて。さっきからようすをみてたんだけど。やっぱりシャーマン先生に電話したほうがいいかも」

眠気はみごとにふっとんだ。赤ん坊が生まれるって？ 二番目の子どもの誕生はとても待ち遠しかった。超音波の検査で、つぎも男の子だとわかっていた。だが、いくらなんでも早すぎる、それどころか最低最悪のタイミングだ。妻はまだ妊娠二一週目で、通常の妊娠期間は四〇週間だから、やっと半分を過ぎたところだ。出産と育児の本に、週ごとの胎児の発育を示す高精度の写真がのっていた。ほんの数日前に二人で二一週目の胎児の写真を眺めながら、わが子の発育ぶりを想像したばかりだった。二一週目の胎児は手のひらほどの大きさだ。体重は五〇〇グラムもない。目はまだ閉じているし、指は細い小枝のようにもろく、肺は未発達で空気中の酸素を取り入れられない。もし二一週目で生まれてしまえば、まず生きる望みはない。たとえ生き延びられたとしても、重い長期的な障害を残す確率が非常に高い。赤ん坊が九カ月という長い期間を子宮内で過ごすのは、それなりの理由あっての話なのだ。二一週目での出産はリスクが高すぎる。

「たぶん、大丈夫だと思うけどね」そう言いつつも、僕は心臓が激しく鼓動するのを感じながら、産科医の留守電に短縮ダイヤルした。二分後、シャーマン先生が眠そうな声で電話をかけてきた。「ガスが溜まっているだけだろうと思いますが、念のために、診てみましょう」すぐに病院へ来るようにと言ってくれた。僕は家中を駆けまわって、入院支度を整え、赤ん坊のミルクをつくり、紙おむつをバッグに詰めこんだ。妻は、やはり新米ママで近くに住んでいる同僚のサンディに電話し、これから病院へ行かなければならないのでパトリックを預かってほしいと頼んだ。マーリーも起き出してきて、伸びをし、あくびをし、体を揺すっている。「夜中のお散歩だ！」とでも思っているのだろう。「マーリー、ごめんよ」謝りつつガレージへ連れていくと、マーリーの顔には深い失望の色が浮かんだ。「しっかり留守番しててくれよ」。僕は眠っているパトリックをベビーベッドから抱きあげ、起こさないようにそっとチャイルドシートに固定した。闇のなか、僕らは車で家を出た。

聖マリア病院の新生児集中治療室に到着すると、看護師たちがすぐに仕事にかかった。妻を診察用ガウンに着替えさせ、モニターで陣痛と胎児の心音を測定した。やはり、六分おきに陣痛が来ている。ガスではなかった。「赤ちゃんが外に出たがってますね」と看護師が言った。

シャーマン先生は、「まだ出てこないよう、全力を尽くしますから」

看護師はゴム手袋をして内診してから、子宮口の開き具合を確認するよう電話で看護師に指示してきた。一センチ開いていると答えた。これがいい知らせでないのは僕にもわかった。一般に、子宮口が一〇センチほど開くと、母胎が赤ん坊を押しだしはじめる。陣痛の波が襲ってくるたびに、妻の体は引き返せない地点に近づいているのだ。

シャーマン先生は生理食塩水の点滴と子宮収縮抑制剤の注射を指示した。陣痛はいったんおさまったが、二時間後にいきなり再開し、二本目、三本目と注射が打たれた。

それから一二日間、妻は入院したまま、さまざまな処置や検査を受け、モニターと点滴につながれた。僕は休暇をとって、パトリックの育児はもちろん、洗濯、炊事、家計費処理、掃除、庭仕事とベストを尽くした。そうそう、我が家にはもう一匹、生き物がいた。哀れなマーリーはナンバーツーの座を失ったどころか、一気に圏外へ急降下した。すっかり無視されていても、マーリーの僕への忠誠心は変わらず、いつも僕のそばにいた。パトリックを片腕に抱いて、掃除機をかけたり洗濯機をまわしたり食事の用意をしたりと家中を飛びまわっている僕に、マーリーは辛抱強くついてきた。汚れた皿を食器洗い機に入れようとキッチンへ運べば、とぼとぼついてきて、五、六回円を描いて場所を定めてから床にうずくまる。けれど、そうして座るやいなや、僕は今度は洗いあがった衣服を乾燥機に放りこもうと洗濯室に走りだす。マーリーはまたついてきて、くるくる回って場所を定め、前足で敷物を気に入る向きに動かしてから、どさっと腰をおろす。だが、僕は今度は新聞を取りに居間へ移動してしまう。すると、マーリーもまた移動する、そのくりかえしだ。僕が忙しく動きまわる合間にさっと頭をなでてやれば、それはマーリーにとってこのうえない幸運だった。

ある夜、ようやくパトリックを寝かしつけた僕は、ソファーにぐったり腰掛けた。すると、マーリーがひょこひょこやってきて、お気に入りのロープの玩具を僕の膝の上に落とし、大きな茶色い瞳で僕を見上げた。「ああ、マーリー、へとへとなんだよ」僕は弱音を吐いた。マーリーは鼻先でロープ玩具を持ちあげて、ひょいと放り投げた。キャッチしてくれというのだ。「ごめん。今日は遊んでやれない」。マーリーは額にしわを寄せて首をかしげた。突如として、慣れ親しんだ楽しい毎日を取りあげられてしまったのだ。どういうわけか女主人はいないし、主人は不機嫌だし、何もかもが変わってしまった。ため息をつくように哀れっぽく啼いたマーリーは、なんとか謎を解こうとしているみたいに見えた。〈ジョンはどうして遊んでくれなくなったの？　朝の散歩はどうしたの？　なんで床に転がって一緒に遊んでくれないの？　だいいち、ジェニーはどこ？　まさか隣のブロックのダルメシアンと駆け落ちしたんじゃないよね？〉

とはいえ、マーリーの楽しみが完全になくなったわけではなかった。というのも、僕があっというまに独身時代の（つまりズボラな）ライフスタイルに戻ってしまったからだ。この家で唯一の大人である特権を生かし、僕はこの家のルールを「男の一人暮らし」仕様に変えた。妻がいないのをいいことに、シャツは二日続けて着る。マスタードのシミがついてなければ三日目もそのまま。牛乳はパックに口をつけて飲む。トイレの便座は「大」をするとき以外は上げたまま。とくにマーリーを喜ばせたのは、バスルームを四六時中開けっ放しにしたことだ。どうせ家のなかには「男」しかいないのだ。マーリーはバスルームで遊ぶ楽しみを手に入れた。当然ながら、バスタブの蛇口から水を飲みはじめた。妻が知ったらあきれかえるだろうが、僕にすれば、これでトイレの水を飲む心配はなくなったわけだ。トイレはもうつねに「便座上げっぱなし」（つまりは正確にいうと「蓋も上げっぱなし」）になっているのだから、マーリーに「陶器のプール」に鼻面をつっこんで遊んではいけないという規則を守らせるには、別の場所を提供するしかなかったのだ。

僕は自分がバスルームにいるとき、バスタブの蛇口を水がぽたぽた垂れる程度に開けておくことにした。マーリーは冷たくて新鮮な水をぴちゃぴちゃなめた。たとえ僕が「スプラッシュ・マウンテン」の実物大模型を造ってやったとしても、これほど喜びはしないだろう。マーリーは蛇口の下で頭をひねり、うまそうに水をなめ、背後にある洗面台に尻尾を打ちつけた。そうしていつまでも水をなめ続ける。もしかして、前世はラクダだったのだろうか。だがしばらくして、気づいてみれば、僕はこの犬を厄介なバスルーム依存症にしてしまっていた。マーリーはやがて、僕がいなくても勝手にバスルームに入るようになった。物欲しげに蛇口を見つめ、一滴でも残っていないかとなめまわし、鼻で排水レバーの取っ手を動かす。そうして僕が根負けして蛇口を開けてやるまで続けるのだ。自分専用の水入れの水には見向きもせずに。

野蛮人生活への退化の第二段階は、僕がシャワーを浴びている最中にはじまった。マーリーはシャワーカーテンのあいだから頭を突っこむことを覚え、しぶきどころかシャワーそのものを浴びるようになった。僕が石けんで体を洗っていると、だしぬけに大きなクリーム色の頭がぬっと登場し、シャワーの水をおいしそうに舌で受けとめる。「ママには内緒だぞ」僕は釘を刺した。

家のことは万事うまくいっていると妻に信じさせようと、僕は心を砕いた。「大丈夫、問題ないよ」と請けあい、パトリックに向きなおって「な、相棒」とつけ足した。パトリックはいつものように「ダーダ！」と答えて、天井の扇風機を指差し、「ブーンブーン」と言った。だが妻の目は節穴ではなかった。ある日、僕が息子を連れて見舞いに行くと、彼女は信じられないといった目つきで僕を睨んだ。「あなた、パトリックになんてことしてるの！」

「なんだよ、なにしたっていうんだ？　パトリックは元気だ。な、パトリック？」

「ダーダ！　ブーンブーン！」

「この子の服よ。なんなのよ、これ」

言われてはじめて、僕はパトリックをちゃんと見た。ロンパースの袖に丸ぽちゃの腿《もも》が押しこめられてはちきれそうになっている。尻のあたりから、ウシのお乳のように衿かざりがぶら下がっている。上を見ると、パトリックの頭はスナップをはずした股のあいだから出ていて、腕はぶかぶかのパンツのなかで泳いでいた。こりゃ、ひどい。

「まったくもう。さかさまに着せたのね」

「見方によっては、ね」と僕は答えた。

ゲームは僕の負けだった。妻が病院のベッドから電話をかけると、数日後、スーツケースを手にした敬愛するアニータ叔母さんが、まるで魔法のように玄関にあらわれ、またたくまに我が家の秩序を回復させた。叔母さんは一〇代のころアイルランドからやってきて、いまはフロリダ州の反対側で夫と年金生活を送っている元看護師だ。僕の野蛮人生活はこうして終わりをつげた。


医者はやっと退院許可をくれたが、それには厳しい条件がついていた。健康な赤ん坊を産みたいなら、ベッドでじっとしていなければならない、というのだ。動いてもいいのはトイレに行くときだけ。一日一回軽いシャワーならいいが、済んだらすぐベッドに戻ること。料理もおむつ替えも郵便物をとりにいくのもだめ。とにかく、歯ブラシより重いものを持ってはいけない。つまりパトリックを抱くこともできないわけで、これは妻にとって死ぬほどつらいことだった。ベッドでひたすら絶対安静にすること。二一週目の早産を防ぐことには成功したが、つぎの目標は、この先最低一二週間産ませないことだ。そこまで無事に持たせて三五週目になれば、赤ん坊はまだ小さいとはいえ機能は完成していて、母胎のそとでも生きられる。要するに、それまでのあいだ、妻は氷河のごとく不動でいなければならないということだ。アニータ叔母さんは犠牲的精神を発揮して、長期滞在してくれることになった。マーリーは新しい遊び友だちができて喜び、すぐに、バスタブの蛇口を開けてくれるように叔母さんを仕込んだ。

病院から医療技師が我が家にやってきて、妻の太腿にカテーテルをさしこんだ。小さな電池式のポンプで、子宮収縮抑制剤を少量ずつ血管に注入するためのものだ。それだけではまだ不十分なのか、なにやら拷問道具のように見えるモニター装置もとりつけた。巨大な吸盤がもつれたワイヤーにつながれ、電話機にセットされた。吸盤は妻のお腹にゴムバンドで留められ、胎児の心音と陣痛を検知し、一日三回電話線を通じて病院に情報を送る。もし異常があれば看護師が気づくというわけだ。僕は本屋に走り、とりあえず最初の三日間、妻が退屈しないだけの本や雑誌を買いだめしてきた。彼女は最初は気丈にふるまおうとしていたが、あまりの退屈さと、お腹の赤ん坊を心配する気持ちとで、だんだん滅入ってきた。なかでも最悪だったのは、生後一五カ月の息子を抱きあげることも、一緒に遊んだり食べさせたり風呂に入ったりすることも、泣いているときにキスしてやることもできなかったことだ。僕はよく、ベッドに寝ている妻の顔の横にパトリックを置いてやった。パトリックはママの髪を引っぱったり、口のなかに指を突っこんだりした。天井で回っているファンを指さし、「マーマ、ブーンブーン！」と言った。それは妻をほほ笑ませたが、心から楽しませたわけではなかった。彼女の心は少しずつ不安定になっていった。

動けない妻のかたわらにはべっていたのは、もちろんマーリーだった。マーリーはベッドの横の床に犬用玩具を並べて、そこで暮らしていた。ひょっとして急に妻の気が変わってベッドから飛び起きたときのために、遊び道具を手近なところに用意しておこうという魂胆なのだろう。その場所でマーリーは、昼も夜も番をしていた。毎日僕が仕事から帰ると、アニータ叔母さんがキッチンで夕食をつくっていて、パトリックがそのそばでロッキングシートに座っていた。寝室に行くと、ベッド脇に立っているマーリーが目に入った。あごをマットレスの上にのせ、尻尾を振り、鼻先を妻の首にすりつけていた。妻は読書かうたた寝をしているかじっと天井を見つめているかで、腕はマーリーの背にまわしていた。僕は毎日カレンダーの数字にバツ印をつけた。あともう少しの辛抱だからと妻を励ますつもりだったが、妻にしてみればやりきれない時間の長さを思い知らされるだけだった。世の中には、なにもせずにぼんやり横になっていることを楽しめる種類の人間もいるが、妻はそのタイプではない。生まれつき忙しく動きまわるようにできているので、安静を強《し》いられていると、少しずつ精神が蝕まれていった。まるで完璧な凪《なぎ》で動きがとれなくなった船乗りが、深まる絶望のなかで、ほんのわずかでも風が吹いてふたたび船を動かせないものかとじっと待っている、そんなようすだった。僕は妻を元気づけようとして、「一年もすれば、昔話になって、笑えるようになるさ」と慰めを言ったけれど、彼女は心ここにあらずだった。視線ははるかかなたをさまよっていた。

妻のベッド生活がまだ一カ月残っているところで、アニータ叔母さんはスーツケースに荷物を詰めて、さよならのキスをして行ってしまった。叔母さんはできるかぎり我が家にとどまってくれたし、じつをいえば帰宅予定を何度も延長してくれた。けれど、ひとりで家にいるご主人は、彼女が冗談まじりに言うには、冷凍食品とテレビだけで生きながらえているらしく、これ以上は放っておけない限界に来ていた。僕らはふたたび、自力で生活することになった。

僕は船が沈まないよう最大限の努力をした。夜明けに起きて、パトリックを風呂に入れて着替えさせ、オートミールと裏ごしニンジンを食べさせ、パトリックとマーリーを連れてたとえ短時間でもとにかく散歩に出た。それからパトリックをサンディの家に連れていく。日中、僕が仕事に出かけているあいだ預かってもらい、夕方また迎えに行く。昼休みには、自宅に戻って妻の昼食を用意し、郵便受けの郵便物をベッドに届ける——彼女の一日の最大の楽しみだ。そしてマーリーに棒を投げて遊んでやり、家を片づけた。それでも家は荒れていった。芝生は伸び放題、汚れた洗濯物は山となり、マーリーがリスを追いかけてテレビアニメさながらに突き破ってしまった裏口の網戸はそのままになっていた。破れたままの網戸は風が吹くたびにはためき、事実上の犬用出入り口になってしまい、マーリーは裏庭と室内とを自由に行き来するようになった。とくに、寝たきりの妻とずっといることに飽きたときなどには。「ちゃんと直すから」「忘れてるわけじゃないから」僕は約束した。だが、妻の表情には失望がありありと浮かんでいた。ベッドから飛び起きて、家のなかをさっさと元通りに片づけたくてたまらない気持ちを必死で抑えていた。買い物は夜になってパトリックが眠ったあとに出かけた。真夜中にコンビニの通路を歩くのもしばしばだった。僕らは出来合いの総菜やシリアルやカップ入りパスタで生き延びた。何年も前からこまめにつけていた僕の日記は、いきなり真っ白になった。書く時間もエネルギーも残っていなかった。最後に書いた文章は、「いまはただ、途方にくれている」だった。

そして、ようやく妊娠三五週目が近づいてきたある日、病院から医療技師が家にやってきて、「おめでとうございます。さあ、もう自由になれますよ」と宣言した。薬剤ポンプとカテーテルをはずし、胎児モニターを箱詰めしてから、彼女は医師の指示書を読みあげた。妻はもとの生活に戻ってよろしい。禁止事項はなし。投薬もなし。セックスも問題ない。胎児はすっかり生存能力を身につけた。あとは出産の日を待つだけだ。

「楽しくお過ごしください。こんなにがんばったんですから」彼女は言った。

妻はパトリックを空高く抱き上げ、裏庭でマーリーと遊び、猛然と家を片づけた。その夜はお祝いにインド料理レストランで食事をして、コメディ・ショーを観た。翌日もお祭りムードは続き、ランチを食べにギリシア料理レストランへ出かけた。だが、ギリシア風サンドイッチがテーブルに届くまもなく、本格的な陣痛がはじまった。じつは前の晩、子羊のカレーを食べたときすでに、痛みははじまっていたのだが、無視していたと彼女は白状した。少しくらいの腹痛で、待ちに待ったお出かけの機会をふいにしたくなかったのだ。しかし、いまや痛みは倍増している。急いで家に戻り、待ち構えていたサンディにパトリックを手渡し、マーリーをよろしくと頼んだ。車のなかで待っていた妻は、痛みに耐えながら短く浅い息をしていた。僕は入院用バッグを車に放りこんだ。

病院に到着し、病室に入ったときには、子宮口が七センチも開いていた。一時間もしないうちに、僕は腕に新しい息子を抱いていた。妻は手の指と足の指を数えた。赤ん坊は目をパッチリと開いていて、頬はピンク色だった。

「奥さん、がんばりましたね。赤ちゃんはとてもしっかりしてますよ」シャーマン先生がねぎらいの言葉をかけてくれた。

コナー・リチャード・グローガンは一九九三年一〇月一〇日、体重二六二九グラムで誕生した。僕はあまりに幸せで、今回の出産でも豪華な特別個室を予約しておきながら、その贅沢を楽しむひまもなかったという皮肉をすっかり忘れていた。こんなにさっさと生まれるのなら、ガソリンスタンドの駐車場で産んだってよかったかもしれない。特別個室のパパ用ソファーで寝そべる時間もなかった。

コナーを無事にこの世に迎えるために払った努力を考えると、この子の誕生はビッグニュースに値する――といっても地元メディアがつめかけるほどのニュースではない。だが窓の下を見ると、駐車場にテレビ取材用の中継車が集まっていて、パラボラアンテナの丸い皿がてんでに天に向かって突き出していた。マイクを握ったレポーターたちがカメラの前でなにか話しているのが見えた。「ジェニー、見てごらん。パパラッチがきみを追いかけてきたよ」

病室で赤ん坊の世話をしていた看護師が教えてくれた。「信じられます？　廊下の少し先にドナルド・トランプがいるんですよ」

「ドナルド・トランプが？」と妻が反応した。「あの人が妊娠してるとは知らなかったわ」

そういえば、数年前に、不動産王のトランプが穀物王の相続人だったマージョリー・メリウェザー・ポストの大邸宅があった地所を買ってパームビーチに引っ越してきたときは、ちょっとした騒ぎになった。その土地は、「海から湖へ」を意味するマール・ア・ラーゴと呼ばれていて、その名が示すとおり、大西洋から内陸大水路へいたる一七エーカーに広がり、九ホールのゴルフコースまで備えていた。我が家の通りの端からも、水路を隔てて、寝室が五八もある大邸宅のムーア様式の尖塔がヤシの木立の上にそびえているのが見えた。トランプ家とグローガン家は事実上、ご近所どうしだったのだ。

ドナルドとそのガールフレンドのマーラ・メープルズが、女の子の親になったと、テレビ番組が伝えていた。ティファニーと名づけられた赤ちゃんは、妻がコナーを産んでまもなく生まれたらしい。「お遊び会にはトランプ一家も招待しなくちゃ」と妻は笑った。

僕らは、テレビ取材陣が新生児とともに退院するトランプ一家をとらえようと殺到するようすを、病室の窓から見物した。マーラは赤ちゃんを抱いてカメラに向かって控えめにほほ笑んだ。ドナルドは手をふり、大げさにウインクした。「気分は最高！」と彼はカメラに向かって言った。そして運転手つきのリムジンに消えた。

翌朝、僕らが退院する番になると、定年後に病院で手助けをしている陽気なボランティアが、妻とコナーを車椅子に乗せてロビーを抜け、自動ドアのそとまで付き添ってくれた。そこには中継レポーターもいなければ、パラボラアンテナを立てた中継車も、レポーターの報告も、カメラもなかった。僕らと、年配のボランティアだけ。マイクを向けられたわけではないけれど、僕も「気分は最高」と心のなかで叫んだ。わが子の誕生を誇らしく思うのはドナルド・トランプだけではない。

ボランティアは、僕が車を道路わきに停めるまで、妻と赤ん坊のそばにいてくれた。僕は新生児をチャイルドシートに固定する前に、世界中から見えるように頭上に高く掲げて、こう言った。「コナー・グローガン、きみはティファニー・トランプに負けず劣らずかけがえのない存在だ。それを忘れるんじゃないよ」

15 産後のうつ病は大変

愛する二人の子どもに恵まれて、僕らの人生は順風満帆のはずだったし、実際に多くの点で幸福な毎日だった。上の息子はよちよち歩き、もうひとりは赤ん坊、二人の年齢差は一七ヵ月しかない。息子たちがもたらした喜びははかりしれなかった。ところが、長期間ベッドでの安静状態を強いられたときに妻の心を覆った暗雲は、産後も根強く居残っていた。自力ではなにもできない幼子を二人も世話しなければならないという大変な責任を元気に明るく受けとめて、前向きに頑張る日々が何週間かある。そのうち突然、憂鬱の霧に閉じこめられたかのようにふさぎこんで、そんな状態が何日も続くのだ。僕らは二人とも疲れはて、いつも睡眠不足だった。パトリックはまだ夜中に一度は目を覚ます。コナーは夜中に数回、お乳やおむつ交換を求めて泣きわめく。二時間以上続けて眠れることはめったになかった。たがいにゾンビのようにうつろな目をして一言も口をきかず、妻がひとりを、僕がもうひとりを世話する夜もあった。午前零時、二時、三時半、そして五時に起きるのだ。そうこうするうちに、夜が明けてつぎの一日がはじまり、新しい希望と骨身にこたえる疲れの日々がまた最初からくりかえされる。子ども部屋から、すっかり目を覚ましたパトリックの陽気で屈託のない声がする。「マーマ！　ダーダ！　ブーンブーン！」。そして僕らは、もう少し眠りたいという切なる願いが今日もむなしくなったのを思い知る。僕は朝のコーヒーを濃く淹れるようになり、皺だらけのシャツによだれつきのネクタイで出勤するようになった。ある朝、自分の編集室で、若くて魅力的な編集アシスタントがものいいたげに僕を見つめているのに気づいた。うれしくなった僕は彼女にほほ笑みかけた。〈二児の父親になったって、まだまだ女性を惹きつける魅力は残ってるんだな〉とばかりに。すると彼女は、「髪にバーニーのシールがついてますよ」と教えてくれた。

僕らの睡眠不足の生活をさらに苦しいものにしたのは、今度生まれた赤ん坊がひどくむずかしい子どもだったことだ。ただでさえ低体重で生まれたコナーは、母乳を満足に飲んでくれなかった。妻はなんとか元気に育てようと必死だったが、いくら努力してもことごとく裏切られた。母乳を与えると、コナーは喜んで吸いつき、ごくごく飲む。ところが、ちょっとむせたかなと思った瞬間、たちまち全部戻してしまう。妻はもう一度お乳をさしだす。コナーもまた貪欲に吸いつくが、やはり吐き戻してしまう。噴出性嘔吐は際限なく続いた。母乳を飲ませては吐く、を何度もくりかえしているうちに、妻は追いつめられていった。胃食道逆流と診断されて、専門医のところへ送られ、小さなコナーは麻酔されて喉から内視鏡を入れる検査までした。結局のところ、コナーはなんとかその状態を脱し、順調に体重が増えるようになったのだが、僕らは四ヵ月ものあいだ心配でたまらない日々を過ごした。妻は睡眠不足のうえに、爆発しそうな不安やストレスをかかえ、ほとんど休む暇もなくお乳をやり、それが自分の胸に吐き戻されるのを、なすすべもなく眺めていた。「わたし、母親失格だわ。満足にお乳をやることもできないなんて」妻は自分を責めていた。そして、これまでにないほどヒステリックになり、ほんの些細なこと――食器棚の扉が閉まっていないとか、キッチンカウンターにパンくずが落ちているとか――で癇癪《かんしゃく》を起こした。

さいわいなことに、妻は子どもたちにはけっして八つ当たりをしなかった。それどころか、幼い二人を過剰ともいえるほどの愛情と忍耐で世話した。エネルギーのすべてを一滴残らず注ぎこんだ。困ったのは、彼女がストレスや怒りの矛先《ほこさき》を僕に、そして僕以上にマーリーに向けたことだ。妻はマーリーの行動が我慢ならなくなった。マーリーはすっかりやり玉に挙げられたが、それでもおとなしくしていられなかった。マーリーがなにか悪さをするたびに――しかもそれは連続することが多かった――妻はどんどん限界に追いこまれた。マーリーはあいかわらず道化者で、悪事を働き、元気を持てあましていた。僕はコナーの誕生を記念して庭に木を植えたのだが、マーリーはその日のうちに苗木を根こそぎ引き抜いて、ばらばらに嚙みしだいた。破れていた裏口の網戸をやっと直したときも、犬用出入り口にすっかり慣れていたマーリーは、またたくまに突き破った。ある日、ふらりと家出して、帰ってきたときには女物のパンティーを歯にひっかけていた。どこからどうやって持ってきたのかは、知りたくもなかった。

妻はマーリーにこれまでにも増して頻繁に安定剤を飲ませていた――マーリーのためというより自分のために――にもかかわらず、雷恐怖症はますます悪化し、激しくなる一方だった。ほんの通り雨でも、パニックを起こすようになってしまった。うまい具合に僕らが家にいれば、不安のあまり飛びついてきて服をよだれだらけにするだけですむ。だが家に誰もいないと、恐怖のあまり、ドアや漆喰の壁やリノリウムの床を掘ったりかじったりした。修繕すればするほど、マーリーは破壊した。破壊活動のペースに、修繕が追いつかなかった。僕だって怒り狂いたかったが、妻が僕のぶんまで怒鳴りちらした。そうなると、僕はマーリーの尻拭いをせざるをえなくなった。嚙みちぎられた靴や本や枕を見つけると、妻が気づく前に隠す。やりたい放題のマーリーの後についてまわって、敷物を直し、コーヒーテーブルを元の位置に戻し、壁の汚れをふいてまわった。見つからないように、かじりちらしたドアの木屑を大急ぎで掃除機で吸った。夜中のうちにそこそ補修やら研磨やらをして、翌朝妻が目覚めたときに気づくダメージを最小限にしようとつとめた。「まったく、おまえには自己破壊願望でもあるのか？」最新の犯行現場の証拠隠滅をしようとかがんでいる僕の耳をなめ、尻尾を振っているマーリーに、僕はささやいた。「まったく、いいかげんにしろよ」

ある日、帰宅すると、ついに妻の怒りが爆発していた。玄関を開けると、妻がマーリーを拳でぶっているのが目に入った。なにやら叫びながら、マーリーの背中や肩や首根っこに、まるでティンパニでも叩くように何度も拳を振り下ろしていた。「なんで？なんでこんなことするの？どうして、なんでも壊すのよ？」妻はそう叫んでいた。ふと見ると、マーリーがやった悪事が目に入った。ソファーの表地がぱっくり裂け、なかの詰め物が無惨に散らばっている。マーリーは嵐をしのぐかのように、頭を垂れ、脚を広げてふんばっていた。逃げるでも、拳をかわすでもない。ただそこに立って、啼きもせず鼻を鳴らしもせずに、ぶたれるままになっていた。

「ちょっと、待って！ほら、やめなさい」僕は声をあげて妻の手首をつかんだ。妻は泣きじゃくり、しゃくりあげている。「やめなさい」僕はくりかえした。

僕は妻とマーリーとのあいだに割って入り、彼女の目の前に立った。妻は見も知らぬ他人のような表情で僕を見返した。その瞳はなにも見ていなかった。「この犬を追い出して。いますぐここから追い出して」妻は低く冷たい声で言い放った。

「わかった、わかった、外に出すよ」僕はなだめようとした。「だから落ちつくんだ」

「この犬を追い出して、二度とうちに入れないで」妻は異様に抑揚のない口調だった。

僕が玄関を開けてマーリーを外に出してから、テーブルの上のリードを取りに戻ると、妻は「本気なのよ。ここから追い出して。二度とこの家に入れないで」と念を押した。

「落ちつけよ。頭に血が上ってるんだよ」

「本気よ。あんな犬、もうたくさん。新しい飼い主を見つけてやってよ。できないなら、わたしがやる」

妻にそんなことができるわけがない。彼女はマーリーを愛してる。どんなに欠点だらけでも、いとおしく思っている。今は動転しているだけだ。ストレスが極限に達しただけで、落ちつけば考え直すはずだ。とりあえず引き離して、冷却時間をつくるのがベストだろう。僕は無言で外に出た。マーリーは前庭で走りまわり、空中に飛び跳ね、あごをパクつかせ、僕が持っているリードに嚙みつこうとした。さっきの修羅場などなかったかのように、いつもの陽気なバカ犬に戻っていた。妻が叩いたくらいでは痛くも痒《かゆ》くもないのはわかっていた。正直なところ、遊んでいる最中に僕がもっと強く叩くのは毎度のことだったし、マーリーは叩かれるのが大好きで、そのたびにいつもそれ以上に強く僕にぶつかってくるのだ。この犬種は痛みにとても強く、筋肉と腱《けん》でできた休みなく動く機械のようなものなのだ。いつだったか、車寄せで車を洗っていたら、マーリーが洗剤の入ったバケツに頭を突っこんで抜けなくなってしまい、そのまま前庭の芝生をやみくもに飛び跳ね、ついにコンクリート壁に激突したことがあった。それでもけろっとしていた。けれど、こちらが怒って手のひらで軽く尻を叩いたり、厳しい口調で叱ったりすれば、深く傷ついたようすを見せる。鈍感な道化者でありながら、心は驚くほど繊細なのだ。妻はマーリーを肉体的に痛めつけてはいないが、心を傷つけた、少なくともあの瞬間だけは。自分にとってかけがえのない存在であり、僕と並んで最高の親友であるジェニーが、怒りをぶつけてきた。彼女は大切な女主人であり、マーリーは忠実な伴侶だ。彼女がマーリーを叩くと決めたのなら、マーリーはそれを甘んじて受けとめる。お世辞にも出来のいい犬とはいえないにせよ、忠誠心ではだれにも負けない。なんとかして、妻とマーリーとの亀裂を修復して関係を正常化しなければ。

道に出ると、僕はマーリーにリードを取りつけ、「座れ」と命じた。マーリーは座った。僕はチョークチェーンをぐいと上に引き、散歩をはじめる合図をした。一歩を踏み出す前に片手でマーリーの頭をなで、首をもんでやった。マーリーは鼻をくんくんさせ、僕を見上げ、長い舌をだらりと垂らした。さっきの騒動は、マーリーにとってはもう過去になっているようだった。妻にとっても過去になっているようにと僕は願った。「さあ、おまえをこれからどうしようか？」と僕は尋ねた。マーリーは弾けたバネのように跳んで、僕のくちびるに舌をぴちゃりと打ちつけた。

その夜、マーリーと僕は何キロも歩いた。ようやく家の玄関を開けたときには、マーリーはすっかり疲れていて、そのままおとなしく部屋の隅で横になってくれそうだった。妻はコナーを膝の上であやしながら、パトリックにビン入りベビーフードを食べさせていた。落ちついたようすで、もとに戻ったように見えた。リードをはずすと、マーリーは水をがぶ飲みした。ぴちゃぴちゃ舌を鳴らし、盛大に水しぶきを飛ばしながら。僕は床をふいてから、妻のほうを盗み見た。怒っているようすはない。たぶん、嵐は過ぎ去ったのだろう。きっと考え直してくれたのだろう。大人げなかったと反省して、謝るかもしれない。マーリーを従えて通りすぎようとした僕に、妻は静かな低い声でこちらを見ずに言った。「わたしは本気よ。この犬には出ていってもらうわ」

それからの数日間、妻は最後通牒を何度もくりかえし、僕もそれがただの脅しでないことを認めざるをえなくなった。彼女はたんに癇癪を起こしているのではなく、問題がこのままうやむやになる可能性はなかった。僕は頭をかかえた。感傷的にすぎるかもしれないが、マーリーは僕にとって、男どうしの固い絆で結ばれたソウルメイト、いつもそばにいる相棒になっていた。マーリーは好き勝手で、手に負えず、社会規範とは無縁で、独断と偏見に満ちた自由な魂の持ち主だが、じつをいえば、僕自身にもっと勇気があれば、そんな束縛されない生き方を楽しみたいところだ。どんなに大変なことがあっても、マーリーを見ていると、生きることの純粋な喜びが感じられた。ひどい無理難題を押しつけられたら、強い意志を通して言いなりにならないことも、時には大事なのだと気づかされた。他人を支配したがる人間が多い世の中で、マーリーは誰にも支配されていない。そのマーリーを手放すなんて、考えただけで心がふさがれる。けれど、僕には大切な二人の幼子と、幼子たちにとっても僕にとってもなくてはならない妻がいる。僕ら一家は、いまにも切れそうな糸でかろうじてつながっていた。マーリーの存在が家庭の崩壊と安泰を分けるというのなら、僕としては妻の願いを尊重せずにいられようか？

友人や同僚たちのなかに、愛らしくて元気いっぱいの二歳になるラブラドール・レトリーバーを飼いたい者がいないか、それとなくさぐってみた。近所に犬好きが住んでいるというので、訪ねてみたりもした。困っている犬をけっして見捨てない人だという話だったが、それでもノーと言われた。マーリーの噂はとっくに耳に入っていたらしい。

僕は毎朝、新聞を開くなり個人広告欄に目を走らせた。「野性的でエネルギッシュ、制御不能、恐怖症持ちのラブラドール・レトリーバーをお譲りください。破壊的な性格であればなお可。高値で買い取ります」という広告が出ている奇跡を願って。だが、大人になりきっていない若い犬を売りたいという広告は山ほどあるものの、買い手はまずいないとわかった。それらの大半は、飼い主がほんの一ヵ月前に数百ドルで買ったばかりの純血種だ。それがすずめの涙ほどの金額で、あるいは無料《ただ》で、売りに出されていた。厄介払いされようとしている犬の種類でずばぬけて多いのは、雄のラブラドール・レトリーバーだった。

犬売りますという広告はほとんど毎日のように出ていて、その文面は悲痛でもあり面白おかしくもあった。当事者の立場から読めば、その犬を売りたい真の理由を隠すために、必死で体裁を整えているのがよくわかる。どの広告も、僕も身に覚えがある犬の行動が、婉曲表現満載で描かれていた。「元気いっぱい……人なつっこい……広い庭が好き……走りまわれる部屋がある家庭に最適……活動的……茶目っ気たっぷり……丈夫な体……ユニーク」表現はちがっても意味するところはひとつ。すなわち、飼い主の手に負えない犬。じゃまになった犬。飼い主が匙《さじ》を投げた犬、ということだ。

こうしたごまかしの広告を、僕の半分は笑いながら読んだ。「忠誠心旺盛」と書いてあれば、それは「噛みつきます」という意味だ。「誠実な伴侶」の意味は「分離不安症あり」。「番犬に最適」は「ひっきりなしに吠える」。そして「好条件つき」とあれば、飼い主はなにがなんでも犬を手放したがっていて、「いくらお支払いすれば、この犬を引き取っていただけるでしょう?」というのが本音なのだ。けれど、僕のもう半分は、心を痛めていた。僕は犬を捨てるような人間ではない。妻だってそんな人間ではないはず。僕らは二人とも、個人広告欄を使って厄介払いするような人間ではない。たしかにマーリーは手にあまる犬だ。僕や妻が子ども時代に一緒に育った品行方正な犬とはまったくちがう。悪癖と悪行のかたまりのような犬。有罪は確定。とはいえマーリーは、二年前に我が家にやってきた仔犬のときとはまるでちがう。彼なりの欠点だらけのやり方で成長してきたのだ。僕らは飼い主として、マーリーをなんとか自分たちの必要に応じて型にはめようとしてきたが、同時に、ありのままの彼を受け入れようとつとめてもきた。たんに受け入れるだけでなく、マーリー自身とその不屈の犬精神を称賛した。家の隅に飾る置物ではなく、血のかよった生き物として、マーリーを我が家に迎え入れたのだ。出来不出来にかかわらず、マーリーは我が家の犬だ。家族の一員であり、いくら欠点があろうとも、僕らが注いだ愛情を一〇〇倍にして返してくれた。絶対に金では買えない献身を捧げてくれたのだ。

マーリーを手放す気には、とうていなれなかった。

新しい飼い主を探すための情報収集はしぶしぶ続けていたものの、僕はマーリーとともに真剣に問題解決に取り組みはじめた。僕に与えられたミッション・インポッシブルは、この犬を更生させて、存在価値を妻に認めさせることだ。あいかわらず夜中に何度も起こされて睡眠不足が続いていたが、早起きしてパトリックをベビーカーに乗せ、マーリーの訓練をするために水路へ向かった。座れ、待て、伏せ、つけ。くりかえし練習した。このミッションはなにがなんでも遂行しなければならない、マーリーはそれを感じとったようだった。今度だめならもう後はない。真剣勝負だ。そんな覚悟が伝わらないと困るので、まわりくどい言い方はやめて、はっきりとくりかえし言ってきかせた。

「ぐずぐずしてる暇はないぞ、マーリー。さあ、はじめよう」。僕が最初からもう一度指示をくりかえすと、助手のパトリックは拍手して、大きなクリーム色の親友に声援を送った。「ワーディィ！　オーオー！」

しばらくして、しつけ教室に再入学するころには、マーリーは最初にこの教室に参加したときの、札付きのワルの非行少年のような犬とは、だいぶちがっていた。たしかに、猪突猛進ぶりは変わらないものの、僕をボスと認めて、自分は下っ端なのだとわかっていた。今回は、よその犬に飛びかかることもあまりなく（少なくとも回数は減った）、狂ったように駆けまわることも、見ず知らずの人の股ぐらに鼻を突っこむこともなかった。八週間のトレーニング中、僕はぴんと張ったリードで命令を伝え、マーリーは喜んで――狂喜して――協力した。最後の授業のとき、前回の高圧的な女性とは対照的な気さくな女性トレーナーに呼ばれて、僕らは前へ出た。「では、訓練の成果をみせてください」

「座れ」と命じると、マーリーはきちんと腰をおろした。僕はリードを上に引いてマーリーの喉に巻きついているチョークチェーンを持ち上げながら、「つけ」と命じた。そして、駐車場の端まで歩いて、また戻ってくるまでのあいだ、マーリーはまさに教科書どおりに、肩の毛が僕のふくらはぎをなでるほどぴたりと横についていた。僕はマーリーをもう一度座らせ、真正面に立って、指を彼の額に向けた。「待て」と穏やかに言ってから、もう一方の手に持っていたリードを落とし、数歩後ろに下がった。マーリーは大きな茶色い目で僕をひたと見据え、どんな小さな合図も見逃すまいと待ちかまえているが、そのまま動かずにいた。僕はマーリーのまわりを一周した。マーリーは我慢に身を震わせ、僕の姿を追いかけて、『エクソシスト』のリンダ・ブレアみたいに首をまわそうとしたが、体は動かさなかった。僕は真正面に戻ると、ちょっとお遊びとばかりに、指を鳴らして「敵襲だ！」と叫んだ。マーリーは硫黄島へ向かう上陸艇の兵士が甲板に伏せるような姿勢をとった。トレーナーは声をあげて笑った。よし、うまいぞ。僕はマーリーに背を向け、一〇メートルほど遠くへ歩いていった。背中に焼けるような視線を感じたが、マーリーはその場を動かなかった。僕が向き直ったころには、マーリーは全身をぶるぶる震わせていた。まるで噴火寸前の火山だ。そして、僕はこれからやってくるものを受け止めるべく両足をボクサーのように広げて立ち、「マーリー……」と名前を呼んで、ちょっと間をおいてから「来い！」と叫んだ。マーリーは全力で駆けだし、僕は衝撃に備えて踏んばった。最後の瞬間に、僕は闘牛士よろしくさっと脇へよけた。マーリーは僕を通り越して飛んでいき、向きを変えて戻ってきて、鼻先で僕のお尻を突ついた。

「いい子だ、マーリー」僕は膝をついて褒めまくった。「よくやった、いい子だ。おまえはほんとにいい子だ！」。マーリーは僕と一緒にエベレスト登頂に成功したかのようにぴょんぴょん飛び跳ねた。

授業の最後に、トレーナーは僕らの名を呼んで修了証書を手渡した。マーリーはクラスで七番目の成績で基礎服従トレーニングに合格した。それが八匹だけのクラスで、八番目の犬は隙あらば誰かを嚙み殺そうと虎視眈々としているピット・ブルだったにしても、合格は合格だ。僕は証書をありがたく頂戴した。しつけのできていない、訓練不能な、救いがたい犬のマーリーが、合格したのだ。僕は泣きたくなるほど誇らしかった。だから修了証書をマーリーに食べられてしまわないよう、必死で守った。

帰り道、僕は『ウィー・アー・ザ・チャンピオン』を腹の底から歌った。僕の喜びと誇りに気づいたマーリーは、舌を僕の耳に突っこんできた。そのときの僕は、なんでも好きにしてくれという気分だった。

マーリーと僕には、もうひとつ未完成の仕事があった。いちばん悪い癖、人間に飛びかかる癖をやめさせなければならないのだ。顔見知りだろうと見知らぬ人だろうと相手かまわず、子どもでも大人でも、検針員でも宅配ドライバーでも、マーリーは誰にでも同じように挨拶する——全速力で床を滑走して向かっていき、飛びついて、二本の前足を相手の胸や肩にかけて顔をなめる。仔犬のときには可愛らしい仕草に思えたが、いまとなっては、突然大きな犬に飛びつかれるのは、相手に不快感や恐怖心を与えるものとなっていた。子どもを突き飛ばし、客を驚かせ、友人のワイシャツやブラウスを汚す。

小柄な母が押し倒されそうになったこともあった。この癖は誰からも嫌われていた。一般に使われる犬の服従訓練でこれをやめさせようと試みたことはあったが、失敗に終わっていた。こちらの意図が通じなかったのだ。そんなとき、長年犬を飼っている知り合いが、「それなら簡単だ、こんど飛びかかられたら、すかさず胸にひざ蹴りをするといいよ」と教えてくれた。

「痛い目にはあわせたくないんだけど」

「痛めつけるわけじゃないよ。膝で二、三回突いてやれば、ぜったい直るって」

ここは心を鬼にするしかない。マーリーは、この癖を直すか里子に出されるかなのだから。翌日、僕は仕事から帰ると、玄関に一歩足を踏み入れ、「ただいま」と叫んだ。マーリーはいつものように、フローリングの床をぶっ飛ばしてきた。あと三メートルというところで氷の上を滑るようにスライディングして、飛びついてきた。前足を僕の胸にかけ、舌で僕の顔をなめようと。だが、その前足が胸に届く直前に、僕はさっと膝を上げた。膝はマーリーのあばら骨の下の、柔らかいみぞおちにあたった。マーリーははっと息を呑み、床に崩れ落ちた。悲しそうな顔で僕を見つめ、なにがあったのか理解しようとしていた。自分のすべてをかけて飛びついたのに、なぜ逆襲を受けなければならないのだろう、と。

つぎの日も、同じ罰を与えた。飛びかかってきたマーリーにひざ蹴りをすると、マーリーは床に転げ落ちて、咳をした。かわいそうな気もしたが、この犬を個人広告欄に出さないためには体で覚えさせるしか手はないのだ。「ごめんよ」と、僕は身をかがめ、四本の足すべてを床につけた格好のマーリーに頬をなめさせてやった。「すべてはおまえのためなんだ」

三日目の夜、僕が家に入ると、マーリーはいつものようにフルスピードで走ってきた。しかしこの日は、お決まりの動作を少し変えてきた。飛びつくかわりに、前足を床につけたまま、膝に頭突きをした。ついに僕は勝った。「マーリー、できたじゃないか。よくやった。いい子だ。飛びかからなかったな」そう褒めてから、僕は膝をついて姿勢を低くした。マーリーが腹に一撃を食らわずに顔をなめることができるように。僕は感動した。ついにマーリーが折れてくれたのだ。

でも、これで完全に問題が解決したわけではなかった。僕には飛びつかなくなったが、ほかの人にはあいかわらず飛びついた。警戒しなければならない相手は僕だけだと知っていて、罰をあたえない僕以外の人類全員には、あいかわらず飛びついていたのだ。誰かの手を借りるしかない、そう思って、同僚の記者、ジム・トルピンに助けを求めた。ジムは温厚な性格で読書好き、頭が禿げていて、メガネをかけ、細身の体型をしていた。

マーリーが結果を考えずにまっ先に飛びつく相手がいるとすれば、ジムをおいてほかにない。僕らは会社で段取りを決めた。ジムは会社帰りにうちに寄り、ドアベルを鳴らし、なかへ入る。マーリーが飛びかかってキスしようとしたら、ひざ蹴りをおみまいする。

「遠慮はいらない」と僕は指導した。「中途半端じゃ、あいつには通じないから」

その夜、ジムはベルを鳴らして家へ入ってきた。思ったとおり、マーリーはジムめがけてダッシュした。マーリーが飛び上がったその瞬間、ジムは僕の指示を忠実に守った。中途半端ではいけないと肝に銘じていた彼は、マーリーの先手を打って、みぞおちに強烈な蹴りを入れた。どさっという鈍い音が、部屋中に響いた。マーリーは大きくなり声をあげ、目をひんむいて、床に倒れた。

「すごいや、ジム。カンフーをやってたのかい？」僕は感心した。

「思い知らせてやれって、きみが言ったんだろ」彼は答えた。

ジムはやってくれた。マーリーは体勢を立て直し、一息入れ、四本足を床につけたままジムに挨拶した。もしマーリーが口をきけたなら、「降参」と言ったにちがいない。以来、マーリーは誰にも飛びかからなくなった。少なくとも僕のいるところでは。そしてその後二度と、誰もマーリーにひざ蹴りをする必要はなかった。

マーリーが飛びつき癖をやめてまもなく、ある朝、僕が目を覚ますと妻がもとに戻っていた。僕の妻、灰色の霧に閉じこもっていた愛する女性は、僕のところに帰ってきたのだ。産後のうつ状態は突然彼女を襲ったが、消え去るときもあっというまだった。とりついていた悪霊が追い払われたかのように、何事もなくなっていた。すっかりよくなっていた。彼女は強く、明るく、二人の幼子の母親をつとめながら前進できるようになった。マーリーはめでたく妻の親友に戻った。妻は幼子を両腕に一人ずつ抱きかかえたまま、かがんでマーリーにキスをした。マーリーに棒を投げて遊んでやり、ハンバーガーの肉汁でソースをつくってやった。ステレオからお気に入りの音楽が流れると、マーリーとダンスをした。夜になって疲れると、一人と一匹は床に横たわり、妻はマーリーの首に頭を預けて横たわっていた。妻はもとに戻った。じつにありがたい。

16　マーリーの映画デビュー

事実は小説よりも奇なりというから、妻が職場に電話してきて、マーリーが映画のオーディションを受けることになったと言いだしたとき、僕は作り話だとは思わなかった。それでもあまりに実感がなかったので、「なんだって？」と問い返した。

「オーディションよ」

「映画かなんかのオーディション？」

「そうよ、映画だってば。長篇映画よ」

「マーリーが映画に？」

そんな不毛なやりとりをしながら、僕は頭のなかで、アイロン台を嚙みつぶすマーリーのまぬけぶりと、スクリーン狭しと活躍して燃えさかる建物から子どもを救出するリンチンチンのような銀幕スター犬のイメージとを、なんとか重ねようと苦心していた。

「うちのマーリーが？」もう一度、念のために訊いた。

それは本当の話だった。一週間前のこと、『パームビーチ・ポスト』紙の妻の上司が、友人のために協力してやってもらえないかと電話してきた。上司の友人はコリーン・マガーという女性カメラマンで、シューティング・ギャラリーというニューヨークの映画製作会社に雇われて、隣町のレイクワースで映画を撮影する計画なのだという。コリーンの仕事は「典型的な南フロリダの家庭」を見つけて、そのすべてを——書棚から冷蔵庫のマグネット、クローゼットの中身にいたるまで、とにかくなんでも——カメラに収めることだった。

「スタッフは全員ゲイなのよ。だから、このあたりに住んでる、子どものいるふつうの夫婦がどんな暮らしをしてるのか、具体的なイメージが必要なんですって」と、上司は妻に説明した。

「人類学者の事例研究みたいなものね」妻は言った。

「そう、それよ」

「いいですよ。家を掃除してなくてもいいのなら」妻は引き受けた。

やってきたコリーンは、我が家の持ち物だけでなく、僕らの写真も撮った。僕らの服装、髪型、ソファーでくつろぐ姿。洗面台の歯ブラシや、ベビーベッドの赤ん坊たちも。正真正銘の異性愛カップルが飼っている去勢犬も撮った。少なくとも、フィルムに収まったぶんだけは。彼女によれば、「ワンちゃんのはピンぼけばっかり」だったそうだ。

マーリーはそれこそ興奮しまくって参加した。我が家に赤ん坊たちが侵入してきて以来、マーリーはなにかと愛情に飢えていた。きっとコリーンが牛追い棒で一撃したとしても喜んだことだろう。たとえ少しでもかまってもらえるのなら、それで十分満足だっただろうから。けれど、大きな動物が好きで唾液のシャワーにもひるまないコリーンは、わざわざ膝をついて相手をしてくれ、マーリーをたっぷりかわいがった。

コリーンがシャッターを切っているとき、僕はこの先の展開を空想せずにはいられなかった。僕らは映画製作会社にありのままの人類学データを提供しただけでなく、配役決定用のデータも渡したようなものだ。この映画の端役やエキストラは地元で調達するという。ひょっとすると、監督がキッチン・マグネットやポスターと一緒に写っている、生まれながらのスターに目をとめることだってあるんじゃなかろうか？　世の中、なんでもありなのだ。

想像はさらに膨らんだ。スティーブン・スピルバーグによく似た監督が、大量の写真を並べた大きな作業台に屈みこんでいる。いらだちながら写真に目を通し、「だめだ、だめ、どれも使いものにならん！」とつぶやく。つぎの瞬間、彼の目は一枚のスナップ写真に釘付けになる。そこには、地味だがいかにも感性が豊かそうな、正真正銘の異性愛者の男が家事をしている姿が写っている。監督はその写真に指をびしっと突きたてるなり、助手に向かって「この男を連れてこい！　おれの映画に必要なのはこいつだ！」と叫ぶ。スタッフは苦労のすえに僕を見つけ出す。最初は遠慮がちに首を横に振った僕だが、最終的には主役を引き受ける。そうまで期待されては、あとには引けない。

家のなかを撮影させてくれてありがとうと礼を言って、コリーンはあっさり帰っていった。残念ながら、彼女やほかの映画関係者がまた電話をしてくるかもしれない、というような話は一切なかった。僕らの任務はこれで完了。ところが数日後、妻が僕の職場に電話してきて、「さっきコリーン・マガーから電話があって、信じられない話が舞いこんだのよ」と切りだした。やっぱり僕の写真が目にとまったんだろうか。心臓が高鳴った。「で、なんだって？」

「監督がマーリーを使いたいんだって」

「マーリーを？」耳を疑りつつ、僕は訊いた。妻は僕の声の動揺には気づいていないらしい。

「なんでも、家族のペット役に、大きくて、まぬけで、いかれた犬を使いたいらしいの。それでマーリーに目をつけたのよ」

「いかれた犬？」

「コリーンがそう言うのよ。監督は、大きくて、まぬけで、いかれた犬を探してるって」

なるほど、まさに目当てのものを見つけたわけだ。「監督は僕のことはなにか言ってなかったって？」

「ええ。どうして？」

翌日、コリーンがマーリーを迎えにきた。初登場場面の重要性を心得ているマーリーは、居間から猛スピードでコリーンに挨拶しにやってきた。途中で一瞬、速度を落とすと、近くにあったクッションをくわえた。お忙しい映画監督のことだから、いつなんどき昼寝をしたくなるかわからない、そのときのためにご用意いたしました、とでもいわんばかりに。

マーリーはフローリングの床を蹴って、派手に横滑りした。コーヒーテーブルにぶつかって止まったが、反動で投げ出され、イスに激突し、背中から床に落ちて一回転、立ち上がったものの、コリーンの足に正面衝突した。少なくとも、客に飛びつきはしなかった、と僕はチェックした。

「やっぱり安定剤を飲ませておきましょうか？」と妻が尋ねた。

監督は薬を飲まされていないありのままのマーリーを見たいはずだ、とコリーンは答え、狂喜乱舞する我が家の犬を赤いピックアップトラックに乗せて行ってしまった。

二時間後、コリーンはマーリーを連れて戻り、評決を言い渡した。オーディションに合格した、と。「まさか！　うそでしょ！」と妻が金切り声をあげた。僕らはすっかり浮かれてしまい、カメラ撮りされたのはマーリー一匹だけだったとコリーンから知らされても、興奮はおさまらなかった。マーリーはこの映画で唯一、無報酬の出演者だと言われても。

僕はコリーンに、オーディションのようすを尋ねた。

「マーリーとのドライブは、ジャグジーのなかで運転しているみたいでした。そこらじゅう、よだれを垂らしまくって。あっちに着いたときには、こっちはもうびしょびしょ」彼女はすっかりあきれていた。着いたところは、製作本部が置かれているガルフストリーム・ホテルだった。内陸大水路を見渡せるのでかつては観光客に人気だったが、いまではさほどでもない。マーリーは製作スタッフたちの姿を見つけるなり、車から飛び出して、いまにも空爆があると信じているかのように駐車場をめちゃくちゃに駆けまわった。「マーリーったら狂ったように走りまわってました。どう見ても頭がおかしい犬ってかんじで」コリーンは思い出すように言った。

「なるほど、ちょっぴり興奮してたんですね」と僕は言った。

コリーンの話では、マーリーはスタッフの手からいきなり小切手帳をひったくって、8の字型に旋回をくりかえして逃げまわったらしい。おそらくそれが、自分への報酬を確約する方法だと判断したのにちがいない。

「我が家ではこの犬を、ラブラドール・レトリーバー《回収犬》じゃなくてラブラドール・イベイ《逃亡》ダー《犬》と呼んでいるくらいですから」妻はわが子を誇りに思う母親ならではのほほ笑みを浮かべて詫びた。

やっとのことでマーリーは「これなら撮影に使えるかもしれない」と思える程度に落ちついたそうだが、それはあくまでも勝手に遊ばせておくという意味だった。映画は『ザ・ラスト・ホームラン』という題名の野球ファンタジーで、老人ホームで暮らす七九歳の男が五日間だけ一二歳に戻って、リトルリーグに出場する夢を実現させるというストーリーだった。マーリーの役は、リトルリーグのコーチが飼っている異常なほど騒騒しい犬という設定だった。ちなみにそのコーチ役を演じるのは、引退したメジャーリーグの名捕手ゲリー・カーターだった。

「でも、ほんとにこんな犬でいいんでしょうか？」と、まだ信じられないでいる僕が口を挟んだ。

「みんな、マーリーを気に入ってます。役にピッタリですもの」コリーンが請けあった。

撮影本番までの数日間、マーリーのふるまいにどことなく変化があらわれたのを、僕らは見逃さなかった。妙に落ちついている。オーディションに合格したことで、新たに自信を得たのだろうか。堂々たる威厳さえ感じられる。「こいつの力を信じてやる人間が必要だったのかもしれないな」と僕は妻に言った。

マーリーを信じている人間がいるとすれば、それは「ステージママ」の妻だった。妻は、撮影初日が近づくとマーリーの体を洗った。毛にブラシをかけた。爪を切りそろえ、耳の掃除をした。

いよいよ当日の朝、寝室から出てみると、妻とマーリーが生死を賭けた決闘さながら、激しい取っ組み合いをしていた。妻はマーリーにまたがり、膝でわき腹を押さえつけ、片手でチョークチェーンの端を握っている。マーリーはそれを振りほどこうと必死だ。まるで居間でロデオショーをやっているみたいだった。「ジェニー、いったい、なにしてるんだ？」

「見ればわかるでしょ！　歯を磨いてやってるのよ」妻も必死の形相だ。

たしかに彼女はもう一方の手に歯ブラシを持っていて、大きな白い牙を磨こうと最大限努力しているらしい。口のまわりを泡だらけにしたマーリーは、その歯ブラシを食べようと最大限努力している。まるで狂犬病にかかって泡を吹いている犬みたいに見える。

「練り歯磨きを使ってるの？」と僕は質問し、つづけてもっと大きな質問をした。「で、それをどうやって吐き出させるつもり？」

「これ、重曹《ベーキング・ソーダ》よ」と彼女は答えた。

「とにかく、よかった」僕は胸をなでおろした。「マーリーが狂犬病にかかったんじゃなくて」

一時間後、僕らはガルフストリーム・ホテルに向けて出発した。息子二人はチャイルドシートに、マーリーはその真ん中に。マーリーの吐く息はいつになくさわやかな香りがした。午前九時に来るようにと指示されていたのだが、ホテルの入り口が見えてきたところで大渋滞にはまった。道の先に車止めが築かれていて、警官がホテルに入ろうとする車を締め出していた。映画撮影のニュースは新聞各紙に出ていた。活気のないレイクワースの町にとっては、一五年前の『白いドレスの女』の映画ロケ以来のビッグイベントだったので、野次馬が大挙して押しかけていたのだ。警官が野次馬たちを追い払っていた。僕らはじりじり前進し、やっと警官のところまでたどりつき、車の窓を下げて
「用があるので入れてください」と言った。

「ここは立ち入り禁止です。止まらないで、先へ行って」

「出演者を連れてるんです」

警官は、幼児二人と飼い犬を連れてミニバンに乗った夫婦を疑わしげに眺めた。「とにかく、先へ行って！」と彼は怒鳴った。

「うちの犬が映画に出るんです」

突然、僕を見る彼の目つきが変わった。「犬ですって？」と彼は訊いた。犬は彼のチェックリストにあったのだ。

「犬を連れています。マーリーという犬です」

「この犬が出演するんです」妻も加勢した。

警官は向きなおってホイッスルを吹いた。「犬だぞ！」と、数十メートル先の警官に叫んだ。「犬のマーリーだ」

その警官もまた別の誰かに叫んだ。「犬だ！　犬のマーリーだ！」

「通せ！」と三番目の男が遠くから叫び返した。

「通せ！」と二番目の警官がくりかえした。

警官は車止めを動かし、僕らを手招きした。そして「ここをまっすぐ行ってください」と礼儀正しく言った。僕はVIP気分だった。警官の横を通り過ぎるとき、彼はまだ完全には信じていないかのように、もういちど「犬が行くぞ！」と言った。

ホテルのそとの駐車場で、撮影スタッフがスタンバイしていた。舗装の上にケーブルが縦横に走り、カメラの三脚とマイクをつけた可動アームがセットされていた。足場からはライトが吊るされていた。トレーラーには衣装ラックが積まれていた。出演者とスタッフのために、日陰には大きなテーブル二台に、食べ物と飲み物が用意されていた。サングラスをした重要人物らしき人たちが忙しそうにしていた。監督のボブ・ゴスは、僕らに挨拶して、撮影するシーンをざっと説明してくれた。とても単純だった。ミニバンが道路わきに停まる。ライザ・ハリス演じるマーリーの飼い主が運転席にいる。ライザの娘役は、地元の俳優養成学校に通うダニエルというかわいいティーンエイジャーの少女で、息子役も地元の九歳ほどの少年だ。その二人とマーリー演じるペットの犬が後部座席にいる。娘がバンのスライディングドアを開けて飛び降りる。弟がマーリーのリードを手にそれに続く。彼らはカメラの前を通り過ぎる。それだけのシーンだ。

「問題ないでしょう。そのくらいならマーリーにもできますよ」と監督に答えて、僕はマーリーをわきに寄せ、バンに乗りこむ合図を待った。

「さあみんな、聞いてくれ。この犬はちょっといかれてる。いいな？　でも、犬がよほどめちゃくちゃをしないかぎりは、カメラを回し続ける」ゴスはスタッフに説明した。

彼の考えはこうだ。マーリーはありのままの犬、つまり典型的な飼い犬で、典型的な家族の外出時に典型的な行動をするところをカメラに収めたいのだ。演技指導や振り付けはなし。純粋なシネマ・ベリテ手法でいく。「犬のやりたいようにやらせてやれ」と監督は指示した。「それと、犬をうまく避けるように」

全員が位置につくと、僕はマーリーをバンに乗せ、ナイロンのリードを少年に手渡した。少年はマーリーを恐がっているようだった。「人なつっこい犬だから大丈夫。ただ、きみのことをなめたがるだろうけどね」と僕は言い、手首をマーリーの口元に差し出して、なめられて見せた。

テイク・ワン。バンが道路わきに停まる。女の子がスライディングドアを開けると、黄色い電光が走った。大砲から発射された巨大な毛糸玉のようなものが、カメラの前を駆け抜けた。赤いリードを引きずって。

「カット！」

僕はマーリーを駐車場の端まで追いかけ、連れ戻した。

「さあ、もう一回だ」ゴスは大声を出した。そして少年に、「この犬はかなりワイルドだ。こんどはもっと強くリードを握ってみような」とやさしく指導した。

テイク・ツー。バンが道路わきに停まる。ドアが横に開く。女の子が外に出ようとした瞬間、マーリーが彼女を押しのけていちはやく飛び出した。冷や汗をかいて真っ青な顔をした少年を引きずって。

「カット！」

テイク・スリー。バンが停まる。ドアが開く。女の子が出てくる。少年がリードを手に出てくる。少年がバンから一歩踏み出すと、リードがぴんと張り、バンのほうに引き戻された。しかし犬は出てこない。少年は懸命に引っぱる。前かがみになって、全身の力をこめる。なにも出てこない。空白の時間が過ぎる。少年は顔をしかめてカメラのほうを振り返る。

「カット！」

僕はバンに駆け寄ってなかを見た。マーリーが前かがみになって自分自身をなめていた。男がなめるべきではないところを。マーリーは僕を見上げた。〈なに？　いま、忙しいんだけど〉とでもいいたげに。

テイク・フォー。僕はマーリーをバンに戻し、ドアを閉めた。ゴスはこのとき、すぐには「アクション」のかけ声を出さず、数分間、助手たちと話し合いをした。ようやく撮影が再開された。バンが道路わきに停まる。ドアが横に開く。女の子が出てくる。少年も出てきたが、困りきった表情をしていた。少年はまっすぐカメラを見つめ、手を上げた。その手に握られたリードは途中でちぎれていて、ちぎれたところは唾液にまみれていた。

「カット！　カット！　カーット！」

少年の説明によると、バンのなかで待っているあいだに、マーリーはリードをかじりはじめ、やめようとしなかったという。スタッフも出演者も切断されたリードをぼう然と見つめた。いままさに自然の驚異を目の当たりにしたかのような、畏れと恐れの入り混じった表情で。僕にしてみれば、少しも驚くにはあたらなかった。マーリーはこれまでに、数え切れないほどのリードやロープを墓場に送っていた。「航空機仕様」と宣伝されている、ゴムでコーティングされた鋼鉄製ケーブルを噛み切ろうとしたことさえある。コナーが生まれてまもなく、妻が「愛犬旅行用ハーネス」を買ってきたことがあった。車で出かけるとき、これでマーリーをシートベルトに固定しようとしたのだ。この新しい装置は、使って一分半もしないうちに、マーリーに噛み切られた。しかも、分厚いハーネスだけでなく、買ったばかりのミニバンのシートベルトまで。

「よし、みんな、休憩にしよう」とゴスは宣言した。そして僕のほうに向き直り、驚くほど冷静な声で、「新しいリードを手に入れるのに何分くらいかかります？」と訊いた。彼が本当に知りたかったのは、彼自身と労働組合に入っている俳優やスタッフを、ぼうっと待たせているあいだに消える費用のほうだったのかもしれないけれど。

「ここから一キロほどのところにペットショップがありますので、一五分で戻れますよ」と僕は答えた。

「こんどは犬が嚙み切れないのをお願いします」と彼は言った。

僕は、ライオンの調教師が使いそうな、重い金属製のチェーンを買って戻ってきた。撮影は失敗に失敗を重ねながら続いた。シーンごとにどんどん悪くなった。そうこうするうち、娘役を演じるティーンエイジャーのダニエルが、カメラが回っている最中にすさまじい悲鳴をあげた。「いやだ！　この犬、あれ出してる！」

「カット！」

別のシーンで、マーリーは片思いの相手に電話をかけるダニエルの足元にいた。すると音響スタッフが苦りきった顔でヘッドフォンをはずし、大声で文句を言った。「彼女の声がぜんぜん拾えない。マイクに入ってくるのはハアハアいう荒い息ばっかり。これじゃポルノ映画だよ」

「カット！」

このくりかえしで撮影初日は過ぎた。マーリーは救いようがないほどみんなに迷惑をかけた。僕は、〈そりゃそうだよ、無報酬でベンジーのようなタレント犬を期待するほうがまちがっている〉と思う気持ちがある一方、悔しさも味わっていた。出演者やスタッフの顔色を盗み見ると、〈いったいこんな犬、どこから連れてきたんだ？　とっとと別のに替えてくれよ〉といわんばかりだった。その日の撮影が終了すると、クリップボードを手にした助手が僕らのところにやってきて、今後の撮影スケジュールは明日の朝にならないと決まらない、と言った。「明日はわざわざお越しいただかなくても結構ですよ。マーリーが必要になったらこちらから連絡しますから」。そして、誤解があってはいけないとばかりに念を押した。「こちらから連絡がないかぎり、ここには来ていただかなくてもいいということです。おわかりですか?」。もちろん僕にはよくわかっていた。ゴスは自分が言いたくないことを、部下に言わせたわけだ。マーリーのタレントへの道は終わった。監督やスタッフを責めることなどできない。映画『十戒』でチャールトン・ヘストンが紅海をぱっくり二つに分けたロケをのぞけば、今回のマーリーのロケは、映画製作史上最大の悪夢だったにちがいない。マーリーは進行を遅らせフィルムを無駄にして、何千ドルもの損失をもたらした。みんなの衣装を唾液まみれにし、スナックを置いたテーブルを襲撃し、一台三万ドルもするカメラをあやうく倒しそうになった。彼らは破産する前に僕らをお払い箱にしたわけだ。「こちらから連絡するまで電話をしてくるな」の意味ぐらい、よくわかっている。

「マーリー、大チャンスだったのに、すっかり棒に振ったな」僕は家に戻ってからつぶやいた。

翌朝、マーリーのスターへの道が断たれたことをまだくよくよ考えているところへ、電話が鳴った。それは撮影助手からで、マーリーをすぐにホテルに連れてきてほしいとのことだった。

「急いでるんです。「本気ですか？」と僕は訊いた。「監督がつぎのシーンにマーリーが必要だそうで」助手は答えた。

またお呼びがかかるなんて信じられないと思いつつ、僕らは三〇分で到着した。監督のゴスはやる気満々だった。彼は前日の未編集フィルムを見て、笑い転げたらしい。

「こんなにおかしな犬はいない！　とにかく笑わせてくれる。生まれながらの道化だな！」と褒めまくった。僕は自分の背が高くなり、背筋がのびるのを感じた。

「マーリーは、いつだって、ありのままですから」と妻は言った。

レイクワースでのロケはまだ数日続く。マーリーは引き続き出演することになった。僕らはほかのステージママやパパや「追っかけ」に混じって、ホテル周辺をうろつき、おしゃべりをした。どんなにおしゃべりをしていても、スタッフが「準備オーケーです」と声を出すと、ぴたりと口をつぐんだ。「カット！」という声とともに、おしゃべりを再開する。ちゃっかりした妻は、コーチ役のゲリー・カーターと、本人役で出演していた野球殿堂入りした元オールスター選手、デイブ・ウィンフィールドから、息子二人にとサイン入りボール二個をせしめてきた。

マーリーはちやほやされるので上機嫌だった。酷暑だったので、助手のひとりはマーリーを猫かわいがりした。スタッフの面々、とくに女性たちは、マーリーが飲みたいときに飲めるように、水入れとミネラルウォーターを抱えて張りついているという仕事を割りあてられた。マーリーはみんなからビュッフェ・テーブルの食べ物をもらっていた。僕は自分の仕事を片づけるために、二時間ほど現場を留守にしたことがあったが、戻ってみると、マーリーはツタンカーメン王のようにふんぞり返って、四本の足を投げ出し、とびきりゴージャスなメイクアップ・アーティストにお腹をなでられていた。「ほんとにかわい子ちゃんね」彼女の声は甘く響いた。

スター気取りはいつのまにか僕にも感染していた。僕は「マーリーのマネージャーです」と自己紹介して、「次回作では吠える場面を期待しています」というようなセリフまでつけ加えるようになった。あるとき、撮影の合間に公衆電話を使おうとホテルのロビーに入った。マーリーはリードをつけていなかったので、近くの調度品をクンクン嗅ぎまわりはじめた。迷い犬が入ってきたと勘違いしたコンシェルジュが、マーリーを調度品から引き離し、通用口に追い立てた。

「しっしっ、おうちへ帰りな」

「すみませんが」と、僕は受話器の送話口を手で覆って、コンシェルジュに精一杯の威圧的な視線を浴びせながら、「その子は出演者なんですけど」と声をかけた。

僕らは四日連続で撮影場所に通った。マーリーのシーンは全部撮り終わったからもう来なくていいと言われたときには、妻も僕もすっかりシューティング・ギャラリー社の一員のような気持ちになっていた。まったくの無報酬だが、仲間にはちがいない。マーリーをミニバンに押しこむとき、妻は「みなさん、愛してるわ」と、照れるようなセリフを全員に向けて投げかけた。「映画の仕上がりが待ち遠しいわ！」

ところが、僕らはじつに長く待った。プロデューサーのひとりが、八カ月後に電話してくれれば宣伝用のテープを送ると言っていた。だが八カ月後に電話すると、受付の人は僕をたっぷり待たせてから「二、三カ月後にもう一度ご連絡ください」と返答した。僕らは待ち、電話し、また待った。毎回、延期だった。なんだか自分がストーカーになったような気分だった。ひょっとすると、受付の人は送話口を手でふさいで、「またあのいかれた犬の飼い主からですけど、こんどはなんて言いましょうか？」とゴス監督にささやいているのではなかろうか。

ついに、僕は電話するのをやめた。『ザ・ラスト・ホームラン』はもう観られないものとあきらめた。おそらく編集サイドは、めちゃめちゃな犬のシーンをすべてカットするという途方もない仕事をするくらいなら、プロジェクトごと中止したほうがいいと判断したのにちがいない。だが、それから丸二年たって、ようやく僕はマーリーの演技力をこの目で見るチャンスを得た。

レンタルビデオショップで、僕はふと思いついて、店員に『ザ・ラスト・ホームラン』という題名の映画はないかと尋ねてみた。店員はその題名を知っていて、おまけに、その店に在庫があった。さいわい、というべきかどうか、ビデオは一本たりとも貸し出されていなかった。

あとになってわかったことだが、シューティング・ギャラリー社は映画配給会社との契約にこぎつけられず、マーリーのデビュー映画を格下げするよりほかなかった。『ザ・ラスト・ホームラン』はビデオ市場に直行した。僕にとっては、そんなことはどうでもよかった。ビデオを借りて家に急ぎ、大声で妻と子どもたちをビデオデッキの前に呼んだ。マーリーが映っているシーンは全部で二分にも満たなかったが、その映画でもっとも生き生きした二分だった。僕らは笑った。叫んだ。拍手した。

「ワディー、だあ！」コナーが叫んだ。

「ぼくたち、ゆうめいじんだ！」パトリックも興奮していた。

栄誉にも名声にも無関心なマーリーは、まったく心を動かされていないようすで、あくびしながらコーヒーテーブルの下に腹ばいになっていた。エンドクレジットが出てくるころには、すやすや寝息をたてていた。僕らは最後に出てくる出演者全員の名前に目をこらした。犬の名前までは出ないだろうとあきらめかけたそのとき、画面に大きな文字が映った。「犬のマーリー……本物出演」と。

17 セレブな町での新生活

『ザ・ラスト・ホームラン』の撮影から一カ月して、僕らはウエストパームビーチとそこでのすべての思い出にさよならをした。同じブロック内でまたもや二件の殺人事件があったのも理由のひとつだったけれど、チャーチルロードのささやかな平屋を出る決め手になったのは、近所の治安よりも家のなかの混乱だった。二人の幼子と彼らが必要とする装備一式が増えて、我が家はパンク寸前になっていた。まるで、トイザらスのファクトリー・アウトレットに乗っ取られたみたいに。マーリーは体重四五キロ近くにまで成長し、方向転換するたびになにかしらなぎ倒していた。寝室は二つしかなく、僕らはおろかにも、男の子二人は一室を共有すればいいと考えていた。ところが、どちらかが目を覚ますともう一方も起きてしまうので、僕らの夜中の仕事は二倍になった。そこで二男のコナーを、キッチンとガレージのあいだにある細長いスペースに移した。そこは公式には僕の「書斎」ということになっていて、ギターを弾いたり支払いの計算をしたりする場所だった。だが、見ようによっては、そんなに上等な場所ではなく、まるで赤ん坊を渡り廊下に放り出したようにも思えた。まったく、ひどい話だ。渡り廊下はガレージとほとんど段差がなく、まあ、言わば納戸のようなものだった。納戸を子ども部屋にするなんて、いったいどんな親だろう？　渡り廊下《ブリーズウェイ》という言葉の響きも悪い。戸外からあらゆるものが風に乗ってやってきそうなイメージ。ほこり、アレルギー物質、虫、コウモリ、犯罪者、変質者。渡り廊下にあるものといえば、ゴミ箱やぬれたテニスシューズだろう。そして実際に、我が家ではマーリーの餌入れや水入れを置いていて、コナーが住人となってからもその慣行は続いた。そこが犬の食事場にふさわしい唯一の場所だというだけでなく、マーリー自身がそれを当然と思うようになっていたからだ。「渡り廊下兼子ども部屋」と言えば、ディケンズの小説に出てきそうな悲惨な場所を思わせるかもしれないが、実際はそんなにひどくはなかった。じつは、けっこうかわいらしい部屋だった。もともとは、家とガレージを結ぶ吹きさらしの屋根つき通路だったが、僕らの前の住人が何年も前に壁をつくった。僕はそこを子ども部屋にする前に、隙間風の入る古い板すだれを新しいサッシ窓に取り替えた。窓には新しいブラインドをつけ、壁も塗り直した。妻は床にふかふかのラグを敷きつめ、かわいい絵を飾り、天井からモビールを吊るした。それでも、人の目にはどう映っただろう？　赤ん坊は渡り廊下で寝ているのに、犬は夫婦の寝室でのびのびと寝ているなんて。

さらにいえば、そのころ妻はポスト紙の特集記事部門で、ハーフタイムの仕事についていた。基本的に家にいながらできるこの働き方を、彼女は子育てとキャリアを両立させるために選んだのだ。となると、僕の仕事場の近くに住むというのが家族にとっていちばん合理的だ。僕らは引っ越しを決めた。

人生は小さな皮肉に満ちている。たとえば、数カ月の家探しのすえに落ちついた場所が、僕が日ごろから記事のなかで冗談の種にして楽しんでいた町だった、というのもそのひとつだ。南フロリダにあるその町の名はボカラトン、スペイン語で「ネズミの口」という意味だ。それにしても、なんて皮肉だろうか。

ボカラトンは裕福な共和党支持者の要塞のひとつで、住人の多くはニュージャージーやニューヨークから来た新参者だ。金持ちの大半はいわば新興成金で、その大半は自分をジョークの種にするようなやり方で人生を楽しんでいる。高級セダンに赤いスポーツカー、広大とはいえない土地にひしめくピンク色の壁の大邸宅、壁で隔てられて立ち並ぶ邸宅の門には守衛がいる。男たちは麻のスラックスを好み、素足にイタリア製ローファーを履き、携帯電話でいかにも重要そうな話をすることで大量の時間を消費する。女たちは愛用のグッチの革のバッグとお揃いに日焼けして、肌はつやつや、染めた髪はシルバーやプラチナのメッシュ入りだ。

ここには美容外科医がひしめいている。彼らは最大級の家を持ち、最大級の光り輝く笑みを浮かべている。ボカラトンの「保存状態のいい」女性たちにとって、豊胸手術はこの町の住人としての事実上の必要条件だ。若い女性はみな、すばらしい豊胸手術の成果であり、年配の女はみな、すばらしい豊胸手術とフェイスリフトの成果なのだ。ヒップラインの矯正に鼻の矯正、脂肪吸引、入れ墨アイラインで化粧を仕上げた女たちは、「解剖学的に正しく膨らませることができる」人形部隊の女兵士のようだ。あるとき僕は新聞の記事にこんな冗談を書いた。「脂肪吸引とシリコンは、ボカラトン・ガールになくてはならないお友だち」

僕は自分のコラムで、ボカラトンのライフスタイルをあれこれ茶化してきた。まずは町の名前から。住民たちはこの町を「ボカラトン」とはぜったいに呼ばない。「ボカ」と短くして呼ぶのだ。おまけに、辞書どおりの発音をしない。辞書によれば、ボカのボは口を縦に開ける〝O〟なので、「ボカ」と発音することになる。だが、彼らはそこに、鼻に抜けるソフトな〝H〟の音を加える。つまり、「ボゥカ」だ。「あぁら、木立の刈り込みもセンスがいいですわね、このボゥカでは」という具合に。

当時人気だったディズニー映画『ポカホンタス』をもじって、僕は「ボカホンタス」

という言葉をつくり、コラムで使うようになった。ネイティブアメリカンの族長の娘ポカホンタスならぬ、僕のコラムの主人公で高級住宅地在住のボカホンタスは、ピンクのBMWを運転し、手術で形よく固めた乳房をハンドルの前に突きだし、ハンズフリーの携帯電話で話したりバックミラーをのぞいて髪型を直したりしながら、日焼けサロンに急行する。パステル調のデザイナーズハウスに住み、毎朝ジムで——ただし、ジムの正面入り口から三メートル以内に車を駐車するスペースが見つかった場合のみ——汗を流し、午後は絶大な信用を誇るアメックスカードを手に、ショッピングモールで「野生動物の毛皮狩り」にいそしむ。

「あたしのビザ・カードは、マイズナーパークに埋葬して」ある日の僕のコラムのボカホンタスは、町一番の高級ショッピングモールの名前をあげて、まじめな顔で歌うように言った。またあるときは、バックスキンのワンダーブラで身を固め、美容整形費用の税額控除要求運動を起こす。

僕はこの町をひどく茶化した。それこそ冷酷無情に。とはいえ、ほんの少し誇張しただけなのだ。ボカに住んでいる実在のボカホンタスたちは、この種のコラムの最大のファン層で、僕がつくり上げたヒロインのモデルになっているのが誰なのか、あれこれ想像していた（大丈夫、僕はけっして明かしません）。僕は地元の集まりやパーティーでよくスピーチを頼まれたが、そんなときはかならず誰かに、「どうして、そんなにボゥカの人が嫌いなんですか？」と質問された。いいえ、嫌いなのではありません、と僕は答えた。それどころか、ここのおもしろさを楽しんでいます。「かわいいピンクのネズミの口」ほど楽しい話題を提供してくれる町は、世界中どこをさがしてもないでしょうから、と。

そんなわけで、妻と僕がやっと見つけた家の場所が、ボカラトンの東側にあるウォーターフロントの邸宅地と、西側のお高くとまった高級住宅地とに挟まれた場所で、まさにボカ文化の空白地帯だったのは、唯一筋の通った話だったといえよう。僕らの新しいご近所は、ボカラトンでは数少ない中流階級《ミドルクラス》地区のひとつで、住民は自分たちは二つの境界線《トラック》の反対側に住んでいるのだなどと言って、俗物的な高級志向をしゃれのめして楽しんでいた。たしかに、この地区には二組の線路《トラック》が走っていた。一方は東側の、もう一方は西側の地域との境界になっている。夜、ベッドに横になっていると、マイアミへ行き来する貨物列車の音が響いてきたものだ。

「本気なのか？」と僕は妻に言った。「ボカになんか引っ越してみろ。僕は八つ裂きにされるよ。きっと、首は有機ハーブ園にさらされるな」

「やめてよ」と彼女は笑った。「まったく、大げさなんだから」

僕が勤める『サンセンティネル』紙は、ボカラトンでは『マイアミ・ヘラルド』や『パームビーチ・ポスト』、さらには地元の『ボカラトン・ニュース』をもしのぐ発行部数を誇る有力紙だった。僕のコラムは市内でも西側の開発地区でも読まれている。コラムには顔写真も載っているから、街を歩いていればすぐに正体はわかる。だから、さほど大げさとは思えない。「僕は生きたまま皮をはがれて、ティファニーの店の前に吊るされるかもしれないぞ」

しかし、家探しを何カ月も続けて、はじめて希望のすべてを満たす家が見つかったのも事実だった。大きさも価格も立地もちょうどよく、なおありがたいことに、僕が通う二カ所のオフィスの中間に位置していた。近くの公立学校は南フロリダのなかでもいい部類で、なにより、ボカラトンにはすばらしい公園がたくさんあった。マイアミからパームビーチにかけての大都市圏で、これだけ純粋さを保っている海岸があるのは、ここだけだった。大いに不安はあったが、僕は購入を具体化することに合意した。敵地へ潜入する、できの悪いスパイになった気分だった。僕は城門の内側に侵入しようとする野蛮人、ボカ・バッシングの張本人がボカのガーデンパーティーに闖入するなんて許されない。僕がこの町で歓迎されるはずがあろうか。

引っ越してすぐのころ、僕は町をこそこそと歩いた。すべての目が僕に注がれているように思えた。すれ違った人がうしろでささやいているのではないかと、耳がほてった。引っ越したことをコラムに書いたあとには（勇気をふりしぼって白状したのだ）、「おまえはこの町をさんざんけなしておきながら、住まわせてくださいだと、なにをいまさら？　恥知らずな偽善者め！」というような投書が多数届いた。まさにそのとおりです、と認めざるをえなかった。仕事がら知り合いだった、この町の熱烈な信奉者は、待ってましたとばかりに僕の弱みを突いてきた。「ほほう、悪趣味なボカもそれほど悪いところじゃないと認めたわけだな？　公園に税率、学校、海岸、都市計画。いざ家を買う段になると、どれもがいきなり『悪くない』って思えたわけだ」彼はやけにうれしそうだった。僕は、床にあお向けに転がって「降参」のポーズをとるしかなかった。

しかし、二つの境界線のどちら側でもないご近所さんたちのほとんどは、投書攻撃に同情してくれていた。ご近所さんのひとりはこうした投書を、「品位に欠けている」とまで言ってくれた。僕はすぐにこの土地になじんだ。

新しい家は、一九七〇年代に建てられた寝室が四つあるバンガロー風の平屋だった。広さは前の家の二倍あったが、これといって魅力的ではなかった。逆にいえば、これから魅力的な家につくり変えられる可能性があるということだ。僕らは居間の床に敷きつめられていたカーペットをはがしてオーク材のフローリングを張り、イタリア製タイルをあちこちに敷いた。不恰好なスライド式のガラスドアを、ニス仕上げのフレンチドアに替えた。見捨てられていた前庭を、根気よくトロピカルガーデンに変身させた。ショウガとヘリコニア、パッションフラワーを植えた前庭は、蝶を惹きよせ、通りすがりの人々の目も楽しませた。

だが、新しいマイホームの最大の魅力は、家そのものではなかった。居間の窓から見えるところに、松の木立に囲まれて遊具がならぶ小さな市立公園があった。子どもたちは大喜びだった。さらに、真新しいフレンチドアを出た裏庭には、地面を掘って造られたプールがあった。当初僕らは、プールが欲しいとは思っていなかったし、二人の幼子にとって危険かもしれないと考えていたので、じつのところ妻は不動産業者にプールの埋め立てを打診して、業者を青ざめさせたほどだった。引っ越した初日に僕らがしたのは、プールの周りに高さ一メートル二〇センチの重罪人刑務所のようなフェンスを張り巡らせることだった。だが、三歳になったばかりのパトリックと一歳半のコナーは、イルカのペアのようにプール遊びを楽しんだ。目の前の公園は庭の延長となり、プールはしのぎやすい季節を拡大してくれた。フロリダでプールつきの家に住むのは、じりじり暑い数カ月を我慢するのでなく楽しむことにつながるのだと、僕らは実感した。

　裏庭のプールを誰よりも喜んだのは、ニューファンドランドの荒波と格闘する漁師のレトリーバーを祖先に持つ、我が家の水好きの犬だった。マーリーは、フェンスの門が開いていれば、プールめがけて突進した。ファミリールームから助走をはじめ、開いているフレンチドアを飛ぶように駆け抜け、レンガ敷きのパティオで一回バウンドすると、腹から水に飛びこむ。バシャッという派手な音を立て、水しぶきを高くあげて。マーリーと泳ぐのは、まさに命を賭けた大冒険だった。大洋航路船と泳ぐようなものだ。前足を激しくばたつかせながらフルスピードでこちらに向かって泳いでくる。ふつうなら、最後にさっと僕らをよけてくれるものと思うだろう。ところがマーリーの場合は、そのまま僕らに衝突し、さらに乗り越えて先へ行こうとする。僕らが水面から頭を出していれば、水中に押しこんで進むのだ。僕はよく、「おまえは飼い主をブイかなんかだと思ってるのか？」と言ってマーリーを両腕でつかまえ、一息入れさせた。するとマーリーは前足を機械仕掛けのようにかき続けながら、僕の顔についた水をなめた。

　この新しい家にただひとつ欠けていたのは、マーリーの破壊行為に耐えられる収容施設だった。前の家にはコンクリート製の車一台用のガレージがあり、さすがのマーリーも破壊することはできなかった。しかも二カ所に窓がついていたため、夏の最中《さなか》に閉じこめられても、まあなんとかしのぐことができた。ボカの家には車二台用のガレージがあったが、マーリーを収容するには不向きだった。六五度を超える室内では、誰だろうと生き延びるのは不可能だ。ガレージには窓がひとつもなく、熱気の逃げ場がなかった。おまけにコンクリート製ではなく、化粧ボードでできていた。マーリーがこの手の材質を粉砕するのはすでに実証ずみだった。雷恐怖症によるパニック攻撃は、安定剤の効果もなく悪化する一方だった。

新しい家でマーリーをはじめて留守番させたとき、僕らは彼をキッチンの奥の洗濯室に、ブランケットを敷いて大きな水入れとともに閉じこめた。数時間後に家に戻ってみると、マーリーはドアをひっかきまくっていた。そのときの被害はたいしたことはなかったが、この家を買うために三〇年ローンを組んだばかりだったので、いやな予感はぬぐえなかった。「そのうち、新しい環境に慣れるだろうよ」僕は予感を打ち消すように口にした。

「でも、今日は空に雲ひとつないのよ」と妻は指摘した。「これじゃあ、嵐が来たら、どうなるのかしら？」

つぎにマーリーをひとりにしたとき、僕らはその答えを知った。雷雲がゴロゴロいいはじめたので、外出を切り上げて家に急いだが、時すでに遅しだった。僕の二、三歩前を行っていた妻は、洗濯室のドアを開けたとたんにぴたっと立ち止まり、「ひどい」とつぶやいた。そして、シャンデリアから死体がぶらさがっているのを発見したような声で、「ひ……ど……い」ともう一度。僕は妻の肩越しにのぞきこみ、恐れていたよりもっと悲惨な光景を目にした。マーリーが狂ったように息を切らして立っている。前足と口から血が流れていた。抜け落ちた毛があちこちに散乱していた。雷への恐怖で毛皮がそっくりはがれ落ちたかのようだった。被害はこれまで経験した最悪レベルを更新した。壁全体がみごとにえぐられ、間柱《まばしら》まできれいになくなっている。漆喰と木屑、曲がった釘が散乱している。電気配線はむきだしだ。血痕が床と壁に飛んでいる。それはまさに、ショットガンを乱射した殺人現場のような光景だった。

「ひどい」妻は言った。これで三度目だ。

「ひどい」僕もくりかえした。二人とも、それ以外のセリフは思いつかなかった。

しばらく無言で惨状を見つめたあと、「これならなんとかなる。ちゃんと修理できるよ」と僕は言った。僕の修理実績をよく知る妻はこちらをキッと睨んだ。「いや、プロを呼んで修理させる。自分でやろうとは思ってないから」と僕はあわててつけ足した。マーリーの口に安定剤を押しこみつつ、僕はこのショックで妻がコナー出産後のうつ状態に逆戻りしたら大変だと心配していた。けれど、あれは妻にとってもう遠い過去のようで、妻の反応は驚くほど理性的だった。

「二、三〇〇ドルあればもとに戻るわね」彼女は明るく言った。

「そうだよね。二、三本スピーチを引き受けて現金稼ぎをしてくれれば、そのくらいなんとかなる」

　しばらくしてマーリーは酔ったような表情になってきた。まぶたが垂れ下がり、目は充血している。薬が効いてきたのだ。ロックバンドのグレイトフル・デッドのコンサート会場にいる観客みたいな表情だ。僕はマーリーのこんな顔を見るのが嫌いだった。以前からたまらなく思っていたので、薬を飲ませるのには抵抗があった。けれど、薬は恐怖感を取り去ってくれる。マーリーの心のなかだけに巣食っている、死にそうなほどの恐怖感を。もしマーリーが人間なら、精神異常を疑われてもしかたがない。妄想癖。偏執病。闇の魔王が空から自分をさらいに来ると信じこんでいる。マーリーはキッチンの流しの前でラグの上に丸くなり、深く息を吐いた。僕は床に膝をつき、血がこびりついたマーリーの毛皮をなでた。「困った犬だ。どうしてやればいいんだろう」僕はつぶやいた。マーリーは頭を上げずに、充血した悲しそうな目で上目遣いに僕を見つめた。なにか言いたそうな、とても大事なことを伝えたくてしかたがないような、そんな顔つきだった。「わかってる。おまえにはどうすることもできないんだよな」

翌日、妻と僕は息子たちを連れてペットショップに行き、大きなケージを買った。店にはいろいろなサイズがあったが、店員にうちの犬の説明をすると、いちばん大きいのを勧められた。たしかに大きい。これならライオンでもなかで動きまわれそうだ。どっしりした鋼鉄製の格子、扉には太い閂《かんぬき》が二個、床は頑丈なスチール製。これが僕らの解決策、我が家のポータブル牢だった。コナーとパトリックがケージのなかで這いまわっていたので、僕は閂を閉めてみた。「きみたちの意見はどうだい?」僕は二人に尋ねた。「これで我が家のスーパードッグを拘束できるだろうか?」

コナーはケージの扉をぐいぐい動かし、年季の入った囚人のように指で閂をいじりまわした。「ろうやだ、ろうや」

「ワディーをほりょにするぞ!」パトリックはうれしそうだった。

家に戻ると、さっそく洗濯機の横にこのケージを設置した。ポータブル牢は我が家の洗濯室のほぼ半分を占領した。準備万端になったところで、「マーリー、来い」と声をかけた。犬用ビスケットをなかに投げ入れると、つられてマーリーはすっと入った。閂をかけてみたが、ご馳走を噛むのに忙しく、これから直面する新しい体験が精神医学用語で言うところの「非自発的な収容」だとは、まるで気づいていないようだ。

「これからは、ここがおまえの留守番場所になる」と僕は宣言した。マーリーは不安そうな顔ひとつせず、うれしそうに息をハアハアさせ、腰をおろすと大きな息を吐いた。

「よし、いいぞ」僕は妻に笑顔を向けた。「いい感じだ」

その夜、僕らは厳重装備の犬収容庫を試すことにした。犬用ビスケットの力を借りるまでもなく、マーリーはなかへ入った。僕が扉を開けて口笛を吹くと、マーリーは尻尾を鉄格子にパタパタと打ちつけながら自分で入っていったのだ。「いい子にしてろよ、マーリー」と言い残し、家族全員でミニバンに乗り、夕食に出かけた。妻は「すごいことだわ」と感心していた。

「なにが？」

「マーリーを家に置いてきたのに、こんなに心が軽いなんて、あの犬がうちに来てからはじめてよ。それにしても、これほど精神的負担になってたなんて、自分でも気づかなかったわ」

「その気持ち、よくわかるよ。出かけるたびに『今日はなにを壊すんだろう』って、いつも思ってたんだからな」

「今夜の映画の代償はいくらになるのかしら、ってね」

「まるでロシアン・ルーレットだったな」

「あのケージは、これまででいちばん賢い買い物じゃないかしら」

「もっと早く買っておくべきだったよ。心の平和は金には替えられないんだから」

すばらしいディナーだった。そのあとは、日暮れの海岸をそぞろ歩きした。息子たちは波と戯れ、カモメを追いかけ、砂をつかんで海に投げ入れた。妻はいつになくリラックスしていた。マーリーが自分自身もほかのものも傷つける心配のない安全地帯にいるとわかっているからだろう。「今日のお出かけは最高の気分だったわ」妻は我が家への歩道をのぼりながら言った。

それに同意しかけたとき、視界の隅になにかを感じた。なにかが、いつもとちがう。首を左右に振り、正面玄関の横にある窓に目をとめた。ブラインドが閉まっている。家を留守にするときはいつもそうしてあるように。しかし、窓枠の下から三〇センチくらいのところのブラインドの羽根が折れ曲がり、そこからなにかが突き出していた。

黒いもの。濡れたもの。窓ガラスに押しつけられている。「あれは……」僕は口を開いた。「まさか……マーリーじゃないよな？」

玄関を開けると、はたせるかな、我が家きっての歓迎役が、うろちょろしながら家族の帰宅を祝っていた。僕らは二手に分かれて、すべての部屋とクローゼットを見てまわり、マーリーの野放し状態での冒険の痕跡をさがした。家のなかはまともで、無傷だった。僕らは洗濯室で合流した。ケージの扉は大きく開け放たれていた。復活の日の朝の、イエスの墓の入り口の石のように。共犯者が囚人を脱獄させたようなみごとさだ。僕はケージのそばにしゃがみ、現場検証をはじめた。二つの閂の棒は「開く」の位置にスライドしている。そして、まぎれもない証拠として、唾液まみれになっていた。「内部の者の犯行だ。どうやら脱出の天才魔術師フーディニは、舌を使って牢屋を脱出したらしい」僕はそう結論をくだした。

「信じられない」と漏らした妻が、驚きと落胆のあまりつぶやいた行儀の悪い言葉が、子どもたちの耳に届かなかったことに、僕は胸をなでおろした。

オツムが弱くてまぬけな犬だと僕らは思いこんでいたが、マーリーは利口になっていたのだ。少なくとも、自分の長くて強い舌で閂の棒を滑らすことを思いつく程度には。マーリーは自由への道を切り開き、いや、なめ開き、これからも好きなときに脱走できるのだと証明してみせた。結局、我が家の犬収容庫は、牢屋というより社会復帰施設になってしまった。僕らが外出から帰るとマーリーは、あるときはケージのなかで静かに丸まって寝ていた。あるときは玄関に迎えに出ていた。結局のところ、主導権はマーリーにあるのだから、これは「非自発的な収容」ではなかった。

僕らは二つの門を、ロックしたうえに太いワイヤーでくくった。この方法はしばらくは有効だったが、遠くで雷鳴が響いたある日、帰宅してみるとケージの扉の下の隅が、缶切りで開けた蓋のようにそっくり返っていた。そしてパニック状態になったマーリーは、前足をまたもや血だらけにして、その小さな出口にわき腹をつっかえさせたまま、身動きがとれない状態になっていた。僕は曲がった鉄格子をできるだけもとの位置に戻し、門だけでなく、扉の四隅もワイヤーで縛った。ケージを補強したあとは、マーリーはひたすら体をケージ内に打ちつけた。三ヵ月もしないうちに、難攻不落と思われたこの鋼鉄製ケージも、大砲をまともに受けたような不恰好な姿になった。横棒はねじれ、外枠はゆがみ、扉はきちんと閉まらなくなり、側面は外側に膨らんだ。できるかぎりの補強を重ねたケージは、マーリーの全身攻撃からかろうじて持ちこたえた。安心して外出するための保安装置という感覚は、とっくになくなっていた。外出するたびに、たとえ三〇分であろうと、我が家の躁病の囚人がいつ飛び出して、ソファーを粉砕するか、壁をぼろぼろに壊すか、ドアをかきむしるか、気が気でならなかった。もちろん、心の平和など得られようもなかった。

18　オープンカフェはすばらしい

ボカラトンに不似合という点では、マーリーは僕以上だった。そのころのボカは（むろんいまでもそうだろうが）、小さく、お高くとまった、甘やかされた犬たち、ボカホンタスがファッションアクセサリーとして愛するペットの棲息率が、世界でずば抜けて高い町だった。高価な壊れ物のような犬たちが、リボンを結ばれたりオーデコロンをふりかけられたり、ときにはペディキュアをされたりして、こちらが予想もしないようなところに出現する。たとえば、ベーグルショップで順番待ちをしている客のデザイナーズ・バッグから、ちょこんと顔を出す。海岸では、女主人のタオルにくるまってうたた寝をしている。ラインストーンがちりばめられたリードを引っぱって、アンティークショップに入っていく。いちばんよく見かける場所は、レクサスやメルセデスベンツやジャガーのハンドルの下、飼い主の膝の上だ。ボカの犬とマーリーは、高貴な美人女優グレース・ケリーと、TV番組のアホでまぬけな兵士ゴーマー・パイルほどもちがう。ボカの犬は小さくて、オシャレで、好みにうるさい。マーリーはでかくて、ぶさいくで、相手かまわず股ぐらのにおいを嗅ぐ。マーリーはボカの犬とお友だちになりたくてしかたがないのだが、向こうにその気はまったくない。

しつけ教室を卒業できただけあって、散歩中のマーリーはまあまあ御しやすくなっていた。とはいえ、気になるものを見つけたとたんに突進する癖は治らず、そのたびに絞首刑が待っていた。町を散歩すれば、あちこちにすました小型犬がいるため、その危険性は高かった。マーリーは小型犬を見かけるたびにぱっと駆け出し、リードの端をにぎる妻や僕を引きずりながら突き進む。すると首輪が食いこんで、息が詰まり、咳きこむはめになる。しかもマーリーは毎回、冷たく拒否された。ボカの犬からだけでなく、その飼い主からも。下品な獣に襲われては大変とばかりに、飼い主はうら若いフィフィーちゃんやスージーちゃんやチェリーちゃんをさっと引き寄せる。それでもマーリーは少しも気にしない。つぎの犬を見つけるや、ついさっきフラれたことなどけろりと忘れ、同じことをくりかえす。昔からデートの申し出を断られるたびに落ち込んでいた僕としては、マーリーの立ち直りの早さがうらやましかった。

ボカラトンといえば、戸外での食事だ。実際、街のレストランの多くが、歩道のヤシの木陰にテーブルを出している。ヤシの木の幹や葉の密集部分には、小さな白い電球のイルミネーションが飾られている。食事をしながら周囲の眺めを堪能できると同時に、人からも眺められる場所。カフェラテをすすり、携帯電話でおしゃべりしているあいだ、連れはぼんやり空を見つめていられる場所。ボカの小型犬は、オープン・テラスでの食事に欠かせない小道具だった。カップルは犬連れで食事に来て、リードの端を鍛鉄装飾《ロートアイアン》のテーブルにひっかける。犬はその足元でおとなしく丸くなっているか、ご主人様のかたわらに鎮座して、ウェイターの態度が気に食わないといわんばかりに、鼻をツンと上に向けていた。

ある日曜の午後、家族でボカの人気スポットに出かけて、戸外で食事をしようということになった。ボカに入《い》っては、ボカに従え、だ。妻と僕は息子たちと犬をミニバンに乗せ、ダウンタウンの高級ショッピングモール、マイズナーパークへ向かった。そこはイタリアの広場を模した造りになっていて、広い歩道にレストランやカフェがずらりと並んでいた。僕らは車を停め、片側の歩道を三街区分ぶらぶらと歩き、もう片側を逆方向に戻った。あたりを眺めながら、そして眺められながら――僕ら一家は人目にはさぞ場違いに映っただろう。妻はゴミ収集カートにまちがえられたこともある二人用ベビーカーに息子たちを乗せ、ベビーカーの後ろには、瓶入りベビーフードからお尻拭きウェットティッシュまで、幼児の身の回り品一式を積んでいた。僕は妻に並んで歩き、マーリーはボカの小型犬に気を惹かれながらも、かろうじて僕のそばについていた。すぐ近くに小さな純血種がちょろちょろしているとあって、マーリーはふだん以上に興奮していたが、僕が固くリードを握っていたため、舌を長く出して、機関車のようにハッハッと息を荒くするだけだった。

僕らは手ごろな値段のメニューを張り出してあった店に入ろうと決めて、あたりをぶらぶらしながら歩道のテーブルが空くのを待った。そのテーブルは完璧だった——木陰で、広場の中央の噴水が眺められ、そして興奮しやすい体重四五キロのラブラドール・レトリーバーをつないでおくのに十分な重さがある。僕はマーリーのリードの端をテーブルの足にくくりつけ、まずは飲み物をと、ビール二つとアップルジュース二つを注文した。

「すばらしいお天気と、すばらしい家族に」と妻が乾杯のグラスをかかげた。僕らはビールのグラスで、息子たちはジュースの幼児用カップで乾杯した。そのとき、事件は起きた。じつをいえば、あまりに突然だったので、すぐには事態が飲みこめなかったほどだ。とにかく、ついさっきまで素敵なテラステーブルに座って素敵な日曜に乾杯をしていたのに、つぎの瞬間、目の前のテーブルが周囲に並んだテーブルのあいだを抜け、危険に気づかない人たちにぶつかりながら前進しはじめ、身の毛もよだつ、耳をつんざく、金属加工工場のような甲高い音を立てて、コンクリートの敷石を削っていた。僕らに降りかかった不幸の実態を飲みこむ前に、とっさに頭に浮かんだのは、テーブルがなにかにとりつかれ、場違いな庶民の一家から逃げようとしているという考えだった。が、つぎの瞬間、なにかにとりつかれているのはテーブルではなく、僕らの犬だとわかった。マーリーは全身の筋肉を波打たせ、力をふりしぼってテーブルを引きずり、リードはピアノ線のようにぴんと張りつめていた。

僕はあわてて、マーリーがテーブルを引きずって向かおうとしている目的地を探した。一五メートルほど先の歩道に、華奢なフレンチプードルが、鼻を空の方向にむけて飼い主の横に座っていた。〈プードルをどうするつもりだ？　いいかげんにしろ〉と、そのとき思ったのを僕は憶えている。呆気にとられた妻と僕は、しばしイスに張りついたままだった。飲み物を手に持ち、ベビーカーに乗った息子たちを囲む姿は、日曜の午後の家族の団らん風景としては完璧だった、テーブルが人ごみに向かって動きだしているという事実さえなければ。つぎの瞬間、僕らはわれに返って立ち上がり、マーリーの名前を呼び、周囲の客に謝りながら、走りだした。広場に向かって逃げるテーブルに、先に追いついたのは僕だった。僕はテーブルをつかみ、足をふんばり、あらんかぎりの力で引き戻した。妻もすぐに追いついて加勢した。ウェスタン映画のアクションヒーローになった気分だった。いまにも断崖に突っこもうとしている暴走列車を、必死で止めようとするヒーローだ。この大混乱のなか、妻は肩越しに後ろを振り返って、「すぐ戻るからね！」と息子たちに声をかけた。すぐ戻るって？　妻はまるで、こんなことは日常茶飯事、想定内の出来事よというような口調だった。べつに騒ぐほどのことじゃないわよ、マーリーにちょっとばかりテーブルを引かせてみるのも楽しいわ、ついでにぐるっとウィンドウショッピングして、前菜が運ばれてくるまでには戻るから待っててね、と。

やっとのことでテーブルを止め、いまにもプードルと飼い主に到達しそうだったマーリーのリードをたぐり寄せてから、僕は息子たちのようすを見に戻った。そして、そのときはじめて、周囲の客の顔色をちゃんと見た。それは、証券会社のテレビコマーシャルで、ざわめいていた群衆がいっせいに黙りこんで、投資アドバイスのひそひそ話に聞き耳を立てるシーンにそっくりだった。男たちは携帯電話を手にしたまま、会話を中断していた。女たちは口をあんぐりあけていた。全員が言葉を失っていた。沈黙を破ったのはコナーだ。「ワーディー、いけ、いけー！」コナーはうれしそうにはしゃいだ。

ウェイターが駆けつけ、僕がテーブルをもとの位置に戻すのに手を貸してくれた。妻はまだ高嶺《たかね》の花を凝視しているマーリーのリードを死守していた。「ただいま新しいテーブル・セットをお持ちします」とウェイターが言った。

「いいえ、結構です」妻は平然と答えた。「飲み物代をお支払いしたら、すぐに出ますから」

ボカでの戸外の食事という、すばらしい外出の日からしばらくして、僕は図書館で、英国の有名な犬訓練士バーバラ・ウッドハウスが書いた『ダメな犬はいない』という本を見つけた。この本は、最初のしつけ教室で出会った高圧的な女性トレーナーの信念をさらに進めたものだった。世の中に手に負えない犬がいるのは、飼い主である人間が首尾一貫せず、優柔不断で、意志が弱いからだ、という主旨だ。犬に問題があるわけではない、人間に問題がある、とウッドハウスは主張していた。そのうえで、章から章へと、考えられうる最悪の犬の行動が描かれていた。ひっきりなしに遠吠えする、掘る、喧嘩する、交尾する、噛む。人間の男すべてを憎む犬もいれば、人間の女すべてを憎む犬もいる。飼い主のものを盗む犬。か弱い乳幼児を襲う犬。自分の糞便を食べる犬までいる。〈ありがたい、うちの犬は少なくとも糞便は食べてないぞ〉と僕は思った。

この本を読んでいるうちに、我が家の欠陥レトリーバーのことがよくわかるような気がしてきた。そして到達した結論は、マーリーはやっぱり世界一のダメ犬だということだった。この本のなかにマーリーにない悪行や悪癖を見つけると、むしろ元気づけられた。マーリーは、卑劣な性分ではない。あまり吠えない。嚙まない。ほかの犬を襲わない——愛を求めて追いかける以外は。人間はすべて自分の親友だと思っている。なにより、糞便を食べたり、その上で寝転がったりはしない。ともかく、世の中にダメな犬はいないのだ、と僕は自分に言いきかせた。妻と僕のような不器用で無知な飼い主がいるからいけないのだ。マーリーがこうなったのは僕らのせいだ。

そして僕は、二四章「情緒不安定な犬」に行きついた。読みながら、大きく何度もうなずいた。ウッドハウスは、あの変形した鋼鉄製ケージでマーリーと寝食を共にしたにちがいないと思うほど、そこに描かれているのはマーリーそのものだった。躁病的、奇妙な習性の反復、独りぼっちにされたときの破壊性、床削り、絨毯嚙み。ウッドハウスはこの手の犬への対策として、「屋内あるいは庭に、犬を閉じこめておける場所を確保すること」と書いていた。また、精神的に壊れた犬をまともな状態に戻すための最後の手段として、安定剤を使うことを（たいてい効き目はないと言いつつ）勧めていた。「生まれつき情緒不安定な犬もいれば、生活環境が悪いせいでそうなる犬もいるが、いずれにせよ結果は同じだ。飼い主の喜びとなるはずの犬が、頭痛の種になり、出費を膨らませ、家族のお荷物となることさえある」とウッドハウスは書いていた。僕は足元でうたた寝をしているマーリーに目をやり、「まさにそれだな」とつぶやいた。「異常な犬」と題されたつぎの章は、あきらめムードで書かれていた。「はっきり言っておくが、正常でない犬を飼い続けたいのであれば、飼い主は自分の生活がかなり制限されることを受け入れなければならない」とあった。〈たとえば、牛乳一パック買いに出るにもびくびくするような生活を、受け入れなければならないということか?〉。さらに彼女は「また、飼い主にとっては大切な愛犬だとしても、他人にとっては迷惑この上ない存在であると自覚しなければならない」と続けていた。〈他人とは、たとえばフロリダのボカラトンで、日曜のオープンカフェに来ている人たちだろうか?〉

ウッドハウスは、我が家の犬と我が家の悲惨な共依存症的生活を、みごとに言い当てていた。不運で意志の弱い飼い主。精神的に不安定で制御不能な犬。破壊された家具調度品の残骸。迷惑をこうむる他人や隣人。僕らはまさに教科書どおりの事例だった。

「マーリー、おめでとう。おまえは『正常でない犬』の基準にみごとあてはまるらしい」と僕は声をかけた。マーリーは自分の名を呼ばれて目を開き、伸びをし、あお向けに転がって足をばたつかせた。

僕はウッドハウスが、こんな欠陥犬の飼い主に、前向きな解決策を示してくれるのを期待していた。それさえ守れば、たとえ世界一いかれた犬でも、世界最高のウエストミンスター・ドッグショーに出られる犬に生まれ変わらせることのできる、実践的なヒントを。だがウッドハウスの結論は想像以上に暗澹《あんたん》としたものだった。「正常な犬とそうでない犬との違いがはっきりわかるのは、正常でない犬を飼ったことがある飼い主だけだ。精神的に異常がある犬をどうするかは、最終的に飼い主の判断にゆだねられる。私自身は、犬を心から愛する者として、そういう犬は安楽死させてやるのが犬にとっても幸せだと感じている」とウッドハウスは結論づけていた。

〈安楽死させてやる？〉僕は息を飲んだ。ウッドハウスはさらに続けて、「トレーナーや獣医があらゆる手だてを尽くしても正常になる見込みのない犬は、安楽死させてやるのが犬にとっても飼い主にとっても最善の道だろう」と説明していた。

動物を心から愛し、飼い主が持てあましていた何千頭という犬を訓練して更生させた業績を持つバーバラ・ウッドハウスでさえ、助けることのできない犬がいると敗北を認めている。彼女の考えでは、空のかなたの犬精神病院に安らかに送り届けてやるほうが人道的だというのだ。

「心配するなよ」僕は寝転がってマーリーの腹をかいてやりながら話しかけた。「この家にいるかぎり、安楽死なんて永遠にないから」

マーリーは大きくふうっと息を吐くと、またフレンチプードルを追いかける夢のなかに戻っていった。

ちょうどそのころ、僕らはラブラドール・レトリーバーには系統の違いがあることを知った。イギリス系とアメリカ系という二系統に、はっきり分かれているのだ。イギリス系はアメリカ系よりも体が小さくずんぐりしていて、角張った頭とおとなしく落ちついた性格を持つ。ドッグショー向きなのはこっちだ。対するアメリカ系は、見るからに大きく、たくましく、流線型の体型をしている。エネルギーにあふれて疲れ知らず、気性が荒く、ハンティングや競技向けの犬だ。野山で真価を発揮するアメリカ系ラブラドール・レトリーバーの性質は、家庭でペットとして飼うにはかなりの問題となる。その尽きることのないエネルギーレベルを、けっして甘く見てはいけないのだそうだ。

ペンシルベニア州の某レトリーバー・ブリーダーの案内書には、こんな解説が載っていた。「ラブラドール・レトリーバーのイギリス系とアメリカ系（フィールド系）の違いをご存じない人が多いのですが、その違いはかなり大きく、AKCでは別種に分類することを検討しているほどです。体格だけでなく性格もちがいます。野外活動で使ったり競技会に出すつもりであれば、アメリカ系を選びましょう。運動能力にすぐれ、背丈が高く、スレンダーでスリムですが、非常に興奮しやすく神経質で、ファミリードッグに最適とは言えません。一方のイギリス系は、背丈が低くずんぐりしています。やさしく、おとなしく、穏やかで、かわいい犬です」

マーリーがどちらの系統かは考えるまでもなかった。すべてに納得がいった。僕らはなにも知らずに、野山を一日中駆けまわるのに最適なラブラドール・レトリーバーを選んでしまった。それだけではなく、そのなかでもとくに精神的に不安定な、タガのはずれた、訓練も安定剤も役に立たない、犬精神科医もお手上げの一匹を選んでしまったのだ。バーバラ・ウッドハウスのような熟練した犬の訓練士でさえ手の施しようがない、正常でない犬の見本を。〈そうか、やっとわかったぞ〉僕は深く納得した。

ウッドハウスの本を読んでマーリーの奇行を少し理解できるようになったころ、ご近所から、一週間ほど旅行するので、猫を預かってもらえないかと頼まれた。ええ、いいですよ、と僕らはひきうけた。犬にくらべれば猫はらくだ。猫には自動操縦装置がついているし、とくにこの猫はおとなしく内気だったので、マーリーの前にはけっして姿をあらわさなかった。一日中ソファーの下に隠れていて、みなが寝静まってから出てきては、マーリーの届かない高いところに置いてある餌を食べ、猫用トイレで用を足していた。猫用トイレはプールを囲む網戸つきパティオの隅の、目立たない場所に置いた。ぱっと見にはわからない。マーリーは家のなかに猫がいることすら気づいていなかった。

猫の滞在期間が半ばをすぎたころだ。夜明け近くに、ベッドになにかが激しくぶつかる振動で、僕は目を覚ました。ベッドの横でマーリーが身を震わせ、尻尾をものすごい勢いでマットレスに打ちつけていた。ドシン！　ドシン！　ドシン！　僕は手を伸ばしてマーリーの体をなでたが、それを合図にマーリーは逃げだした。ベッドのまわりを小躍りしながら跳ねまわっている。マーリー・マンボだ。「わかったぞ、なにを食べたんだ？」と、僕は寝ぼけまなこで言った。それに答えるかのように、マーリーは悪事の証拠を、糊のきいたベッドシーツの上、僕の顔のすぐ横にぺっと吐き出した。まだ朦朧《もうろう》としていたので、それがなにかを理解するのに少々時間がかかった。小さく、黒っぽく、なんともいえない形。表面にはざらざらした砂がついている。やがて匂いが鼻に届いた。ツンとくる、痛烈な、腐ったような悪臭。僕はがばっと起き上がり、妻を揺さぶって起こした。そして、シーツの上にぬめぬめと光るマーリーの贈り物を指さした。

「それって、まさか……」妻の声は嫌悪感で震えていた。

「そう、それだ」と僕は答えた。「マーリーは猫用トイレを襲ったんだ」

マーリーは、世界最大のブルーダイヤを披露しているかのように誇らしげだった。バーバラ・ウッドハウスがいみじくも予言していたとおり、我が家の情緒不安定な、異常な犬は、ついに糞便を食する段階に入ってしまった。

19　雷に打たれて

コナーが生まれたあと、僕ら夫婦を知る人はみな――グローガン家の子孫繁栄を祈るカトリック信者の僕の両親をのぞけば――子づくりはこれで終わりだと思っていたようだ。僕らの業界では、共働きのカップルなら子どもは一人というのが標準で、二人はかなり例外的、三人というのは耳にしたことさえなかった。うちの場合はとくに、コナーを産むときにたいへんな思いをしたのだから、そんな難儀をまたくりかえすつもりだとは誰も予想していなかった。けれど僕らは、新婚時代に観葉植物を枯らしてしまったときからすれば、ずいぶん成長していた。子育てにもすっかりなじんだ。二人の息子は誰よりも、なによりも、僕らに幸せをもたらしてくれた。息子たちが生活の中心になって以来、ときにはのんびりした休暇旅行や、家のなかでごろごろして本を読むだけの土曜日、夜更けまでのロマンティックなディナーが懐かしくなったりするものの、僕らはそれ以上の喜びを、飛び散ったアップルソースや小さな鼻のあとがついた窓ガラス、夜明けに廊下に響く裸足の足音のシンフォニーなどに見いだすようになっていた。どんなに最悪だと思う日でも、あとになって思い出し笑いできる要素をなにかしら見つけられた。親ならみな、遅かれ早かれ気づくことだが、幼い子どもと過ごすすばらしい日々は――おむつでふくらんだお尻や生えかけの歯、意味不明のおしゃべりを楽しめる日々は――ありふれた一生のなかのほんの一瞬のことなのだ。

昔気質《むかしかたぎ》の母から、「今を精一杯楽しみなさい。子どもなんてあっというまに大きくなっちゃうのよ」と何度となく言われるたびに、僕らは〈またか〉とうんざりしたものだが、ほんの数年で事実そうなってみると、母の言うことは正しかったとよくわかった。母のセリフは使い古された決まり文句だが、実体験はそれが真実だと教えてくれた。息子たちはぐんぐん成長する。毎週のように新しい章に突入し、後戻りはけっしてしない。親指をしゃぶっていたパトリックは、翌週にはその癖をきっぱりやめていた。先週までゆりかごにいたコナーが、今週には子ども用ベッドでトランポリンをはじめた。パトリックは「らりるれろ」の音をなかなか発音できないでいた。知らない女の人に笑顔を向けられると、腰にこぶしをあてて唇を突き出し、「あの、わやってうひとは、だえ？」と訊いたものだ。僕はそれをビデオに撮ろうと思っていたのに、ある日いきなり「らりるれろ」が完全に出てくるようになって、結局、機会を逃してしまった。コナーは数カ月間、スーパーマンのパジャマを脱ごうとしなかったことがあった。そのパジャマにケープをたなびかせて「すっぱまー、すっぱまー」と叫びながら家中を走りまわっていた。でもそれも、ある日突然やめてしまい、僕はまたしてもビデオを撮りそこねた。

子どもは無視することのできない傍若無人な時計であり、無限に続いているように思えて、じつは一分、一時間、一日、一年と情け容赦なく過ぎている時間の経過を、僕らに見せつける。息子たちは僕や妻が望むよりも速いペースで大きくなり、それもボカの新居に暮らして一年たった僕らが、三人目が欲しいと思いはじめた理由だった。「この家には寝室が四つもあるんだし、やってみようか？」と僕は妻に提案した。そして、妻は今回もまたたくまに妊娠した。二人とも口には出さなかったが、心のうちでは今度は女の子がいいと思っていた。それも、かなり強く。妊娠中、男の子が三人ならすごいじゃないかと何度も宣言していたにもかかわらず。だから、超音波診断でおたがいの密かな希望がかなったとわかったとき、妻は両腕を僕の肩にゆったりまわしてささやいた。

「あなたに女の子をプレゼントできるなんて最高よ」と。僕だって最高に幸せだった。

そんな気持ちを、友人全員がわかってくれたわけではない。妻の妊娠を知った友人たちはたいていが、「つい、うっかり、ってこと？」と訊いてきた。彼らにしてみれば、三度目の妊娠は事故以外に考えられなかったのだろう。そのつもりだったとこちらが言い張ると、彼らは今度はどうしてそんなと首をかしげた。なかには、またしても妊娠だなんてよくも僕のわがままを許したもんだと妻をとがめ、全財産をカルト教団に譲渡する契約書に署名をしたばかりの人間に向かうような口調で「あなた、いったいなにを考えてるの?」と尋ねた人もいたほどだ。

どう思われようと気にもならなかった。一九九七年一月九日、妻は僕に、少し遅めのクリスマスプレゼントを贈ってくれた。ピンクの頬をした、三一七五グラムの女の子で、コリーンと命名した。これでようやく家族が完成したのだと感じた。コナーの妊娠中はストレスと不安の連続だったが、今回は教科書どおりに完璧で、ボカラトン・コミュニティ病院は、手厚い顧客サービスを存分に提供してくれた。病室を出た廊下の先には、いつでも無料で飲めるカプチーノ・マシンを備えたラウンジがあった——いかにもボカらしい。僕は赤ん坊の誕生を待つあいだに、泡だらけのカフェインですっかりハイになってしまい、へその緒を切る手の震えを抑えることができなかった。

生後一週間たって、妻はコリーンをはじめて戸外に出した。さわやかに晴れた日で、息子二人と僕は前庭で花を植えていた。マーリーは近くの木につながれて、木陰に寝そべって幸せそうに世界を眺めていた。そのそばで妻は芝生に腰をおろし、マーリーとのあいだに、コリーンが寝ているかご型ベッドを置いた。しばらくして、出来映えを見てくれと息子たちに呼ばれた妻が花壇のほうにやってきて、コリーンひとりがマーリーのそばの木陰で昼寝をしている格好になった。僕らは大きな生け垣の陰にいた。そこからでも、ちゃんと赤ん坊が見えていたが、道行く人には僕らの姿は目に入らない。もとの場所に戻ろうとしたとき、僕は立ち止まり、妻に低木のあいだからのぞいて見るよう手で合図した。道をやってきた老夫婦が足を止め、うちの前庭をびっくりした顔で見つめていた。最初のうちは、彼らがなにに驚いているのかわからなかったが、すぐに腑に落ちた。向こうから前庭を眺めると、たったひとりで眠っているふにゃふにゃの頼りなげな赤ん坊を、大きなクリーム色の犬が見守っているように見えるのだ。

僕らは笑いを押し殺しながらその場にとどまった。マーリーはエジプトのスフィンクスのように前足を交差させて寝そべり、頭を上げ、満足そうにハアハアと息をし、数秒ごとに赤ん坊の頭に鼻先を近づけてにおいを嗅いでいる。老夫婦は育児放棄の現場を目撃したと思ったにちがいない。きっとこの子の両親は、乳児を近所のラブラドール・レトリーバーに押しつけて、どこかのバーで飲んだくれていて、犬はしかたなく子守をしようとしているのだと。そのとき、マーリーが何気なく姿勢を変えて、あごを赤ん坊の腹にのせた。マーリーの頭は赤ん坊の体全体より大きい。そしてマーリーは、〈あの二人はいつ帰ってくるんだろうねぇ〉とでもいうように、長い息を吐いた。僕らには、マーリーはコリーンを護衛しているように見えた。ひょっとすると本当にそのつもりだったのかもしれない。いやいや、まさか。紙おむつの匂いを嗅いでいただけにちがいない。

妻と僕は植え込みのなかで、ほほ笑みをかわした。マーリーが赤ん坊の子守をしている絵をすぐには壊したくなかった。この光景がどう展開するか見てみたい気持ちもあったが、警察に通報されては困る。かつてコナーを渡り廊下に放り出した罪は御用とはならなかったが、今回はどう釈明すればいい？　「ええ、他人からどう見えるかはわかっています、お巡りさん。でもこの犬は、おそろしく責任感の強い犬でして……」とでも言おうか。僕らは植え込みから出て、老夫婦に手を振り、彼らの顔に安堵が広がるのを確認した。ああよかった、赤ん坊は見捨てられていたわけじゃないのね、と。

「ワンちゃんをすっかり信用していらっしゃるのね」と、女性は暗に警告するような物言いをした。犬とは獰猛で予測不可能で、無防備な新生児のそばに近寄らせるべきものではない、という信念をのぞかせるように。

「まだ赤ん坊を食べたことはありませんから」僕は答えた。

コリーンが誕生して二ヵ月後、僕は四〇歳の誕生日をみすぼらしく迎えた。つまり、孤独に祝った。四〇歳の大台に乗るというのは、人生の大きなターニングポイントのひとつで、変化を求める若さとサヨナラして、先が読めることに安らぎを感じる中年期に入るということだ。誕生日をどんちゃん騒ぎで祝うとすれば、四〇歳こそふさわしいと思っていたのに、だれも言いだしてはくれなかった。僕らの肩には三人の子を持つ責任がのしかかり、妻は新生児に母乳をやるのに忙しい。考えなければならない重要なことは山ほどある。その晩、帰宅すると、妻は疲れきっていた。僕は作り置きしてある夕食を胃に流しこみ、息子二人を風呂にいれ、寝かしつけた。妻はコリーンの世話をしていた。夜八時半、子どもたち全員が眠りにつくと、妻も眠ってしまっていた。僕はビールの栓を開け、パティオに腰かけ、ライトで照らされたプールの青い水をじっと見つめた。いつものように、マーリーは忠実に僕の横にいた。マーリーの耳をかいてやりながら、ふと、こいつも犬の一生のターニングポイントにさしかかっているのだと気がついた。この犬を飼いだしたのは六年前だから、人間の年齢に換算すれば四〇代前半だろう。とっくに中年になっているはずだが、あいかわらず行動は仔犬顔負けだ。獣医のドクター・ジェイに何度もお世話になっているしつこい耳の感染症をのぞけば、マーリーはいつも健康だった。年とともに成熟するとか落ちつくとか、そういうものがまるでない。僕はこれまでマーリーを見習うなんて考えたこともなかったが、こうしてビールをすりながら座っていると、マーリーはいい人生を送る秘密を握っているのかもしれないと思った。速度を落とさず、過去を振り返らず、毎日を一〇代のころと変わらぬ情熱と精力、好奇心、遊び心をもって過ごす。自分はまだ若い仔犬だと思っていれば、暦《こよみ》がなんと言おうと、若い仔犬のままなのだ。人生哲学としては悪くない。ソファーや洗濯室の破壊行為の部分だけは遠慮したいが。

「頼りにしてるぜ……」僕は乾杯のつもりでビール瓶をマーリーの頬にあてた。「今夜は二人で祝おう。四〇歳に乾杯。中年に乾杯。最後までつきあってくれる友に乾杯」。するとマーリーまでもが、体を丸めて寝入ってしまった。

数日後、独りぼっちの誕生日の一件でまだ落ち込んでいたところ、いつかマーリーの飛びつき癖を直してくれた元同僚のジム・トルピンが、土曜日の夜に飲みに行かないかと電話してきた。ちょうど僕らがボカラトンに引っ越したころ、ジムは法律の勉強をするために新聞社を辞めて、おたがい何カ月間か連絡をしていなかった。「いいよ」と返事をしたものの、なんの用だろうと不思議に思った。ジムは六時に車で迎えにきて、連れていかれたところはイングリッシュ・パブだった。そこでエールを飲み、たがいの近況を語り合った。懐かしい思い出話で盛り上がってきたころ、バーテンダーが声をあげた。「すみません、お客さんのなかにジョン・グローガンさん、いらっしゃいますか？　お電話です」

妻からだった。取り乱して疲れきった声だった。「赤ん坊は泣きやまないし、上の二人は暴れてるし、そのうえ、コンタクトレンズを落としちゃったの！」妻は電話口で泣いていた。「すぐ家に戻ってこれる？」

「落ちついて。少しの辛抱だ。いますぐ戻るから」そう言って受話器を置くと、バーテンダーが尻に敷かれたあわれな奴だなという顔でうなずき、「ご愁傷さま」と声をかけてきた。

「さあ、家まで送るよ」ジムが言った。

角を曲がって我が家の区画に入ると、道の両側にずらりと車が停まっていた。「どっかでパーティーやってんだな」僕は言った。

「らしいな」ジムは答えた。

「くそっ。ほら、うちの車寄せにまで車を停めてやがる！　なんてずうずうしいんだ」

僕らは迷惑駐車の車を閉じこめるようにして車を停めた。家に寄るようジムを誘って、まだぶつぶつ文句を言いながら歩いていると、玄関のドアがぱっと開いた。腕にコリーンを抱いた妻だった。取り乱しているようすはない。というより、満面の笑みを浮かべている。妻の後ろには、キルトスカートをはいたバグパイプ奏者がいた。〈わっ、これはなんだ?〉。バグパイプ奏者の先に目をやると、いつのまにかプールの囲いフェンスが取りはずされていて、水面にキャンドルが浮かべられていた。デッキサイドには数十人の友人、隣人、同僚がひしめいていた。僕の頭のなかで道に停まっていた車とここにいる人たちがやっと結びついたとき、彼らは声をそろえて叫んだ。「ハッピーバースデイ、ジョン!」

妻は忘れていたわけじゃなかった。

ぽかんと開けた口をやっと閉めた僕は、妻を腕に抱き、頬にキスし、耳元にささやいた。「きっとお返ししてやるからな」

誰かがゴミ箱をさがして洗濯室のドアを開けると、マーリーがパーティー最高潮モードで飛び出してきた。そのまま人ごみをかきわけ、皿からバジル入りモツァレラチーズの前菜を盗み、女性二人のミニスカートを鼻先でまくり上げ、フェンスが取り払われたプールに向かって逃走した。水面に胴体着陸する寸前、僕はマーリーをとり押さえ、独房に引きずっていって、ふたたび監禁した。「心配するな。ちゃんと残り物はとっておいてやるから」

その出来事が起きたのは、サプライズ・パーティーからしばらく後のことだった——ちなみにあのパーティーは大盛況で、夜中にバグパイプがうるさすぎると警察が注意しにきたほどだった——ついにマーリーが自分の雷恐怖症の正当性を証明したのだ。にび色の雲が垂れこめていた日曜日の午後、僕は裏庭で土を掘り返し、新しい菜園を作っていた。そのころ僕はガーデニングに熱中していて、うまくいけばいくほど、もっと手を広げたい気持ちだった。そして、しだいに裏庭全部を占領しつつあった。その日、働いている僕のまわりを、マーリーは不安そうに行ったり来たりしていた。マーリーの体内バロメーターは、嵐が迫っていることを感じていたのだ。僕もそれを感じてはいた。でも、きりがいいところまでやってしまいたかったし、もう少しで終わると思っているうちに、最初の雨粒が頬に落ちた。土を掘りながら空を観察していると、数キロ東の海上に、大きな黒い雷雲ができつつあった。マーリーは弱々しく啼き、シャベルを置いて家のなかに入るよう僕に哀願した。「大丈夫だよ」と僕は取りあわずにいた。「まだずいぶん先だから」

その言葉を口にした瞬間、これまでに経験したことのない感覚に襲われた。首の後ろにびりびりっと振動が走った。空は気味悪いオリーブ・グレーに変色し、空気の流れはぴたりと静止していた。なんらかの天の力が風をひっつかみ、握り固めてしまったかのように。〈妙だな〉と思った僕は、シャベルに体重をかけて空を仰ぎ見た。そのとき、耳に音が響いた。うなるような、はじけるような、チリチリというエネルギーの高まりの音。高圧電流の真下に立ったときに聞こえるような音。ヒュウウウウウという音があたりを満たしたあと、短い、完全な静寂。その瞬間、これはまずいと思ったが、反応する時間はなかった。空はいきなり純白になった。目がつぶれそうなほどの白。続いて爆発音。これまでどんな嵐でも、花火大会でも、解体工事現場でも、聞いたことのない音が耳をつんざいた。エネルギーの波が、目に見えないラインバッカーのように僕の胸を突いた。何秒後だかわからないがとにかく目を開けたとき、僕は地面にうつ伏せに倒れていた。口のなかが砂でじゃりじゃりして、シャベルは三メートルほど先に吹っ飛び、雨が体をはげしく叩いていた。マーリーも「甲板に伏せる」のポーズで地面にひれ伏していたが、僕が頭を上げるのを見るや、あたふたとすり寄ってきた。鉄条網の下を潜り抜ける兵士のように、腹ばいになったままで。そして僕の背中によじ登り、鼻先を僕の首にうずめ、狂ったように僕をなめまくった。僕は状況を把握しようとあたりを見まわした。庭の隅にあった電柱に雷が落ち、電線を通じて僕の立っていたところから六メートルほどしか離れていない家へと伝わったようだ。壁の電気メーターは黒焦げになっていた。

「さあ、行くぞ！」僕は大声を発して、マーリーと一緒に立ち上がり、あらたな雷光が炸裂する土砂降りのなかを裏口めがけて駆けだした。一気に走って、安全な室内へたどりついた。ずぶぬれで、大きく息をしながら、床に膝をついた。マーリーは僕に這い登り、顔をなめ、耳をかじり、あたりに水滴と抜け毛をまき散らした。恐怖に混乱し、身も世もなく震え、よだれを垂れ流していた。僕はマーリーを落ちつかせようと抱きしめた。「あんな近くに落ちるなんて」と言いながら、気がつくと僕自身も震えていた。マーリーは大きな丸い目で僕を見上げ、いまにも人間の言葉を話しそうだった。マーリーがなにを言おうとしていたのか、僕にはわかった。〈雷は人を殺すくらい危険だって、前からずっと警告してきたんだ。なのに、みんな一度だってちゃんと聞いてくれた？これで、もう、ぼくを信じてくれるよね？〉

この犬の言うことには一理ある。マーリーの雷恐怖症にはそれなりの理由があったのだ。遠くでごろごろ音がするだけでパニック攻撃に出るのは、アメリカ一狂暴なフロリダの雷雨を甘く見てはいけないと、僕らに伝えるための彼なりの方法だったのではないか。壁をはがし、ドアを削り、カーペットを切り裂いたのは、家族全員を雷から守ることのできる、丈夫な部屋をつくらせるためだったのではないか。それに僕らはどう報いたか？　説教と安定剤だ。

家のなかは暗く、エアコンも天井ファンもテレビその他の電気製品も、すべて動かなくなっていた。ヒューズが飛んで溶けていた。電気工は喜ぶだろう。とにかく、僕は無事で、僕の忠犬も無事だった。妻と子どもたちは安全な居間にいて、家に雷が落ちたことすら知らなかった。僕らは全員生きて揃っている。それだけで十分だ。僕はマーリーを膝の上に引き寄せ、ひくひく震える四五キロの体重を受けとめ、誓いを立てた。自然の致命的な破壊力に対するマーリーの恐怖心を二度と見くびるまいと。

20　ドッグ・ビーチの惨事

新聞社のコラムニストという職業柄、僕はいつも興味をそそる一風変わった話題をさがしていた。コラムは週に三本書いていたので、新鮮な話をつぎつぎに拾ってくるのが最大の課題だった。毎朝、まず南フロリダの日刊紙四紙に目を通す。気になる記事を丸囲みしたり切り抜いたりする。それから、僕なりのアプローチや切り口を考える。はじめて書いたコラムは、その日のトップ記事からヒントを得たものだった。ティーンエイジャー八人が乗った車が、スピードを出しすぎて、エバーグレーズの縁沿いの運河に突っこんだ。助かったのは運転していた一六歳の少女とその双子の妹、そして水没した車から助け出された少女の三人だけ。僕としてはぜひコラムに取りあげたいと思ったが、自分なりの目新しい視点が欲しかった。なにかをつかもうと人里離れた事故現場まで行くと、車を停めるよりも早く目に入ったものがあった。死亡した五人の同級生たちが、舗装道路を、スプレー塗料で綴った追悼文のタペストリーに変えていたのだ。道路には一キロ近くにわたって、一〇代の子どもたちがそれぞれに本音をぶつけていた。僕はノートを取りだし、そこに書かれた言葉をメモした。「若い命が捨てられた場所」というメッセージの横に、道路からそれて運河に向かう矢印を描いているものがあった。そして、それぞれに感情を吐露するたくさんのメッセージのなかに、事故車を運転していながらも命拾いしたジェイミー・バードルからの謝罪文を見つけた。子どもっぽい大きな下手な字で、「あたしが死ぬべきでした。ごめんなさい」と書いてあった。僕はそれをコラムの題材にした。

すべてがそんな暗い話というわけではない。ペットの体重が制限を越えたからという理由で、引退生活者が分譲マンションから立ち退きを言い渡されたと知れば、すぐさま会いに行った。駐車しようとしてまごついたお年寄りが、車を店に衝突させ、さいわいけが人が一人も出なかったとき、ちょうど真後ろにいた僕は目撃証言を語った。この仕事では、ある日は出稼ぎ労働者の宿泊施設を訪れたかと思えば、翌日は大富豪の邸宅、その翌日は都会のスラム地区へ出向いたりする。そんな目まぐるしさが僕は好きだった。人と会うのが好きだった。そしてなにより、好奇心のおもむくままにいつでもどこへでも出かけていける、ほぼ完全な自由を愛していた。

上司には内緒だったが、僕が仕事を段取りする背後には、じつは秘密の優先順位があった。その目的は、コラムニストという立場を利用して、あつかましくも公明正大な「ワーキングホリデー」を可能なかぎりたくさん捻出することだった。僕のモットーは「コラムニストが楽しければ、読者も楽しい」だ。キーウエストの戸外バーで大きなカクテルグラスを手に座っていられる機会があるのなら、くそ面白くもない税金調整公聴会なんかに出席したいはずがない。マルガリータビルで卓上塩容器が行方不明になったことを伝えるような低俗な仕事を、誰かがしなければならないのなら、僕がやってさしあげよう。僕は取材にかこつけては一日中ぶらぶらした。読者は身をもって徹底的に調査した記者の話を求めているのだからと自分自身に言い訳して、Tシャツと短パンでいろいろな遊びや休養法を試したりもした。どんな職業にも必須の道具はあるだろうが、僕の場合は取材用ノートとペンの束、それにビーチタオルだった。そのうちに、日焼け止めクリームと水着も車の常備品になった。

エアボートでエバーグレーズをひとっ走りする日もあれば、オキチョービ湖の周縁をハイキングする日もあった。大西洋沿いの風光明媚な州道A1A号線を終日サイクリングして、自然破壊と観光との綱引きの観点からこの道路の将来計画について、直接体験にもとづいてレポートしたこともあった。キーラーゴの沖合いの、絶滅寸前のサンゴ礁でシュノーケリングしたことも、二回も強盗に遭ったという人と射撃場で隣りあったこともある。その人は、もう二度と被害者にはなるまいと決意して射撃練習をしているのだと話してくれた。商業用の釣り船で日がな一日だらだら過ごしたことも、高齢化したロックミュージシャンのバンドにまぎれこんだこともある。木に登って、数時間そこで孤独を楽しんだ日もあった。そのあたり一帯の林は、まもなく土地開発業者の手で整地されて、金持ち向けの分譲マンション群になる予定だったので、このコンクリートジャングルに残された最後の自然を、せめて僕なりに弔《とむら》ってやろうと思ったのだ。なかでも最高だったのは、南フロリダに迫りつつあるハリケーンの最前線をレポートするという名目で、編集長を説得してバハマへ派遣してもらったことだ。そのハリケーンは向きを変えて海上に出てしまい、おかげで僕は三日間、青い空の下、高級ホテルのビーチでピニャコラーダをすりながら過ごした。

こうした取材調査の延長で、僕はマーリーを海岸に連れていこうと思いついた。南フロリダの海水浴場は、どこでも各地方自治体がペットを立ち入り禁止にしていて、それにはもっともな理由があった。海水浴客がなにより嫌うのは、犬が大小便をしたり、体についた水や砂を撒き散らすことだ。「ペット禁止」の看板は、砂浜のほぼ全域に立てられていた。

だが一カ所だけ、看板のない小さな無名の海岸が残されていた。水遊び好きの四足動物を制限したり禁止したりしていない海岸が。それは、ウエストパームビーチとボカラトンの中間にあって、パームビーチ郡に組みこまれていない人目につかない海岸だった。全長は数百メートルほどしかなく、行き止まりの道の奥、草の生えた砂丘の陰にあった。駐車場もトイレもなく、監視員もいない。荒らされていないが管理もされていない白い砂が、はてしない水と出会う場所。ここが、罰金を科されることなしに犬を思う存分波と遊ばせることのできる南フロリダ最後の楽園だという噂は、ペット愛好家たちのロコミでここ数年のあいだに広まっていた。この海岸には正式な名前はなかった。だが、みんなはドッグ・ビーチと呼んでいた。

ドッグ・ビーチには長いあいだにおのずから定められた不文律があった。基本になっているのはここによく来る犬の飼い主どうしの合意で、新参者には周囲の圧力で従わせる暗黙のルールだった。飼い主たちは自主的にルールを守って、違反者には冷たい視線をあびせ、必要なら簡単な警告をあたえる。ルールは単純で少ない。攻撃的な犬のリードを放してはいけないが、そうでない犬は自由に走りまわることができる。飼い主はビニール袋を持参して、犬の落とし物をすべて拾い集めること。犬の落とし物はもちろん、すべてのゴミは持ち帰ること。犬の飲み水を持参すること。そして、海をけっして汚さないこと。そのためには、飼い主は海岸よりはるか手前の砂丘に到着した時点で、まず犬を歩かせて出すものを出させ、それをビニール袋に入れて始末してからでなければ海岸へは入れない。

ドッグ・ビーチのことは話には聞いていたが、行ったことはなかった。が、いまや口実がある。急速に消えつつある古きよきフロリダの忘れられた名残《なごり》であり、ウォーターフロントの高層マンション群やパーキングメーター付き駐車場や、地価の急騰に乗っ取られる前からあったこの場所は、またとないニュースの種だった。おりしも、開発推進派の郡政委員が、当局の管理からもれているこの海岸に目をつけて、ほかの海岸と同じルールを適用すべきだと騒ぎはじめていた。その委員の趣旨はこうだ。毛だらけの四足動物を追放し、一般市民が安心してくつろげる海岸として、この貴重な資源を大衆に解放しよう。

僕はすぐさま、この話を取りあげることにした。勤務時間に海岸で過ごせるまたとない口実だ。まさに完璧なお天気の六月のある朝、僕はネクタイと書類カバンを水着とビーチサンダルに替え、車にマーリーを乗せて内陸大水路を横切った。車にはかき集められるだけかき集めたビーチタオルを積んだ——といっても運転中に使うためのものだ。毎度のことだが、マーリーは舌を長く出して唾液を車内に撒き散らした。まるでイエローストーン国立公園にある間欠泉のなかをドライブしている気分だ。車の窓の内側にワ

イパーがないのが残念だった。

僕はドッグ・ビーチ協定に従って、海岸から数区画離れた、違反キップを切られる心配のないところに車を停め、そこから六〇年代のバンガローが並ぶさびれた町を歩いた。マーリーに排泄をうながすためだ。半分くらい歩いたところで、しゃがれ声がかかった。「ちょっと、そこの犬連れさん」。僕は身を硬くした。犬が海岸をうろつくことに怒っている地元の人にちがいない。しかしその声の主は、やはり犬連れだった。リードをつけた大きな犬を連れた人が近づいてきて、嘆願書への署名を求めてきた。郡政委員あてに、ドッグ・ビーチの自治を要求しているのだ。その件について、僕らは少し立ち話をした。しかし、マーリーと相手の犬がたがいのまわりを旋回しているようすから、数秒後には、（a）衝突して死闘をくり広げるか、（b）つがいのための行為をはじめるか、二つにひとつなのは確実だった。僕はマーリーを強く引っぱって、散歩を続けた。海岸への小道に着く直前に、マーリーは草むらにしゃがんで用を足した。完璧だ。少なくとも、この社交儀礼上の微妙な点はクリアした。僕は落とし物を袋にしまい、「いざ、ビーチへ！」と掛け声をかけた。

砂丘を越えると、驚いたことに、海岸にいる人たちは犬にしっかりリードをつけて浅瀬を歩いていた。この光景はなんだ？　解き放たれた犬たちが、自由にじゃれあいながら走りまわっている光景を想像していたのに。「ついさっき、郡保安官代理が来たんですよ。今後はここにも郡のリード条例が適用されるから、リードを放したら罰金だと言われました」と浮かぬ顔の飼い主が説明してくれた。ドッグ・ビーチで素朴な喜びを謳歌するにはタッチの差で間にあわなかったらしい。政治的なつながりがあるドッグ・ビーチ反対派の要請を受けて、警察が締めつけを厳しくしてきたにちがいない。僕はしかたなく、ほかの飼い主に混じってマーリーとならんで浅瀬を歩いた。南フロリダの最後の楽園を散歩しているというより、刑務所の運動場を歩かされている気分だった。

タオルを置いた場所に戻って、水筒の水をボウルにあけてマーリーに飲ませていると、砂丘のほうから、上半身裸で刺青《タトウー》を入れ、カットオフ・ジーンズにワークブーツ姿の男が、重い鎖につながれた筋骨隆々で恐ろしい形相のピット・ブル・テリアをしたがえてやってきた。ピット・ブルは攻撃的な性格で知られ、とくにここ南フロリダでは評判が悪かった。ギャングやチンピラ、ごろつきが好んで飼う犬種で、凶暴にふるまうよう訓練されていることが多い。新聞には、ピット・ブルに襲われたという記事があふれていた。なかには、動物や人間が命を失った事件もあった。僕のたじろぎを見てとったピット・ブルの飼い主は、「安心しな。こいつは友好的だから、ほかの犬と喧嘩なんかしないぜ」と大声で言った。僕がほっと胸をなでおろしていると、男は誇らしげに続けた。

「名前はキラーってんだ。こいつがイノシシを引き裂くとこは見ものだぜ。一五秒で獲物を倒してはらわたをかっさばくんだから」

マーリーと「イノシシ殺し」のピット・ブルは、リードを目一杯引っぱり、たがいに相手の匂いを猛然と嗅ぎあった。マーリーはこれまで一度も喧嘩をしたことがないし、たいていの犬より体がずっと大きいため、挑戦されておびえた経験もなかった。たとえ喧嘩を吹っかけられたとしても、マーリーはそうは思わない。お遊びモードで飛びつき、突つき、尻尾を振り、まのぬけたうれしそうな顔をするだけだ。けれど、狩猟の獲物を殺す訓練を受けた相手に直面するのははじめてだ。僕は、キラーがいきなりマーリーの喉元に嚙みつき、放そうとしない場面を想像した。「ま、相手がイノシシでなけりゃ、死ぬまでなめまくるだけさ」と男は言いはなった。

僕は男に、ついさっき警官がやってきて、リード条例に従わないと違反キップを切られるという話をした。「当局は締めつけを強化する気らしい」と。

「ふざけんじゃねえ！」と男は叫び、砂につばを吐いた。「おれは昔からここに犬を連れてきてるが、ドッグ・ビーチじゃリードはいらねえってことになってんだよ」。男が重い鎖をはずすと、キラーは砂浜を飛び跳ねて水に入っていった。マーリーは後ろ足で立ち上がって飛び跳ねた。キラーを見つめ、僕を見上げた。もういちどキラーを眺め、また僕を見た。前足を砂に叩きつけ、弱々しく長い啼き声を発した。なにを訴えているかは一目瞭然だった。僕は砂丘のほうに目を走らせ、警官がいないのを確かめた。そしてマーリーを見た。〈おねがい！　おねがい！　一生のおねがい！　いい子にしてるから、約束するから〉マーリーは哀願していた。

「ほうら、放してやれよ」とキラーの飼い主が言った。「犬ってのは、ロープにつながれて一生を送るようにはできてないんだ」

「そうするか」僕はリードをはずした。マーリーは海に向かってダッシュした。残った僕らを砂まみれにして。マーリーは岸に向かってくる白波に突進し、波間に飛びこんだ。ふたたび水面に出て、足がかりを得るやいなや、「イノシシ殺し」にタックルし、もつれあって倒れ、波の下にころがりこんだ。僕は息を飲んだ。まさかマーリーは、キラーを「ラブラドール殺し」に変身させるボタンを押してしまったんじゃないだろうな。けれど二匹がまた姿をあらわしたときには、たがいに尻尾を振って、ひどく楽しそうだった。キラーはマーリーの背に飛び乗り、マーリーもキラーに飛びつき、じゃれながら相手の喉を自分のあごではさんだ。二匹はたがいに追いかけあって海岸線を行ったり来たりし、周囲に水しぶきを撒き散らした。元気に飛び跳ね、踊り、取っ組み合い、潜水した。これほどの純粋な喜びを目にしたのは、後にも先にもこのときだけだったのではなかろうか。

ほかの飼い主たちも僕らに倣《なら》い、すぐに一二匹ほどいた犬すべてが自由に走りだした。どの犬も立派にふるまい、飼い主は全員ルールに従っていた。これこそドッグ・ビーチだ。これこそ本物のフロリダ。汚されることも管理されることもない、なつかしのフロリダ。開発の嵐をまぬがれてきた、素朴な時間が流れる場所。

ただひとつ、ちょっとした問題があった。午前中、マーリーは塩水を飲みっぱなしだったのだ。僕は真水を入れたボウルを持って追いかけたが、遊びにすっかり心を奪われているマーリーはなかなか飲んでくれなかった。無理やりボウルの正面に顔を向けさせ鼻先を押しこんでもみたが、まるで酢が入っているかのように顔をしかめて拒否された。マーリーの頭には、新しい親友キラーやほかの犬たちのところに戻ることしかないようだった。

浅瀬に戻ると、マーリーは遊びを一時中断してまた塩水を飲んだ。「やめろ！」と僕は叫んだ。「でないと……」と言いかけたとき、それは起こった。マーリーの目が妙に生気を失ったかと思うと、腹のあたりからグルグルキューという音が聞こえた。マーリーは背を弓なりに丸め、口を数回開けたり閉めたりして、胃袋の中身を空にしようとしていた。肩は大きく波打ち、腹部はよじれている。僕は言いかけたセリフを最後まで続けた。「……気持ち悪くなるぞ」

僕が言い終えたそのとき、マーリーはドッグ・ビーチ反対派の唱える予言を実現させてしまった。げえぇぇぇっ！

あわててマーリーを海から引き離そうとしたが、遅かった。すべては終わっていた。げえぇぇぇっ！　昨夜食べたものが水面に浮かんでいる。驚くほど鮮明に原形をとどめて。ナゲットに混じってぷかぷかしているのは、マーリーが子どもの皿からかすめとったカーネルコーン、牛乳ビンのふた、そして小さなプラスチックの兵隊の頭だった。この体調不良はほんの三秒ほどで過ぎ去り、マーリーは胃が空になったとたんに目の輝きを取り戻し、けろりとしていた。〈さ、片づいた。誰か一緒にボディサーフィンしない？〉とでもいうかのように。僕はびくびくしながらあたりを見まわしたが、気づいた人はいないようだった。ほかの飼い主たちは離れた場所にいて自分の犬のことに忙しく、いちばん近くにいた母親は幼児と砂でお城をつくるのに熱中していた。日光浴をしに来た人は目を閉じてあお向けに寝ている。〈助かった！〉と胸をなでおろしながら、僕はマーリーのあやまちの証拠隠滅にとりかかった。何気ないふうをよそおって足で海水をかき混ぜたのだ。なんとも情けない。ところで、僕らは厳密に言えばドッグ・ビーチのルール・ナンバーワンに違反したわけだが、実害があったわけではない。しょせんは未消化の食べ物、魚が喜んで食べてくれるだろう。牛乳ビンのふたと兵隊の頭だけは拾ってポケットに入れた。ゴミはすべて持ち帰る、というルールどおりに。

「いいか、よく聞け。塩水を飲むのはやめろ。どんな犬だって、塩水を飲んじゃいけないことくらい知ってるぞ」僕はマーリーの鼻づらをつかみ、無理やり僕のほうを向かせて、厳しい顔で注意した。そのまま引きずっていって、ビーチの冒険を切り上げようかとも思ったが、マーリーはすっかり元気になったように見えた。胃のなかにはもうなにも残っていないはずだ。粗相はしたが、気づかれないうちに片づけたことだし。僕はマーリーを放した。マーリーは一目散に海に駆けていき、キラーに合流した。

そのとき僕がうっかり忘れていたのは、マーリーの胃は空になっただろうが、腸はまだ空になっていないということだった。日の光が水面に反射してまぶしかったので、僕は目を細めてマーリーがほかの犬と騒いでいるのをながめていた。と、マーリーが急に遊ぶのをやめ、浅瀬で円を描いて歩きはじめた。見慣れた動作だった。毎朝裏庭で、排便の準備として、お供え物をする場所にまじないをかけるかのようにやっている儀式だ。この旋回儀式は、納得できる場所を求めて一分以上続くこともある。その儀式を、マーリーはドッグ・ビーチの浅瀬ではじめたのだ。これまでどんな犬も挑んだことのないフロンティアで。マーリーは腰をおろす体勢に入った。今度は観客がいた。キラーの飼い主もほかの犬の飼い主たちも、マーリーのすぐ近くに立っていた。砂のお城をつくっていた母娘は手を止めて、海のほうを凝視した。手をつないだカップルが水際を歩いて近づいてきた。「まずい」僕はつぶやいた。「よせ、やめろ」

「おい」と誰かが叫んだ。「おまえの犬だろ?」

「やめさせて!」別の誰かが叫んだ。

大声があがったので、日光浴をしていた人たちも何事かと起きあがった。

僕は全力で駆けだした。マーリーの腸が動きはじめる前に捕まえて引っぱってくれれば、最悪の屈辱を中断させることができるかもしれない。少なくとも、砂丘まで連れていければ。マーリーに向かって走っているとき、僕はまるで体外離脱したかのような感覚を味わった。自分が走る姿を、上から見下ろしているような。一コマ一コマが展開していくような。足の運びが永遠に続くように思われた。片足ずつ砂を蹴るたび、ザクッと鈍い音がする。僕は腕を空中に突き出し、顔を苦痛にゆがめていた。周囲はスローモーションのように映った。日光浴をしていた若い女性は片手を胸にあて、もう一方の手で口をおおっている。母親は子どもを抱き上げ、陸のほうに避難しようとしている。犬の飼い主たちは、顔をしかめて指さしている。キラーの飼い主は、赤く日焼けした頑丈な首をいからせて叫んでいる。マーリーは旋回を終了し、完全に排便の体勢に入っていた。

祈りを捧げるかのように天を仰いでいる。そして僕は、僕の声を聞いた。周囲のざわめきを越えて響きわたる、かすれた、ゆがんだ、長い叫び声を。「やめろおおおおおおお！」

あと一歩のところまで近づいて、僕は「マーリー、やめろ！」と叫んだ。「だめだ、マーリー。ノー！　ノー！　ノー！」無駄だった。僕が着いたとたん、水っぽいうんちがどっと発射された。みんなが、体をさっと引いた。少しでも高い土地へと。飼い主は自分の犬をつかんだ。日光浴客はタオルを引き寄せた。事は終わった。マーリーは小走りに水から砂浜へ出て、満足げに体をぶるっと震わせ、ふり返って僕を見て、うれしそうに息を弾ませた。僕はポケットからビニール袋を取り出したが、その手を空中で止めた。こんなものは役に立たないとすぐにわかった。波が寄せては返し、マーリーの粗相を拡散させて砂浜へと打ち上げていた。

「あんた、さあ」と、キラーの飼い主は、キラーの餌食になったイノシシが、最期の瞬間にどう感じるかを僕に思い知らせるような声で言った。「うまくねえなあ」

うまくないなんてもんじゃない。マーリーと僕はドッグ・ビーチの神聖なルールを犯したのだ。海水を、一度ならず二度まで汚し、ここにいるみんなの朝を台無しにした。即刻退散しなければ。

「すまない」僕はマーリーにリードを取りつけながらキラーの飼い主に言い訳をした。「こいつは海水を大量に飲んだらしい」

車に戻ると、僕はマーリーにタオルをかぶせてごしごしこすった。こすればこするほど、マーリーが盛大に体を震わせるので、僕は砂と水と毛にまみれた。マーリーを叱り飛ばしたかった。絞めつけてやりたかった。でも、もう遅すぎる。そもそも塩水をたっぷり飲んだのだから、腹がおかしくなるのは当然だ。マーリーのこれまでの破壊行為と同じく、なにも悪意があったわけでも、計画してやったわけでもない。命令に従わず、わざと僕に恥をかかせたというのでもない。マーリーはただ、するべきことをしたまでだ。もちろん、不適切な場所で、不適切なタイミングで、不適切な人たちの前でしでかしたことは事実だ。マーリーは自分自身のまぬけさの犠牲になったのだ。あの海岸で、海水をがぶ飲みするようなバカなことをしていたのはマーリーだけだった。この犬はもともと欠陥品なのだ。そんな犬を責めてみたってしかたがない。

「おい、うれしそうな顔をするんじゃない」僕はマーリーを後部座席に押しこみながら言った。でも、マーリーはこのうえなくうれしそうだった。カリブの島に連れていってやったとしても、これほど幸せそうな顔はしないだろう。そのときマーリーが知らなかったのは、海水と戯れるのは今日が最後になるということだった。海岸で過ごした日々

──というより数時間──は永遠に過去のもの。車で家に向かいながら、僕は言った。

「今度ばかりはただじゃすまないぞ。もしドッグ・ビーチが犬立ち入り禁止になったら、理由は明白だな」それから数年後、それは現実になった。

21 北への大移動

コリーンが二歳になってまもなく、運命的ともいえる偶然の連続によって、僕らは住み慣れたフロリダを去ることになった。何気なくマウスをクリックしたのが、すべてのはじまりだった。その日は、コラムを早く書き終えたので、編集長を待つあいだ三〇分ほど空き時間ができた。ほんの気まぐれで、僕はウエストパームビーチに引っ越してまもなく購読しはじめた雑誌のウェブサイトをのぞいてみた。その雑誌とは、一九四二年に個性豊かなJ・I・ロデイルが創刊して、六〇年代から七〇年代に盛んだった「大地に帰ろう」運動のバイブルとなった『オーガニック・ガーデニング』誌だった。

ロデイルはニューヨークで電気スイッチの会社を経営していたが、あるとき健康を害してしまう。そこで彼は現代医学に頼るのではなく、都市を去って、ペンシルベニア州エメーアスの小さな町のはずれにある農家へ引っ越して、土と遊ぶ生活をはじめた。彼は科学技術に深い不信感を抱き、当時すでに全米を席巻していた、化学肥料や農薬に大きく依存した現代的な耕作方法やガーデニング手法は、アメリカ農業の救世主にはなりえないと確信していた。化学薬品は大地やそこに住む人間をしだいに蝕んでいく、というのが彼の持論だった。そこで彼は、自然に倣《なら》った農業手法を実践しはじめた。自分の農場で、落ち葉などを集めて大きな堆肥の山を築き、それを肥料や天然の土壌改良剤として活用した。また、菜園には土の上にわらを厚く敷いて、雑草がはびこるのを防ぐとともに、水分を保持できるようにした。間作にクローバーやアルファルファを植えて、それを鋤《す》きこんで土を肥えさせた。殺虫剤をまく代わりに、テントウムシなどの益虫を何千匹も放して害虫を退治させた。ロディルはちょっとした変人だったけれど、その理論は正しいと証明された。農園は繁栄し、みごとに健康を取り戻した彼は、自分の雑誌でみずからの成功を高らかに語った。

僕が『オーガニック・ガーデニング』誌を読みはじめた当時、すでにJ・I・ロディルも、彼が創業したロデイル出版を数百万ドル規模の大企業に育てた息子のロバートも、この世を去っていた。この雑誌は、記事も編集もすばらしい出来とは言えなかった。僕が読むかぎり、情熱にあふれてはいるけれど出版に関しては素人でしかないロデイル哲学の信奉者たち、つまりはジャーナリストとしての訓練を受けていない熱心な園芸家たちの集まりがつくっている雑誌、という印象だった。後になって、その印象はまさに真

実だとわかった。とはいえ、僕はしだいに有機農法の考え方に共感するようになり、妻の流産に殺虫剤がなんらかの影響をおよぼしたのではないかと疑って以来、その傾向はいっそう強まった。コリーンが生まれたころには、化学肥料や殺虫剤をふんだんに使う郊外住宅地にあって、我が家の庭はささやかな有機園芸のオアシスになっていた。僕のガーデニング熱は高まる一方で、よく道行く人々が立ち止まって前庭に見とれ、「いったいなにを使ったら、こんなにみごとに育つんですか？」と訊いてきた。「特別なことはなんにも」と答えると、相手はいかにもけげんな顔で、秩序に満ちて画一的で体制順応的なボカラトンで、なにか信じがたい危険行為が行われているのを発見したかのように、僕を見つめるのだった。

とにかく、職場で待ち時間に、ふとオーガニックガーデニング・コムのウェブサイトをのぞいた僕は、「人材募集」のコーナーをクリックしたのだが、そのときなんでそんなことをする気になったのかは、いまもってわからない。僕はコラムニストの職を愛していた。読者とのあいだに生まれる日々の交流を愛していたし、自分の好きなテーマを選んで深刻にも軽薄にもなれる自由を愛していた。ニュース編集室も、そこにいる一癖あって頭がよく、神経症で理想主義のスタッフの面々も好きだった。そして、その日の重大ニュースのまっただなかにいるのは喜びだった。新聞社を辞めて、人里はるか離れた場所にある、活気のない出版社で働きたいなんて、まったく思っていなかった。にもかかわらず、暇を持てあましてちょっとした好奇心から求人情報のページをスクロールしていた僕は、求人リストの真ん中あたりで手をとめた。ロデイル社の旗艦誌『オーガニック・ガーデニング』が新編集長を募集していたのだ。僕の心臓は早鐘を打った。ちゃんとしたジャーナリストがやれば、もっといい雑誌になるだろうにとかねがね思っていたし、これはまさしく僕の出番だ。だが、それはばかな話だ。とんでもない話だ。カリフラワーやコンポストの記事を書くのが、僕のキャリアにプラスだろうか？　いったいぜんたい、なんでわざわざそんな仕事をしようというのか？

その晩、妻にちらりと話をしたとき、きっと頭が変になったんじゃないのと一笑に付されるにちがいないと、僕は覚悟していた。ところが、驚いたことに、妻は履歴書を送ってみたらと言った。高温多湿で犯罪の多い南フロリダを離れて、田園地帯で簡素な生活を送るという考えに惹かれたのだ。妻は四季の移り変わりや丘陵地帯を懐かしがっていた。冬の雪嵐のすばらしさを子どもたちに、そして、ばかげた話だろうが、犬にも体験させてやりたいと願っていた。「マーリーは雪玉を追いかけたことがないのよ」素足でマーリーの毛皮をなでながら妻は言った。

「なら、転職するにも立派な理由がある、ってわけだ」

「本当に興味があるのなら、やってみればいいじゃない。とにかく、応募して、結果を待つのよ。もし、採用するって言ってきたら、その気がなければ断ればいいんだし」

北へ戻りたいという気持ちが僕にもあったのは、認めないわけにはいかない。南フロリダでの一二年間はたしかに楽しかったけれど、北で生まれ育った僕が、なだらかな丘陵や移り変わる四季、そして広い土地を、いつも懐かしく感じていたのもまた事実だった。僕はフロリダの穏やかな冬や、スパイスがきいた食べ物や、いつもどこかで摩擦の火花が生じそうな雑多な人間の集まりを愛するようになっていたが、いつの日か自分なりのパラダイスに逃れたいと夢見るのはやめられなかった――目の玉が飛び出るほど高いボカラトン中心部の猫の額ほどの土地ではなく、土を掘り返し、庭の木を切って薪をつくり、犬を連れてあてもなく歩ける森がある、本物の土地で暮らしたかった。

これはちょっとした冗談だと自分に言いきかせて、僕は求人に応募した。二週間後、J・I・ロデイルの孫娘マリア・ロデイルから電話がかかってきた。応募宛先は「人事部」だったし、先方の社主がじきじきに電話をかけてきたのに驚いた僕は、思わず名字を訊き返した。マリアは祖父が創刊した雑誌に格別な期待を抱いていたし、かつての栄光を取り戻したいと願っていた。そのためには、勤勉な有機農法専門家ではなくプロのジャーナリストが必要なのは明らかだったし、さらに彼女は、環境や遺伝子操作、工場飼育の牧畜、急速に発展する有機農法運動などについて、従来よりも一歩踏みこんだ重要な記事を求めていた。

採用面接のためにやる気満々で現地を訪れた僕は、レンタカーで空港を後にして最初の角を曲がり、片側一車線の田舎道に出たとたん、周囲の景色に強く心を惹かれた。それこそ角を曲がるたびに、つぎつぎに絵はがきのような景色が広がっていた。こちらには石造りの農家、あちらには屋根つきの橋。小川には冷たい水が音を立てて流れ、広い畑のうね模様が神さまの金色のローブのように地平線のかなたまでつづいている。ぽつりと立つ信号のところで、僕は車から降りて舗装道路の真ん中に立った。見渡すかぎり、どこもかしこも森と草地ばかり。車も人も家も、なにも見えない。最初に見つけた公衆電話で、僕は妻に電話をかけた。「すごいよ。信じられないような場所だ」僕は言った。

二カ月後、引っ越し業者がボカラトンの我が家の家財すべてを巨大なトラックに積みこんだ。車とミニバンを運ぶ運搬車も到着した。僕らは家の鍵を新しい所有者に渡して、フロリダでの最後の晩、マーリーを囲んでご近所の家の床で眠った。「家のなかでキャンプだ！」パトリックは大喜びだった。

翌朝、早起きした僕は、マーリーをフロリダでの最後の散歩に連れだした。近所を歩くあいだ、マーリーはこれからどんな変化が待ち受けているのかまるで知らぬげに、いかにも幸福そうに匂いを嗅ぎ、リードを引っぱり、跳ねまわり、茂みや郵便箱を見つけるたびに左足を上げておしっこをかけていた。マーリーを飛行機に乗せるために、僕は頑丈なプラスチック製のキャリーを買っておいた。ドクター・ジェイの助言を守って、散歩の後にマーリーの口をこじあけ、安定剤を二錠も喉の奥に突っこんだ。ご近所さんに送ってもらってパームビーチ国際空港へ到着したときには、マーリーは目を充血させてふらふらしていた。そのようすなら、きっとロケットに縛りつけられても平気だっただろう。

空港ターミナルに到着したグローガン家一行は、まさに見物《みもの》だった。興奮してはしゃぎまわる幼児二人、ベビーカーに乗った飢えた赤ん坊、疲れきった両親、そして、薬でふらふらの犬。見せ物はそれだけではなかった。カエル二匹に金魚三匹、ヤドカリ、スラッギーという名前のカタツムリ。チェックインカウンターの列に並んだ僕は、プラスチックのキャリーを組み立てた。特大サイズを買ったのだが、いざ順番が来ると、カウンターの制服の女性は、マーリーを眺め、キャリーを眺め、もう一度マーリーを眺めてから言った。

「この犬は乗せられません。大きすぎますから」

「これが『特大犬』サイズだって、ペットショップで言われたんですよ」僕は訴えた。

「でも、航空局の規定で、犬はキャリーのなかで立ったり回ったりできなければならないときまってるんです」彼女は疑わしげにつけ加えた。「じゃあ、やってみてもらえますか？」

僕はキャリーの入り口を開けて名前を呼んでみたが、マーリーはこの移動式刑務所に自発的に入る気はないようだった。引っぱったり押したり、なんとかなだめすかして入れようとしたが、びくともしない。まったく、犬用ビスケットはいざ必要となると、いったいどこに消えるんだろう？　マーリーを釣る餌がなにかないかとポケットを隅々まで探して、ようやく缶入りの息消臭用ミントを発見した。これが期待どおりの効果を発揮した。僕はミントを一粒取って、マーリーの鼻先に押しつけた。そして「ほうら、欲しいだろ？　取ってみろ！」とキャリーのなかへ投げこんだ。はたせるかな、マーリーは餌に飛びつき、うれしそうにキャリーに入っていった。

カウンターの女性は正しかった。キャリーはマーリーには小さすぎた。うずくまっていないと頭が天井につっかえる。鼻は奥にくっついているのに、尻は開いた入り口の外側だ。僕はマーリーの尻尾を押さえて尻をそっと押しこんだ。「ほらね、大丈夫でしょ？」相手が納得してくれることを僕は祈った。

「なかで回れなければ、だめなんです」

「回れ、マーリー。さあ、回るんだ」僕は小さく口笛を吹いて、必死に命令した。マーリーは頭をつっかえさせながら、肩越しに僕のほうを向いてラリった視線を送り、いったいどうしたらそんな離れ業ができるのか教えてくれといわんばかりだった。

この難題をなんとかしないことには、飛行機に乗せてもらえない。僕は時計を見た。セキュリティチェックを受けてコンコースを降り、搭乗口まで行くのに、もう一二分しかなかった。「がんばれ、マーリー！　さあ、回るんだ！」絶望にかられた僕は、指を鳴らしたり、金属製の扉部分をがたがた揺らしたり、猫なで声でくどいたりした。「頼むよ、回ってくれ」必死に懇願した。いまにも土下座しようというとき、ガシャンという音が聞こえ、すぐにパトリックの大声が響いた。

「ああっ」

「カエルが逃げたわ！」妻も叫んで追いかけはじめた。

「フロッギー、クローキー、おいで！」息子たちが声をそろえて叫んだ。

妻はターミナルの床に這いつくばって、目の前を跳んで逃げるカエルを追った。道行く人々が立ち止まって見物しはじめた。遠目ではカエルの姿はまったく見えず、首からおむつ入れをぶら下げたいかれた女性が、朝からちょっと飲み過ぎて地べたを這っているように見える。どうやら見物人たちは、妻がいまにも遠吠えしそうだと思ったらしい。「ちょっと失礼しますよ」僕はできるだけ冷静にカウンターの女性に断ってから、四つん這いになって妻に加勢した。

早朝の旅行客をたっぷり楽しませたのち、僕らはあとひとっ跳びで自動ドアのそとへ脱出しようとしていた二匹のカエルを捕まえた。とって返すと、犬用キャリーのなかから大騒ぎする音が聞こえてきた。キャリー全体が揺れ、もぞもぞ動いていた。なかをのぞくと、いったいどうやったのか、マーリーが体をくるりと回していた。「ほら、ちゃんと回れましたよ」僕はカウンターの女性に言った。

「けっこうです。でも、今回だけ特別ですよ」彼女は眉をしかめていた。

係員が二人がかりでマーリーをキャリーごと手押し車に乗せて、運んでいった。僕らは必死で搭乗口へ走り、客室乗務員がハッチを閉める寸前に駆けこんだ。もし乗り遅れでもしたら、マーリーはたったひとりでペンシルベニアに到着してしまう。大混乱は目に見えているし、そんなのは想像したくもなかった。「待ってください！　待って！」僕は叫びながらコリーンのベビーカーを押して激走し、一五メートルほど遅れて妻と息子たちが追ってきた。

やっとのことで座席について、僕はようやく息をついた。マーリーは片づけた。逃げたカエルも捕まえた。飛行機にも乗りこんだ。さあ、あとはペンシルベニア州アレンタウンに着くばかりだ。やっとゆっくりできる。窓から、マーリーが入ったキャリーを乗せた運搬車が上昇するのが見えた。「ほら、マーリーはあそこだよ」僕は息子たちに指し示した。息子たちは手を振って大声で呼びかけた。「ハーイ、ワディ！」

エンジンの回転数が上がり、客室乗務員が飛行中の安全注意事項を説明しはじめたので、僕は雑誌を取りだした。前の席を見ると、妻が凍りついたようになっていた。と、僕の耳にも聞こえてきた。それは僕らの足元、飛行機の胴体部分の奥深くから聞こえてくる。くぐもってはいるが、無視できない。悲しげに嘆く声は、原始の呼び声のごとく、低くはじまりしだいに高く響いた。〈ああ、なんてことだ。マーリーが遠吠えしてる〉。一般には、ラブラドール・レトリーバーは遠吠えしないとされている。ビーグルは遠吠えする。オオカミも遠吠えする。だがラブは遠吠えしない、少なくとも上手ではない。マーリーはそれまでに二度ばかり遠吠えを試みたことがあったが、いずれも通りすぎる救急車のサイレンに応えようとしてのことだった。頭を後ろにのけぞらせて、口をOの字形に丸めて、聞いたこともないような哀れっぽい声を発しようとしたのだが、それは野生の呼び声に応えるというよりは、むしろうがいしているように響いた。けれど、今回は、まぎれもない本物の遠吠えだ。

乗客たちはてんでに新聞や雑誌から顔を上げて、聞き耳を立てはじめた。枕を渡そうとした客室乗務員が手をとめて、いぶかしげに小首を傾げている。通路を挟んで向こう側に座っていた女性は夫の顔を見ながら「ねえ、聞こえるでしょ？　犬みたいね」と言っていた。妻はじっと前を見つめていた。僕は雑誌を見つめた。もし誰かに訊かれたら、もちろんうちの犬だなんて言わないつもりだった。

「ワディ、さびしいんだね」パトリックが言った。

〈ノー、あれは見たこともないよその犬だし、悲しいなんてわかるはずもないよ〉僕は息子に言ってやりたかった。だが僕は黙ったまま、雑誌を引き寄せて顔を隠した。不滅のリチャード・ニクソン元大統領を見習って、「まことしやかな否認」を貫くことにしたのだ。ジェット・エンジンをうならせながら飛行機は滑走路を移動し、マーリーの遠吠えをかき消した。暗い貨物室で、孤独と恐怖に震え、薬で朦朧《もうろう》となり、しかも満足に立てないほど狭いキャリーに閉じこめられているマーリーを、僕は想像した。エンジンの爆音は、マーリーにしてみればまたもや雷に襲われているように思えるにちがいない。かわいそうなやつだ。遠吠えしているのが自分の犬だと認めたくはなかったが、飛行機に乗っているあいだずっと、マーリーを心配せずにいられないのはわかっていた。

飛行機が離陸するやいなや、またしてもガシャッという音がして、今度はコナーが

「あぁっ」と声をあげた。下を見た僕は、ふたたび雑誌をじっと見つめた。まことしやかな否認、だ。しばらくして、僕はそっと周囲を見まわした。誰もこちらを見ていないと確認してから、前に身を乗りだして妻の耳にささやいた。「下を見ちゃだめだよ、コオロギが逃げだしたんだ」

22 はじめての雪

僕らが落ちついた家は、けわしい丘の斜面の二エーカーの土地に立っていた。地元の人たちは認めないだろうが、それは丘というよりむしろ山に思えた。敷地内には野生のラズベリーを摘める草地や、心ゆくまで薪割りができる森があり、雪解け水がつくる小川が流れていて、子どもたちとマーリーはすぐに泥だらけで遊ぶ楽しみを見つけた。家には暖炉があり、ガーデニングはいくらでもできるし、隣の丘には教会があって、秋に木々が葉を落とせば教会の白い尖塔が家からも眺められた。

新しい家の隣人は、まるで映画の画面から抜け出たような、オレンジ色のひげのクマに似た男性だった。一七九〇年代に建てられた石造りの農家に住む彼は、日曜日には裏のベランダに座って、森に向けてライフルを撃って遊ぶので、マーリーはそのたびに肝を冷やしていた。僕らが引っ越した当日、彼は手づくりのチェリーワイン一瓶と見たこともないほど大粒のブラックベリーをかご一杯に入れて、訪ねてきてくれた。彼はディ《掘る》

ガ《人》ーと名乗った。そのニックネームのとおり、仕事は掘削屋だった。もし穴を掘ったり、土をどかしたりしなくちゃいけないときは、一声かけてくれれば、すぐに参上すると、彼は請けあった。「それに、もし車でシカを轢《ひ》いたら、呼んでくれ。役人が来る前に、さっさと解体して肉にしちまうから」彼はウインクして見せた。ここは、ボカラトンとは全然ちがう場所だった。

　僕らの田舎暮らしに、たったひとつ欠けているものがあった。新居の車寄せに到着してまもなく、コナーが僕を見上げて、両目から大粒の涙を流しながら、「ペンシルベニアには鉛筆《ペンシル》がたくさんあるんじゃなかったの」と訴えた。七歳と五歳の息子たちにしてみれば、約束が破られた思いだったのだ。そんな名前の州であるからには、木立や茂みのそこかしこに明るい黄色の筆記具がまるでベリーのようにぶら下がっていて、好きなだけ摘めるのだと二人とも期待していたのだ。そうではないと知って、二人は心底がっかりした。

　新しい我が家の地所は文房具こそぶら下がってはいなかったけれど、スカンクやオポッサムやウッドチャックには事欠かず、敷地内に広がる森の端に沿うように木々にはツタウルシがからみついていて、僕は見ただけで皮膚がかぶれてしまいそうだった。ある朝、コーヒーメーカーをいじりながら、ふと窓のそとを見ると、そこにはみごとな雄ジカがいた。別の日の朝には、野生の七面鳥の一家が賑やかに鳴き交わしながら裏庭を横切った。土曜日にマーリーを連れて森を抜け、丘を下っていると、ミンク猟師がわなを仕掛けていた。ミンク猟師だ！　我が家の裏庭の目と鼻の先で！　ボカラトンの住人が聞いたら、いったいなんと言うだろう？

田舎の生活は平和で、楽しいけれど、ちょっとばかり寂しかった。ペンシルベニア・ダッチと呼ばれる一八世紀のドイツ移民の子孫である地元の人々は、礼儀正しいがよそ者には用心深い。そして、僕らは完全なるよそ者だった。人も車もあふれていた南フロリダを脱出してきた僕は、寂しさにたまらない魅力を感じるべきだったのだろう。だが、少なくとも最初の数ヵ月間は、住みたい人がこんなに少ない場所に引っ越してきたのは本当に正しい選択だったのだろうかと、くよくよ考えていた。

ところがマーリーは、そんな疑念とはまるで縁がなかった。ディガーが発する銃声を別にすれば、新天地でのライフスタイルはマーリーにはまさにうってつけだった。分別よりもエネルギーが勝る犬にしてみれば、当然の話だろう。マーリーは芝生を走りまわり、イバラの茂みにもぐり込み、せせらぎで水しぶきを上げた。日々の使命は、我が家の庭をサラダバーにしている無数のウサギを捕まえることだった。ウサギがレタスを食べているのを見つけると、マーリーは耳をはためかせ、地面を踏みならし、吠え声をとどろかせながら、猛然と走っていく。マーチングバンドさながらの大騒ぎなので、数メートル以内に近づくまもなく、ウサギは安全な森のなかへ走り去ってしまう。それでも、いつものとおりまったくめげず、あと一息で捕まえられるといわんばかりの楽観的なようすだった。尻尾を振り、失望は微塵も見せず、ぐるっと弧を描いて戻ってきては、五分後にはまた同じことのくりかえしだ。幸運なことに、マーリーはスカンクに忍び寄るのも下手だった。

秋になると、マーリーははた迷惑な遊びを発見した。落ち葉溜まりの襲撃だ。フロリダでは秋になっても木々は葉を落とさなかったし、マーリーは空から降ってくる落ち葉は自分への贈り物だと思ったらしい。僕がオレンジ色や黄色の落ち葉をかき集めて大きな山をつくるのを離れた場所から眺めながら、マーリーは辛抱強く座って、攻撃の瞬間を待つ。巨大な落ち葉の山ができると、低く身構えて、こそこそと前進してくる。数歩進むごとに立ち止まって、片方の前足を上げ、なにも知らぬガゼルに忍び寄るセレンゲティ野生動物保護区のライオンのように空気の匂いを嗅ぐ。そして、僕が熊手を置いて自分の作品をほれぼれと眺めようとした瞬間、芝生の向こうから飛び跳ねながら突進してきて、数メートル手前で枯れ葉の山めがけて大きくジャンプし、まん真ん中に腹から着地して、うなり声をあげ、転げまわり、四本の足をばたつかせ、掘ったり噛んだりしたあげく、どういうわけか必死に自分の尻尾を追いかけまわし、僕がきれいに仕上げた枯れ葉の山をめちゃくちゃにして、元通り芝生に散乱させてしまう。最後には、枯れ葉の残骸を毛皮にくっつけたまま、自分の作品の真ん中に座りこんで、この枯れ葉集めの作業には自分の助けが欠かせないのだといわんばかりに、満足げな表情を見せるのだ。

ペンシルベニアで迎える最初のクリスマスは、ホワイトクリスマスになるだろうと僕らは期待していた。フロリダの住み慣れた家や友だちと離れたくないとだだをこねる子どもたちに、妻と僕はあれこれ約束して引っ越しを納得させたのだが、なかでも一番のセールスポイントは雪だった。しかも、どんな雪でもいいというわけではなく、ポストカードにあるような深く積もる、ふわふわの綿雪、しんしんと空から落ちてきて、雪溜まりをつくり、雪だるまをつくれるしっかりした雪だ。なにしろ、雪のクリスマスは北部での暮らしでは最大の聖なるイベントだ。クリスマスの朝、目覚めると、そとは一面の銀世界で、サンタクロースのそりの轍《わだち》だけが残っているのだと、ポスターに描かれているようなイメージを、無謀にも僕らは子どもたちに教えていた。

クリスマスの前の週、子どもたち三人は祈りが通じて雪が降ってくるのを期待しつつ、何時間も窓際に座ったきりで重苦しい色の空を見つめていた。「雪、ふれ！」子どもたちは声をそろえて叫んでいた。彼らは一度も雪を見たことがなかった。かくいう僕も妻も、もう一〇年ほども目にしていなかった。みんなで心待ちにしていたのに、雪はなかなか降らなかった。クリスマスの数日前、僕ら家族はミニバンに乗って一キロほど離れた農場へ行って、トウヒの木を切り、干し草を積んだ荷車に乗ったりアップルサイダーを飲んだりして楽しく過ごした。フロリダにいるあいだ懐かしくてたまらなかった、北部ならではの伝統的な冬の楽しみだったが、肝心なものがひとつだけ抜けていた。雪はどこへ行ったのだろう？　クリスマスには絶対に雪が降ると軽々しく子どもたちの気持ちをあおりたててしまったことを、妻も僕も後悔していた。帰り道、切りたての木の樹液の香りが満ちた車内で、嘘ばっかりだと子どもたちが文句を言いはじめた。ペンシルもなかったし、今度は雪もないじゃないか、と。ほかにも嘘ついてるんじゃないか、と。

クリスマスの朝、ツリーの下には小型のそりと、南極大陸探検にでも出かけられそうなほどたくさんの防寒着が置かれてあったが、窓のそとには、木の枝にも休眠中の芝生にも、茶色く見える穀物畑にも、雪はまったくなかった。僕は士気を高めようと暖炉の火をたき、もう少し待ちなさいと子どもたちに言いきかせた。降るとなれば、ちゃんと降るのだから、と。

新年がやってきても、まだ雪は降らなかった。マーリーまでもがそわそわしているようで、まるでだまされたと不平をいわんばかりに、室内を行ったり来たりしたり、窓のそとを眺めたり、クーンと鼻を鳴らしたりしていた。そうこうするうちに冬休みが終わって、子どもたちの学校がはじまっても、まだ雪は降らなかった。朝食のテーブルで、彼らは僕に、自分たちをだました父親に、ふくれっ面を見せた。僕はしどろもどろの言い訳をするようになった。「もしかしたら、どこかよそに、おまえたちよりももっと雪が必要な子どもたちがいるんじゃないかな？」といった具合に。

「そうだね、パパ」パトリックが冷ややかに応じた。

年が明けて三週間後、ようやく僕を罪の意識の責め苦から救ってくれる雪が降った。雪はみんなが眠っている夜中に降りはじめ、夜明けにそうと気づいたパトリックが僕らの寝室に飛びこんできた。パトリックは窓のブラインドをぐいっと引っぱって、「ほら、見てよ！　雪だよ！」とかん高く叫んだ。妻と僕は自分が正しかったのだと確かめようと、ベッドから起きあがった。丘の斜面も穀物畑も、マツの木立も家々の屋根も、地平線まで広げられた白い毛布で覆われていた。「もちろん、雪だ。だから降るって言っただろ？」僕は平静を装って答えた。

雪は膝ぐらいまで積もって、まだ降り続いていた。コナーとコリーンも指をしゃぶり、毛布を引きずったまま、ばたばたとホールに降りてきた。マーリーも目を覚まして、伸びをし、興奮を嗅ぎつけてそこらじゅうに尻尾を叩きつけている。妻を振り返って「ベッドに戻るって手はないよね」と言うと、そうねとお許しが出たので、僕は子どもたちに「オーケー、みんな、着替えるんだ！」と指示を飛ばした。

それから三〇分、僕らはジッパーや防寒タイツやバックルやフードや手袋と格闘した。すっかり支度ができると、子どもたちはぐるぐる巻きのミイラと化し、キッチンはさながら冬のオリンピックの控え室だった。そして、雪中滑降競技の道化者競争、大型犬部門の優勝者は、なんといってもマーリーだった。僕が玄関ドアを開けるやいなや、誰よりも早く、マーリーが完全防備のコリーンをなぎ倒して戸外へ突進した。奇妙な白いものを足で踏んだ瞬間――〈おおっ、ぬれてるぞ！　ああっ、つめたい！〉――気が変わったマーリーは回れ右をした。雪の路面を運転したことのある人ならおわかりだろうが、急ブレーキやUターンはあまりよい考えではない。

マーリーは横滑りして、後足を踏んばったまま、大きくぐるっと一回転。横っ腹から雪の上に叩きつけられたかと思ったら、高くジャンプして宙返り、玄関の階段めがけて飛びこみ、頭から雪の吹きだまりに突っこんだ。つぎの瞬間、雪のなかからぬっと登場した姿は、まるで白い粉だらけの巨大なドーナツだった。黒い鼻と茶色い両目以外、全身が真っ白。正体不明の雪男ならぬ雪犬だ。周囲を埋めている冷たい不思議な物体がなんなのか、マーリーは知る由もない。鼻先を深く突っこみ、豪快に匂いを嗅いでいる。食いついたり、顔をくっつけたり。すると、突然、あたかも天から目に見えない手が降りてきて、大量のアドレナリンを注入したかのごとく、マーリーは全速力で駆けまわりはじめ、大きく飛び跳ねたり、宙返りしたり、頭から雪に突っこんだり、興奮してめちゃくちゃに騒ぎだした。どうやら雪と戯れるのは、近所のごみ箱を襲撃するのと同じくらい楽しいらしい。

雪のなかでマーリーの通った道をたどることは、彼のワープした思考を理解する第一歩だった。その道筋にはなんの脈絡もなく、突然曲がったりくねったり回れ右したり、らせんを描いたりトリプルルルッツを披露したりで、あたかも彼だけにしかわからないアルゴリズム（問題解決のための段階的手法）に従っているかのようだった。そのうちに子どもたちもマーリーをまねて、どこもかしこも雪まみれになって、雪のなかでぐるぐる回ったり転がったりじゃれあったりしはじめた。バタートーストとココアのマグを持って家から出てきた妻が、今日は学校はお休みになったと発表した。二輪駆動の日産の小型車を車寄せから出すのはかなり手間がかかるだろうし、曲がりくねった雪の山道を走らせるのも無理に思えたので、僕も雪休みを宣言した。

キャンプファイアを焚くために秋のうちに裏庭につくっておいた石積みから雪をどけて、ぱちぱち燃える焚き火をした。子どもたちはそりに乗って歓声をあげながら焚き火の横を通り越し、斜面を下って、森の手前まで滑り降り、マーリーがその後ろを追っていた。僕は妻を見て、「子どもたちが自分の家の裏でそり遊びしてるなんて、去年の今ごろは想像もつかなかったよな？」と声をかけた。

「ほんとよね」妻は答えるなり、僕の胸に雪玉を投げつけた。妻の髪には雪がかかり、頬はバラ色に上気して、息が白く見えていた。

「こっちに来て、キスしてよ」僕は妻に呼びかけた。

子どもたちが一息ついて焚き火を囲んでいるとき、僕もそりで遊んでみたいと思った。十代のころ以来だから、ずいぶん久しぶりだ。「一緒に乗らない？」僕は妻を誘った。

「けっこうよ。どうぞ、ひとりで楽しんで」妻は言った。

僕は斜面のてっぺんにそりを置き、なかに仰向けに寝て、両ひじで体を固定し、そりの先端部分に足をたくし込んだ。そして、そりを滑らそうと、体で揺すった。僕を見下ろす体勢になることなどめったになかったマーリーは、そんな服従的な格好をしている僕を見て、これさいわいとやってきた。近づいてきて、僕の顔を嗅いだ。「なにするんだ？」僕は声をかけたが、マーリーはそれを招待と受け取った。さっと僕によじ登り、足で踏みつけ、胸の上にどっかり座りこんだ。「おい、どけよ、でか犬！」僕は叫んだ。だが時すでに遅し。そりはじりじり前へ進み、僕らの重みで一気に滑りだした。

「いってらっしゃーい！」妻が背後で叫んだ。

そりは雪を舞い散らしつつ、斜面を猛スピードで暴走し、マーリーは僕の上にはりついたまま、ずっと僕の顔をなめまくっていた。一人と一匹の重みで、子どもたちが乗るよりもはるかに弾みがついていたので、そりは轍《わだち》のあとを越えてさらに滑り続けた。

「つかまれ、マーリー！　森へ突っこむぞ！」僕は悲鳴をあげた。

大きなクルミの木を越え、二本のサクラの木のあいだを抜け、下草やキイチゴの茂みに突っこみながらも、奇跡的に大衝突を逃れて、そりは滑り続けた。このまま行けば土手があって、その少し下には凍っていない小川があると、僕は気づいた。なんとか足をそりから出してブレーキをかけようと思ったが、つっかえていてうまくいかない。小川に向かって急角度に落ちている土手が、目の前に迫った。万事休す。僕はマーリーを両腕で強く抱きしめ、両目をしっかり閉じて、叫んだ。「うおぉぉぉぉぉ！」

土手から投げ出された瞬間、体の下のそりがなくなった。まるでドタバタ喜劇の漫画みたいに、一瞬、全身が宙に浮いて、その後は急降下。しかも、狂ったようによだれを流しているラブラドール・レトリーバーときつく抱きあった格好で。僕らはたがいにしがみついたまま、そりから半分ずり落ちて、川岸の雪溜まりにポンと軟着陸した。目を開けた僕は自分の無事を確かめた。足の指も手の指も首も、ちゃんと動く。骨はどこも折れていない。マーリーも立ち上がって、もう一回やろうよとばかりに、僕のまわりを飛び跳ねていた。僕はうめきながら身を起こして、手で雪を叩いて落とし、「まったく、年寄りの冷や水だ」とつぶやいた。

それから数カ月して、マーリーにも老いが忍び寄っているのを感じるときがやってきた。

ペンシルベニアでの最初の冬が終わるころ、僕はマーリーがいつのまにか中年を過ぎて、現役引退の年齢に近づきつつあるのに気づいた。その年の一二月にマーリーは九歳を迎え、少しずつ動きが鈍くなっていった。はじめての雪の日のようにアドレナリン全開で手に負えないときもあるにはあるのだが、それもほんの短い時間しか続かず、しだいに間遠になった。一日中うたた寝して過ごすことに満足し、散歩に出ると、僕より先に疲れてしまう。以前はそんなことはけっしてなかったのに。冬も終わりに近づいたある日、凍りつくほど寒くはなく、空気が雪解けの香りを漂わせるなか、僕はマーリーを連れて散歩に出た。我が家がある丘を下り、さらにけわしい隣の丘を登って、南北戦争で戦った兵士がたくさん眠っている古い墓地の横に立つ、丘の頂上の白い教会へ向かった。歩き慣れた散歩コースで、急坂で息が切れるものの、秋にはマーリーもなんの苦もなく歩いていた。ところが今回は、マーリーは後ろから遅れてついてきた。いろいろ声をかけ、励ましたけれど、その姿は、電池が切れて少しずつ動きが遅くなる玩具を思わせた。マーリーには頂上まで登る力がなかった。僕は途中で休憩をとった。そんなことははじめてだった。「僕のために手かげんしてくれてるのか?」屈んで、手袋をした手でマーリーの顔をなでた。僕を見上げるマーリーの目は輝き、鼻は濡れていて、衰えつつあるエネルギーのことなどまるで心配していなかった。冬の終わりのすがすがしい日に、飼い主を従えて田舎道に座りながら、マーリーはこれ以上の幸福はないというかのように満足した、それでいて疲れきった表情をしていた。「僕に担いでもらおうなんて、期待するなよ」僕は言った。

日を浴びているマーリーを眺めるうちに、黄褐色の顔にいつのまにか白髪が多くなっているのに気づいた。毛色が薄いのでめだたないけれど、それは否定しようのない事実だった。口のまわり全体と額のあたりは、クリーム色から白に変わっていた。僕らが気づかないうちに、我が家の永遠の仔犬は高齢犬の仲間入りをしていた。

だからといって、行儀がよくなったわけではない。ふざけた行動はまるで変化なく、ただテンポが遅くなっただけ。あいかわらず、子どもの皿から食べ物を盗む。鼻先でキッチンのごみ箱を押しあけて、中身をあさる。リードは引っぱる。家中のものを手当たりしだいに口に入れる。バスタブの水を飲んで、口から水を垂らしてまわる。空が暗くなって雷鳴がとどろけばパニックになり、家に誰もいなければ破壊行動に走る。ある日、僕らが帰宅すると、マーリーは興奮状態で、コナーのマットレスがぼろぼろにされてスプリングが飛び出していた。

年月を経て、僕らはそうした被害に悟りの境地で対応できるようになっていたし、フロリダを離れてからは雷雨にあう回数も少なくなっていた。犬と暮らすからには、壁は壊れるし、クッションは破裂するし、敷物はぼろぼろになるものだ。どんなつきあいにも犠牲はつきものだ。僕らはその犠牲を受け入れたし、マーリーはそれに見合うだけの喜びや楽しみや安心や仲間意識を与えてくれた。マーリーにかかった費用や修理代などを総計すれば、きっともうヨットを買えるくらいにはなっていただろう。けれど、ヨットを何隻持っていたところで、玄関で一日中帰りを待っていてはくれない。膝に乗ったり、一緒にそりで丘を滑ったり、顔をなめたりはしてくれない。

マーリーはすっかり家族の一員だった。ちょっと変わってはいるが愛すべき叔父さんのように、なくてはならぬ存在だった。マーリーは名犬ラッシーにも、映画で活躍したベンジーにも、黄色い老犬《オールド・イエラー》にもなれないだろう。ウエストミンスターはおろか地元のドッグショーにも出られないだろう。それはわかっていた。僕らはありのままのマーリーを受け入れ、だからこそ彼を愛した。

「老いぼれくん」冬の終わりのその日、僕は道ばたでマーリーの首筋をなでながら呼びかけた。目的地の教会の墓地は、けわしい坂道の先にあった。だが、人生と同じように、大事なのは目的地に着くことよりも旅そのものなのだ。僕は片膝ついて両手でマーリーの体をなでながら「しばらく、こうしてここに座っていよう」と話しかけた。彼が一息ついたのを確認して、僕らは丘を下って家路についた。

23
鶏と歩く

その年の春、我が家でもなにか家畜を飼ってみようという話になった。なにしろ田舎の二エーカーもある土地に住んでいるのだ。家畜と暮らすのは当然のことのように思えた。しかも僕は、家畜の糞を有効利用して健康でバランスのとれた庭づくりを推進する雑誌、『オーガニック・ガーデニング』の編集長なのだ。「乳牛なんかいいんじゃないかしら」妻がなにげなく提案した。

「乳牛だって？」僕は呆れた。「正気なの？　納屋なんかないよ。いったいどうやって乳牛を飼うんだよ？　ガレージのミニバンの隣にでもつないでおくつもり？」

「じゃあ、羊はどう？　かわいいわよ」妻がまた提案した。僕は得意の「ほんとにわかってないやつだな」光線を妻に浴びせかけた。

「山羊は？　かわいらしいわよ」妻はめげなかった。

結局のところ、鶏を飼うことで話は落ちついた。殺虫剤や化学肥料を使わないと誓った園芸家にとって、鶏はじつに理にかなった生き物だ。金も手間もあまりかからない。ちょっとした小屋があって、毎朝トウモロコシのくずを少しばかりやれば、それで問題ない。新鮮な卵を生んでくれるばかりか、放し飼いにしておけば、毎日熱心に餌を探して歩きまわり、虫やミミズやマダニをついばんで、効率のいい耕運機のように土を掘り返してくれる。さらには窒素分が豊富な糞を落として土を肥やしてくれる。しかも日暮れになれば、ちゃんとねぐらへ戻ってくる。鶏は有機園芸家の最良の友だ。そのうえ、妻が言うように、見た目も十分かわいらしい。

僕らは鶏を飼うことにした。妻が子どもの学校で親しくなった母親が農場を営んでいて、こんど雛が孵《かえ》ったら何羽かあげると言ってくれた。僕が鶏を飼うつもりだと話すと、隣人のディガーは、雌鶏が多少いるのもいいだろうと賛成した。ディガーは大きな小屋を持っていて、鶏をたくさん飼って卵や肉を調達していた。

「ひとつだけ言っとくけど……」ディガーはたくましい腕を胸の前で組んで言った。「絶対に、鶏に名前をつけちゃだめだぞ。いったん名前をつけてしまえば、家畜じゃなくてペットになるから」

「わかったよ」僕は肝に銘じた。なるほど、養鶏にセンチメンタリズムは禁物だ。雌鶏の寿命は一五年以上あるが、卵を生むのは最初の二年ほどだけだ。卵を生まなくなれば、シチュー鍋行きを待つばかり。それもまた鶏舎経営の現実なのだ。

ディガーは僕が直面する未来を予言するかのように、僕を真正面から見据えて、「名前をつけてしまえば、それで一巻の終わりだ」と念を押した。

「大丈夫。名前なんかつけやしない」僕はうなずいた。

翌日の晩、仕事を終えて帰宅した僕が車寄せに車を停めると、三人の子どもたちがそれぞれ一羽ずつ生まれたての雛を抱いて、家から走り出てきた。妻も四羽目の雛を抱いて、子どもたちの後ろに立った。その日の午後のうちに、妻の友人のドナが雛を届けてくれたのだ。この世に生を受けてからまだ丸一日経っていない雛たちは、まるで「ママなの？」というかのように首を傾げて僕を見ていた。

最初にニュースを発表したのはパトリックだった。「フェザーズって名前にしたんだよ」

「ぼくのはトゥイーティ」コナーも発表した。

「あたし、のは、ウッフィ」コリーンも加わった。

いったいどういうことなんだ、という視線を僕は妻に送った。

「フラッフィよ。コリーンはフラッフィって名前にしたの」妻は言った。

「ジェニー、ディガーの忠告は話したよね？　ペットじゃないんだよ」

「あら、考えてもみてよ。この子たちを食べるなんてできるわけないでしょ。ほうら、こんなにかわいいのよ」

「ジェニー……」苛立ちのあまり僕の声はうわずった。

「それでね」妻はすかさず四羽目の雛をかかげて宣言した。「この子はシャーリィよ」

フェザーズとトゥイーティとフラッフィとシャーリィは箱に入れられ、キッチンカウンターの上に置かれて、上から照らす電球の熱で温められた。雛たちは餌を食べ、うんちをし、また餌を食べて――またたくまに大きくなった。雛がやってきて数週間後、僕は夜明けに耳慣れない物音で起こされた。僕は体を起こして耳を澄ました。下の階から、弱々しいかすかな呼び声が聞こえる。それは優位を宣言するというよりも肺病患者の咳のように、低くしゃがれていた。もう一度聞こえた。コッケコッコー！　ほんの少し遅れて、やはり低くてしゃがれているが明らかにちがう声が答えるように響いた。クックッククー！

僕は妻を揺さぶり起こして訊いた。「ドナから雛をもらうとき、ちゃんと調べて雌をくださいって頼んだんだよね？」

「そんなことできるの？」妻はそう訊き返して、寝返りをうち、また寝入ってしまった。

それは雌雄鑑別と呼ばれている。農家でちゃんとした人が調べれば、約八〇パーセントの精度で、雛が雌か雄かを見わけられる。雌雄を判断された雛は、ふつうより高い値段で売られる。性別不詳の未鑑別の雛のほうが安いのだ。鑑別しない場合、成長して雄とわかれば若いうちに食肉用につぶし、雌は生かしておいて卵を生ませる。運を天にまかせて鑑別していない雛を飼えば、よぶんな雄は殺してしまうことになる。鶏を育てたことのある人なら知っているだろうが、ひとつの群れに二羽の雄鶏は共存しないのだ。

　結局のところ、ドナは雛の雌雄鑑別をしていなかったし、我が家の四羽の「産卵する雌鶏」のうち三羽は雄だった。我が家のキッチンカウンターの上は、「少年の町（非行少年の矯正施設）」と化していたのだ。雄鶏が問題なのは、彼らはけっして二番手の地位に甘んじようとしない点だ。雄鶏と雌鶏が同数ずついれば、まるでホームコメディの主人公夫婦のオジーとハリエットのように幸福なカップルが何組もできると思われるかもしれない。だが、それは大きな間違いだ。雄鶏どうしは鶏舎の主の座をかけて、際限なく血みどろの闘いをくりひろげる。勝った者がすべてを手に入れるのだ。

　人間でいえば若者へと成長した我が家の三羽の雄鶏は、威嚇《いかく》のポーズをとったり、くちばしでつついたりしはじめ、裏庭に急ごしらえで小屋をつくったのにいまだにキッチンを居場所と決めこみ、体内の男性ホルモンが騒ぐにまかせて時をつくっていた。哀れにもたった一羽の雌のシャーリィは、欲望の的としてどんな女性もかなわないほど一身に注目を集めていた。

雄鶏の鳴き声はマーリーの癇《かん》にさわるにちがいないと、僕は思った。若いころのマーリーは、庭で鳥のさえずりが響いただけでも、たちまち窓に飛びつき、後ろ足で立ってガラスにはりつくようにして、狂ったように吠えたてた。だが今は、自分の餌入れのすぐ近くで三羽の雄鶏が時をつくっていても、なんの関心も示さなかった。まるでそこに鶏がいると気づいていないかのようだ。雄鶏の声は日毎に大きく力強くなり、毎朝五時にキッチンから家中に響きわたった。コッケコッコー！　ものすごい騒ぎのなか、マーリーは平気で眠っていた。もしかしたら、マーリーは鳴き声を無視しているのではなく、聞こえていないのかもしれないと気づいたのは、それがきっかけだった。そこで、ある日の午後、うたた寝しているマーリーの背後からそっと近づいて、「マーリー」と呼んでみた。反応はない。声を大きくしてもう一度「マーリー」と呼んでみた。またもや、反応なし。僕は手を叩いて、「マーリー！」と大声を張りあげた。すると、彼は顔を上げ、耳を立てて、ぼうっと周囲を見まわして、自分のレーダーが探知したものがなんなのか確かめようとした。僕はもう一度、手を叩いて、大声で叫んだ。マーリーはようやくこちらへ顔を向けて、僕が後ろに立っているのを見つけた。〈なんだ、そこか！〉マーリーはさっと立ち上がって、うれしそうに尻尾を振った。そして、あきらかに僕を見つけて驚いていた。挨拶代わりに僕の膝に体当たりし、〈なんで、そんなふうにおどかそうとするのさ?〉とでもいいたげに、おずおずと僕を見上げた。僕の犬は耳が聞こえなくなろうとしているらしい。

それですべてが腑に落ちた。この数カ月間、マーリーは以前とはうってかわって、僕を無視することがあった。いくら呼んでも、こちらを見ようともしない。夜に寝床に入る前にそとへ出してやるのだが、戻ってこいと呼んでも口笛を吹いても気づかない。誰かが玄関の呼び鈴を押しても、居間で僕の足元で眠ったまま、目を開けようとすらしなかった。

マーリーの耳は昔から問題が多かった。この犬種には少なくないようだが、マーリーは耳の感染症にかかりやすく、僕らは抗生物質や軟膏や洗浄剤や点耳薬、そして獣医通いに大枚をはたいた。なんとか治そうと、外耳道を短くする手術まで受けさせた。そうした長年の疾患が積もり積もったすえ、マーリーの耳は何もかもが遠くのささやきにしか聞こえないほど悪くなっているという事実が、とうてい無視できないほどうるさい雄鶏がやってきて、ようやくはっきりわかったのだ。

だが、マーリーはそれを気にしているようすはなかった。彼は静かな生活に満足していたし、耳が聞こえないことは田舎での楽しい暮らしに影響を与えてはいないようだった。マーリーは老後の日々を楽しんでいたし、ゆったりした田舎暮らしでは耳が遠くてもあまり影響はない。それどころか、マーリーにとっては幸運なことに、言うことをきかなくても仕方がないと医者からお墨付きをもらったわけだ。聞こえないのだから、命令しても服従するわけがない、と。頭が鈍いとばかり思っていたけれど、じつのところ、マーリーは耳が遠いことを都合よく利用していたにちがいない。その証拠に、餌入れに肉をどさりと落とせば、マーリーは隣の部屋から小走りで飛んでくる。肉が金属の餌入れに落ちるときの、鈍いが満足感のある音だけは、どういうわけかちゃんと聞こえるのだ。けれど、気に入った場所で遊んでいるときに、こっちへ来いと叫んでも、楽しげに勝手気ままにぶらついているばかりで、以前のように後ろめたそうに肩越しにこちらを振り返ることさえなくなった。

「マーリーは僕らをだましてるんだよ」僕は妻に言った。聞こえるときと聞こえないときがあるようだと妻も同意したが、背後からそっと忍び寄って、手を叩いたり名前を呼んだりして、何度も試しても、マーリーは反応しなかった。なのに、餌入れに食べ物を落とせば、かならず走ってきた。どれほど耳が遠くなっても、心に響く大好きな音、いいかえれば胃の腑に響く食べ物の音だけは聞こえるかのようだった。

マーリーはいつも空腹だった。毎日ドッグフードを大きな計量カップ四杯も与えていたのみならず――チワワの一家を一週間は養える分量だ――僕らは犬の飼い方の本のアドバイスに反して、人間の残り物を好きなだけ食べさせるようになっていた。人間の食べ残しを与えてしまうと、犬はドッグフードを食べなくなってしまうと、本には書かれていた（たしかに、食べかけのハンバーガーと乾燥したドッグフードとでは、どちらが好ましいかは自明の理だ）。人間の残飯は犬を太らせてしまう。とりわけラブラドールは太りやすい犬種だし、中年期以降はとくにその傾向が強くなる。一部のラブラドール、なかでもイギリス系には、感謝祭のパレードのときに五番街の百貨店から吊るされる膨らました巨大バルーンのように、まるまる太ってしまう犬もいるほどだ。

だがマーリーはそうではなかった。マーリーは問題だらけの犬だったけれど、肥満とは無縁だった。いくらカロリーを摂っても、燃焼しきってしまうのだ。手のつけられないほど興奮してしまう元気の良さが、すべてのエネルギーを消費した。まるで高出力の発電所のように、燃料を一滴残らずパワーに変えてしまうのだ。マーリーは道行く人が驚いて見とれるほど、立派な体格をしていた。雄のラブラドール・レトリーバーの平均体重は三〇キロから三六キロほどだが、それをはるかに上まわっていた。年取ったとはいえ四三キロの巨体は筋肉質で、脂肪などどこにもないたくましい体つきだった。胸回りはちょっとしたビア樽ほどもあり、肋骨のすぐ上を皮膚が覆っていて、余分な脂肪はまったくなかった。僕らは太りすぎについては心配したことがないどころか、その逆を心配した。フロリダを去るまで、ドクター・ジェイのもとを訪れるたびに、僕らはいつも同じ質問をした。毎日大量のドッグフードを与えているのに、マーリーはよそのラブより痩せているし、荷車を牽《ひ》く馬に使うような巨大な餌入れでドッグフードをがつがつ食べたすぐ後でさえ、まだひもじそうに見える。僕らはマーリーをゆっくり飢えさせているんでしょうか？　ドクター・ジェイの答えはいつも同じだった。彼はマーリーのなめらかな脇腹をなでてから、ラブラドール・イベイダーとなって診療室内を自由に歩きまわるのを許し、医学的な見地から見るかぎりマーリーは完璧ですと、いつものように僕らに伝えた。「今のままで続けてください」と。そのあいだにも、マーリーは彼の脚のあいだに突進したり、カウンターから綿球を盗ったりで忙しい。ドクター・ジェイは「もちろん、マーリーが精神的なエネルギーを大量に消費しているのは言うまでもありません」とつけ加えるのだった。

家族が夕食を終えて、マーリーに餌をやる段になると、僕は餌入れにドッグフードを満たしてから、みんなの食べ残しを手当たりしだいに放りこんだ。小さな子どもが三人もいるので、残飯はいくらでもあった。パンの皮、ステーキの付け合わせ、シチューの残り汁、チキンの皮、肉汁ソース、米、人参、裏ごししたプルーン、サンドイッチ、一昨日のパスタ——すべてマーリーの餌入れ行きだった。我が家のペットは、行動は宮廷道化師のようだったが、食事はプリンス・オブ・ウェールズ並みだった。ただし、乳製品や甘い菓子やポテトやチョコレートなど、犬の体に悪いとされているものだけは避けた。ペットに人間の食べ物を買い与えるのは賛成できなかったが、ふつうなら捨てられてしまう残り物でマーリーの食生活を豊かにするのは、倹約にもなるし思いやりのある行為だと感じられた。なんでも喜んで食べるマーリーに、ドッグフード一辺倒の単調すぎる食生活の息抜きを与えていたのだ。

我が家の残飯処理係としての出番がないときには、マーリーは落下物緊急処理係の任をはたしていた。マーリーはどんな修羅場も首尾よく片づけた。子どもたちの誰かがスパゲティとミートボールが入った皿をうっかり床に落としてしまうと、僕らはすかさず口笛を吹く。すると、高性能の清掃犬が駆けつけて、スパゲティを最後の一本まで全部きれいに腹へおさめて、床もぴかぴかになめてくれる。散らばったグリーンピースも、転がったセロリも、逃げだしたマカロニも、飛び散ったアップルソースも、なんでもおまかせだ。床に落ちたつぎの瞬間に、跡形もなくきれいに消える。友人たちが驚いていたが、マーリーはサラダに入っている葉物野菜までむさぼり食べた。

床に落ちるまでもなくマーリーの胃におさまったものも多かった。マーリーはじつに巧妙かつ無慈悲な盗賊で、妻や僕が見ていない隙をうかがって無防備な子どもたちの皿を狙った。誕生日のパーティーは最大の稼ぎ時だった。マーリーは五歳児の群れのなかを歩きまわって、ずうずうしくも彼らの手からホットドッグを奪い去った。子どもたちが膝に乗せていた紙皿のケーキをつぎつぎに引っさらったあげく、バースディケーキのほぼ三分の二を食べた武勇伝まであった。

正当な理由があろうと、あきらかな不法行為だろうと、マーリーはとにかくたくさん食べた。そして、いつでももっと食べたいと願っていた。聴力を失ってからも、食べ物が餌入れのなかに落ちる魅力的な柔らかい音だけは聞こえるというのも、さほど驚くにはあたらなかったのかもしれない。

ある日、仕事を終えて帰宅すると、家にはだれもいなかった。妻は子どもたちを連れて外出していて、僕はマーリーを呼んだけれど出てこない。留守番のときには二階でうたた寝していたりするので、見にいったが、姿がない。着替えをして階下へ降りた僕は、キッチンでよからぬ行為にふけっているマーリーを発見した。彼は僕に背を向けて、後ろ足で立ち、前足と胸をキッチンテーブルに乗せて、グリルドチーズサンドイッチの残りをぱくついていた。僕は大声で叱りつけようとしたが、踏みとどまった。マーリーに気づかれずにどれくらい近づけるか試してみることにしたのだ。僕は忍び足で背後からそっと近づいて、手が届く距離まで近づいた。パンの耳をかじりながら、マーリーはガレージへ続く裏口へちらちら視線を送っていた。妻と子どもたちが帰ってきたら、そこから入ってくるからだ。ドアが開いた瞬間に、テーブルの下に隠れて眠ったふりをするつもりだろう。僕がいちはやく戻ってきて玄関から入り、背後に忍び寄っているなど、ぜんぜん念頭にないにちがいない。

「やあ、マーリー。なにしてるのかな？」僕はふつうの声で訊いた。マーリーは僕の存在にまるで気づかぬまま、サンドイッチをむしゃむしゃ食べ続けている。尻尾がゆらゆら揺れているのは、家には誰もいないし盗み食いは成功だと思いこんでいる証拠だ。明らかに、マーリーはしてやったりと満足していた。

僕は大きな咳払いをしたが、それでもマーリーの耳には聞こえなかった。今度は、キスの音を出してみた。反応なし。一皿目を食べ終わり、なめ終わったマーリーは、鼻先を突きだして匂いを嗅ぎ、さらに身を乗りだして二皿目の残り物を食べはじめた。「まったく、悪いやつだ」僕は一心に食べているマーリーを眺めながら言った。僕が近くで指をパチパチッと二回鳴らすと、マーリーは口に食べ物を入れたまま凍りついて、さっと裏口を見た。〈あれはなんだったんだ？　車のドアがドシンと閉まる音だったんだろうか？〉と。しばらくして、なんでもないと確信したマーリーは、ふたたび盗み食いに戻った。

その瞬間、僕は手をのばしてマーリーの尻をポンと叩いた。まるでダイナマイトに火を点けたようだった。マーリーはまさに跳びあがって驚いた。ロケット並みの勢いでテーブルから離れ、僕を見るや、たちまち伏せをして、仰向けに転がって腹を見せ、恭順の意を表した。「こいつめ！ ほんとに悪いやつだ！」僕は言った。だが、頭ごなしに叱りつける気にはなれなかった。この犬は老いぼれだ。耳も遠い。この先、改善の余地もない。行状を直すのは不可能だ。後ろから忍び寄るのはすごくおもしろかったし、驚きのあまり跳びあがった姿に、僕は笑いころげた。けれど、足元にひれ伏して許しを請うている姿を見ているのは、いささか悲しかった。一部始終がマーリーの演技ならいいのにと、僕は心の底で願っていた。

僕はベニヤ板で、夜間に野生動物に襲われないように吊り上げ式のタラップがついた、A字型の鶏小屋をつくった。親切なドナが、雄鶏三羽のうち二羽を雌鶏と交換してくれた。そんなわけで、鶏小屋には雌が三羽と、テストステロンに突き動かされる雄が一羽同居することとなったが、この雄の生活は、目覚めているかぎり三つの行動で埋められていた。セックスの対象を追いかける、セックスする、そして、絶倫さを誇示するために自慢たらたら時をつくる。そのようすを見た妻は、人間の男も世の中の常識を捨てて、本能のままに生きていいとなれば、きっとあんなものだわねと呆れていたが、僕は否定できなかった。ある意味、幸運なやつだと、羨ましく思ったのは否定できない。

毎朝、鶏を小屋から出して庭を歩きまわらせたが、そのたびにマーリーは雄々しく吠えながら彼らを追いかけるものの、それを十数回もくりかえすと、疲れてあきらめた。マーリーの体の奥底では、遺伝子が「おまえはレトリーバーだぞ。あいつらは鶏だ。追いかけるべきだろ？」と呼びかけているらしかった。けれど、マーリーはやる気がなかった。まもなく、鶏たちはどたどた歩くクリーム色の獣がなんの害もなく、とりたてて厄介な存在でもないと知り、マーリーは羽の生えた新入りたちと庭を分けあうことを学んだ。ある日、庭で草むしりをしていると、マーリーと四羽の鶏が列をなして、マーリーは地面の匂いを嗅ぎながら、鶏は地面の虫をつつきながら、総勢五匹でこちらへやってくるのが見えた。それはまるで日曜日の長い散歩に出た旧友どうしのようだった。

「おいおい、鳥猟犬としての誇りはどうしたんだ？」僕はマーリーに苦言を呈した。マーリーは後ろ足を上げてトマトの苗におしっこをかけると、新しい友のほうへ足早に去っていった。

24 老いるということ

老犬は人間にいくつかの事柄を教えてくれる。いつしか時が流れて、体のあちこちが傷んでくるにつれ、命には限りがあって、それはどうしようもないことなのだと、マーリーは教えてくれた。妻も僕も、まだ初老には程遠かった。子どもたちは小さいし、僕らは健康で、老後の生活など水平線のはるかかなたの話だった。老いが忍び寄っていることを否定し、自分たちにはまるで関係ないかのようにふるまうのは簡単だったろう。だが、マーリーの存在が、そうさせてくれなかった。マーリーがしだいに老いて、耳が遠くなり、体にがたがくるのを見るにつけ、彼の寿命に限りがあるのは無視できなくなった――それは僕らとて同じなのだ。老いは生きとし生けるものすべてに忍び寄ってくるけれど、犬の場合は、その足取りが驚くほど急だ。一二年間という短いあいだに、元気な仔犬だったマーリーは、手に負えない若者になり、そして筋骨たくましい成犬から、足腰が弱った老犬へと変化した。一年ごとに、人間でいえば約七歳ずつ年齢を重ねて、気がつけば、九〇歳に向かう坂を下っていた。

輝くばかりに白かった歯は、茶色く変色し、しだいに磨り減って残り少ない。四本あった犬歯は、雷恐怖症のパニックを起こして必死の逃亡を試みるたびに傷んで、もう一本しか残っていない。いつもちょっと生臭かった息の匂いは、日にさらされた大型ごみ収集容器の匂いと化した。鶏糞肥料と呼ばれる悪名高いごちそうの味を覚えたことが、それにさらに拍車をかけた。マーリーがまるでキャビアを食べるように、そのごちそうをぱくつくのは、僕らから完全な顰蹙《ひんしゅく》をかっていた。

消化機能は昔の完璧さとはほど遠く、まるでメタンガス発生工場のようなありさまだった。部屋のなかでマッチをすったなら、たちまち家全体が吹っ飛ぶのではないかと思える日さえあった。マーリーは音もなく充満する致死性の腸内ガスを部屋中に満たし、ガスの量は僕らが夕食に招待する客の数と直接的な相関関係で増加した。「マーリー、もうやめてよ！」子どもたちは声をそろえて叫び、われ先に避難した。ときには、マーリー自身も避難することさえあった。気持ちよさそうに眠っているマーリーの鼻孔に、自分のおならの匂いが届く。と、彼はぱっと目を開けて、〈なんだよ！　だれがやったんだ？〉といわんばかりに顔をしかめる。そして、すっと立ち上がると、そしらぬ顔で隣の部屋へ移動するのだ。

おならをしていないときには、マーリーはそとでうんちをしていた。というか、少なくともその準備態勢にあった。しゃがみこむ場所を執拗に選ぶこだわりは、強迫観念とも思えるほど強くなっていた。用を足させてやろうとそとへ出すたびに、満足できる場所を探すのにかかる時間はしだいに長くなった。あちこち行ったり来たりして、止まっては匂いを嗅ぎ、ためらい、地面をひっかき、くるくる円を描いて回り、ふたたび移動し、そうして場所を選んでいる間ずっと、にんまりした笑みのような表情を浮かべている。そうしてマーリーが用を足すのに最適な涅槃《ねはん》の場を探しているあいだ、僕は雨の日も雪の日も、昼も夜も、たいていは裸足で、ときにはボクサーショーツ一枚の姿で、戸外に立ってじっと待っていた。経験からして、放っておけばそのままあちこちさまよって、あげくは丘を登ってよその犬に会いに行ってしまうとわかっていたので、目を離せなかったのだ。

逃亡はマーリーにとって楽しみのひとつになっていた。ふとした機会があって、だれにも気づかれずにやってのけられそうだと思えば、マーリーは敷地の境界を越えて逃走した。というか、「逃走」という言葉は正確ではないかもしれない。マーリーはあちこち匂いを嗅ぎながら、茂みから茂みへとのろのろ歩いているうちに、どこかへ消えてしまうのだ。ある晩遅く、僕は眠る前の最後の散歩に出ようと、マーリーを玄関ドアから連れだした。積もった雪をぬかるませる凍てつく雨が降っていたので、僕は玄関のクローゼットからレインコートを取ろうとなかへ戻った。目を離したのはほんの一瞬だったのに、そとへ出ると、マーリーが消えていた。僕は庭を歩きまわり、口笛を吹いたり手を叩いたりして呼びかけた。きっとマーリーの耳には届かなかったろうが、近所の人たちの耳には届いたにちがいない。二〇分ほどのあいだ、雨のなか、長靴にレインコート、そしてボクサーショーツというへんてこな格好で、近隣の家々の庭をくまなく捜索した。よその家のポーチに電気がつきませんようにと、僕は本気で願った。そのうちに、怒りがこみあげてきた。〈こんなときに、いったいどこへ逃げだしたんだ？〉。けれど、時間が経つにつれて、怒りは心配へと変わった。老人ホームからさまよい出た老人が三日後に雪のなかで凍死しているのが発見されたという、新聞記事が脳裏をよぎった。僕は家に戻って、二階で眠っていた妻を起こした。「マーリーがいなくなった。捜したけど、どこにもいないんだよ。氷みたいな雨が降ってるのに、そとにいるんだ」心配でたまらなかった。妻はさっと起きて、ジーンズとセーターを身につけ、長靴を履いた。二人で手分けして、さらに広範囲に見てまわった。妻が丘を登りながら口笛を吹いたり名前を呼んだりしている一方で、僕は小川に浸かって意識を失って倒れているマーリーの姿を想像しながら、暗い森へ分け入った。

そうこうするうちに妻と出会った。「いた？」僕が訊いた。

「いないわ」妻は答えた。

僕らはずぶぬれだったし、ズボンなしの僕の足は寒さでずきずき痛んでいた。「いったん家に戻ろう。少し暖まってから、車で捜しに出るよ」僕は提案した。そして斜面を降りて、車寄せまで戻った。すると、張りだしたベランダの陰になっているところにマーリーがいて、僕らが戻ってきたのを見つけて大喜びしていた。殺してやろうかと思った。そういうわけにもいかないので、室内に入れて、タオルで全身をふいてやっていると、濡れた犬の匂いがキッチンに充満した。真夜中の小旅行に疲れはてたマーリーは、死んだように眠り続け、翌日の昼近くまでぴくりとも動かなかった。


マーリーの視力はすっかり衰えて、ほんの三メートル先をウサギが駆け抜けても気づかないようすだった。毛が大量に抜けて、妻は毎日掃除機をかけていたが、とうてい追いつかなかった。犬の毛はいつのまにか家中いたるところ、衣装ダンスのなかにまで入りこみ、料理にまぎれこんでいることも少なからずあった。以前から抜け毛はあったけれど、雪で表現するなら、にわか雪程度だったものが、いまや完全なる大風雪になっていた。マーリーが体を震わせるたびに抜け毛が周囲に舞いあがり、すべての表面を覆った。ある夜ソファーで足をぶらぶらさせてテレビを観ていた僕は、素足で何気なくマーリーの尻をなでていた。画面がコマーシャルになって、ふと足元に目を落とすと、僕がなでたところにグレープフルーツ大の毛のかたまりができていた。毛玉は風に吹かれて平原を転がる回転草のように、木の床を転がっていった。

一番心配なのは足腰で、もうなかなか思いどおりには動かなくなっていた。いつのまにか悪化した関節炎のせいで、足腰が弱って、痛みがひどいようだった。昔はまるで野生種の放牧馬のように僕を背にまたがらせても平気で、ダイニングテーブルを肩の力で放りだせるほどだったのに、自力で立ち上がるのさえ苦しそうだ。床に座りこんだり立ち上がったりするたびに、苦しそうにうめき声をもらす。ある日、尻を軽く叩いただけで、まるで体当たりをくらったようにがくんと座りこんだのを見て、僕はようやくマーリーの足腰がどれほど弱っているか実感した。マーリーは確実に老いていた。それを見るのはつらかった。

二階まで階段を上がるのもかなりむずかしくなったが、マーリーは一階でひとりで眠るのを拒み、階段の下に寝床をしつらえてやっても納得しなかった。僕らを愛し、僕らの足元で休むのを愛し、マットレスにあごをのせて、眠っている僕らの顔に息を吹きかけるのを愛し、シャワーカーテンのすきまから顔を出して水を飲むのを愛し、けっしてそれをやめようとしなかった。毎晩、妻と僕が寝室へ引っこむと、マーリーは階段の下でやきもきしていた。悲しげに鼻を鳴らし、かん高く啼き、行ったり来たりしながら、ついこのあいだまで一足飛びに駆けのぼれた階段を眺めては、勇気を試すかのように前足をかけてみる。階段の上から、僕は「来い。さあ、できるよ」と呼びかけた。しばらくそうしているうちに、マーリーは階段の陰に姿を消したかと思うと、助走距離をとって、肩に全身の体重をかけて踏みきって登ろうとする。首尾よく成功することもあったが、途中でエンストして、下まで戻って、また仕切りなおしすることもあった。かわいそうに、すっかり足場を失って、不名誉にも腹でずるずる落ちていくこともあった。上まで運んでやるには重すぎたので、いつしか僕が後ろ足を支えて階段に上げてやり、マーリーが前足でつぎの段に飛びつくという形で、階段登りを手伝ってやるようになった。

階段がこれほどの難所になったのだから、マーリーは上り下りをできるだけ避けるようになるだろうと僕は思った。常識で考えれば、あまりにも大変だからだ。ところが、それがいかに苦難の道のりだろうと、たとえば僕がちょっと本が欲しいとか電気を消したいとかで階下へ行くと、マーリーはたちまち立ち上がって足を引きずりながらついてきた。となれば、すぐ後には、彼は苦難の階段登りをくりかえさなければならないのだ。

妻と僕は、夜になってマーリーが二階に上がったら、絶対に階下へ行かせないよう注意深く行動するようになった。マーリーは耳も遠くなったし、眠っている時間も長く、眠りも深くなっているようだから、そっと行動すれば気づかないだろうと、僕らはたかをくくっていた。けれど、彼はこちらの行動を逐一把握していたらしい。僕がベッドで本を読んでいれば、マーリーはすぐ隣の床で大いびきをかいて眠っている。僕は細心の注意を払って、そっとベッドからすべり出て、忍び足で歩き、ドアのところで振り返ってマーリーが眠っているのを確かめる。ところが、階下へ降りて二、三分もしないうちに、僕を捜して階段を降りてくる重い足音が響くのだ。耳も遠く目も不自由なのに、マーリーのレーダーは明らかに良好に働いていた。

夜だけではなく、昼間もずっとそんな調子だった。僕がキッチンのテーブルで新聞を読み、マーリーが足元で丸まっているとき、ふと僕がコーヒーをつぎたそうと歩きだす。もちろん僕はマーリーの視野のなかにいるし、すぐに元の場所に戻るのに、マーリーはわざわざ骨折って立ち上がり、とぼとぼついてくる。そして、ポットからコーヒーを注いでいる僕の足元にやっとのことで居心地よく座りこむのだが、僕がテーブルに戻れば、またもや体を引きずるようにしてついてくる。しばらくして、ステレオをつけようと居間へ行けば、マーリーもよたよた立って後を追うのだが、僕の足元でいつものごとく円を描いてから苦しげなうめき声とともに座りこむころには、もう僕は戻ろうとしている。万事がそんな調子で、僕だけでなく妻や子どもたちに対してもくっついて離れないのだった。

老いがマーリーの体力を奪うにつれ、元気な日とそうでない日との波が大きくなった。体調の波は短時間でも大きく変化し、表裏一体となって、それが同じ犬とは思えないほどだった。

二〇〇二年春のある晩、僕はマーリーを庭へ散歩に連れだした。摂氏五度ほどの外気は冷たく、風が強かった。すがすがしい空気に誘われて、僕が走りはじめると、マーリーも元気を取り戻したのか、昔のように僕の横を駆けはじめた。僕は思わず、「あれっ、マーリー、おまえもまだ仔犬みたいなところがあるじゃないか」と大きな声をかけた。早足で玄関まで戻ると、玄関前の階段で、マーリーは舌をだらりと垂らしてうれしげに荒い息を吐き、目を輝かせていた。

――だが、いざ腰を上げようとした瞬間、マーリーは二段をひとまたぎにしようと飛びついたものの、腹は階段にのっかり尻は歩道に崩れ落ちた格好で、腰砕けになって、階段に前足をかけたものの、ぶざまにつっかえてしまった。そうしたまま、いったいどうしてこんな情けないことになったのか、わけがわからないとばかりに、僕を見上げた。僕が口笛を吹き、両手で膝の上を叩いて、さあ来いとうながすと、マーリーは登ろうとして前足を階段に雄々しく打ちつけたが、むなしかった。腰が立たないのだ。「さあ、がんばれ、マーリー!」声を張りあげても、マーリーは動けない。とうとう僕はマーリーの脇の下に手を入れて、四本の足で立てるように歩道へ降ろしてやった。すると、数回くずおれた後、ようやくマーリーは立ち上がった。そして、後退して、確かめるように階段を眺めてから、大またで登って家のなかへ入っていった。その日を境に、階段登りのチャンピオンとしての彼の誇りはうち砕かれた。ささやかな二段の階段を上がるたびに、マーリーはまず止まって、ちょっと困った顔をした。

本当に、老いるというのはじつに厄介な話だ。威厳を失うことでもある。

人生の短さを、喜びの移ろいやすさを、そして機会を逃すのは簡単だという事実を、マーリーは僕に実感させた。誰だろうと、金を掘り当てるチャンスは一度だけ、人生は一度きりなのだ。ある日、今日こそはカモメを捕まえるのだと確信して大海へ泳ぎだした犬が、気がつけば、水入れから水を飲みたくてもうまく屈めないほど衰えている。

「自由か、しからずんば死を与えよ」と演説した愛国者パトリック・ヘンリーにしろ、誰にしろ、人生は一度きりなのだ。そう考えると、僕はいつも同じ疑問にたどりついた。園芸誌の編集をしている僕は、本当に生きたい人生を生きているのだろうか？　この仕事にやり甲斐がないという意味ではない。それどころか、僕は自分の仕事を誇りに思っていた。けれど、新聞の仕事がどうしようもないほど恋しかった。読んでくれる人々も、記事を書く人々も、たまらなく懐かしかった。日々つくられる大きな歴史のまっただなかにいて、僕なりのささやかなやり方で世の中を変える手助けができると感じられる生活が懐かしかった。締め切りに追われてアドレナリン全開で原稿を書いたり、翌朝になって自分の記事への反響で受信メールが一杯になっているのを見つけたりする暮らしが懐かしかった。なによりも、物語を語ること自体が懐かしかったのだ。あんなにも自分に適した大好きな仕事だったのに、僕は大胆にも雑誌を管理する側に渡ってきて、ぎりぎりの予算や広告主からの厳しいプレッシャーやスタッフの世話に頭を悩ませ、誰からもありがとうと言ってもらえない裏方の編集作業にあけくれていた。

あるとき昔の同僚が何気なく教えてくれた「『フィラデルフィア・インクワイアラー』が主任コラムニストを探してるよ」という言葉に、僕はなんのためらいもなく飛びついた。コラムニストの職につくのは、たとえもっと小さな新聞社でもとてもむずかしいし、空席ができたとしても、記者として長年にわたって実力を証明してきたベテランのスタッフが、内部昇格という形でひきつぐことが多い。『インクワイアラー』は高く評価されており、当時すでに一七回もピューリッツァー賞に輝いていたアメリカ有数の新聞社だ。僕はかねてから愛読者だったが、幸運にも、編集長が会ってくれるという話になった。ありがたいことに、もしコラムニストの職につけたとして、引っ越しをする必要もないのだ。オフィスはペンシルベニア・ターンパイクを四〇分ほど下った場所にあって、十分に通勤圏内だった。僕はあまり奇跡を信じないほうだけれど、このときはすべてが神さまの計らいのようにうまく運んだ。

二〇〇二年一月、ガーデニングの作業着を脱いで、『フィラデルフィア・インクワイアラー』の記者章を身につけた。それはまちがいなく僕の人生で最高に幸せな日だったろう。僕はコラムニストとして、本来居るべき場所であるニュース編集室に復帰した。

新しい職場に入って数カ月後、二〇〇三年初の大暴雪がやってきた。土曜日の夜に降りはじめた雪は、翌日になってやんだときには六〇センチも積もって、地表を覆う分厚い毛布になっていた。交通手段などが復旧するまでの三日間、子どもたちの学校は休みになり、僕も自宅から原稿を送った。僕は隣人から噴射式除雪機を借りて、車寄せの雪をどかし、玄関へと続く細い通り道をつくった。マーリーには、その小道から出て深い雪のなかを通り抜けるのはもちろん、高い雪の壁を登って庭に出るのも無理だと思ったので、用を足せるようにと、除雪した道の脇に小さなスペースを掘ってやった——子どもたちはそこを「小部屋」と名づけた。だが、その場所を使わせてみようとそとへ呼んだところ、マーリーは疑りぶかく雪の匂いを嗅ぐばかりだった。マーリーは自然の求めに応える場所はかくあるべきという特別な基準を持っていて、あきらかにその小部屋は彼の基準に合致していないようだった。マーリーは片脚を上げておしっこをしたが、そこで一線を画した。〈ここで、うんちしろって？　ピクチャーウィンドウのすぐ前で？　冗談だろ？〉。マーリーはくるりと振り返ると、堂々たる足取りで滑りやすい玄関前の階段を登って、室内へ入っていった。

その晩、夕食の後で、もう一度連れだすと、さすがのマーリーもさっきほどの余裕はなかった。かなりせっぱ詰まった状態だった。除雪した狭い通路をせわしなく行ったり来たりして、小部屋へ入ったものの、また車寄せに出てきて、雪の匂いを嗅いだり、凍った地面をひっかいたりした。〈だめだ。ここじゃ、だめ〉。止めるまもなく、マーリーは必死に雪の壁によじのぼり、一五メートルも向こうのストローブマツの木立めざして雪のなかを進みはじめた。僕は信じられなかった。関節炎にやられ、老いぼれた犬が、苦難の旅に出発したのだ。一、二歩進むごとに、腰ががくっと落ちて、体が雪に沈みこむので、そのたびにマーリーは腹這いになったまま少し休み、ふたたび雪のなかを進もうとする。まだ力が残っている前足を駆使して、体をひきずるようにしながら、深い雪のなかをゆっくりと、痛々しげに前進した。僕は車寄せに立ったまま、もしマーリーが途中で立ち往生して一歩も動けなくなったら、いったいどうやって助けようかとやきもきしていた。けれど、マーリーは重い足取りながら、とうとう一番近いマツの木にたどりついた。と、どうして彼がそこをめざしたのか、僕は理解した。それなりの目算があったのだ。マツの木の密生した枝の下には、雪は数センチしか積もっていない。木が傘の役目をはたしているからだ。木の根元に入ってしまえば、深い雪に邪魔されることなく動けるし、気持ちよくしゃがんで用を足せるわけだ。なるほど頭がいい、と認めないわけにはいくまい。マーリーは日々の貢ぎ物を捧げる価値ある祭壇の位置を定めようと、いつもの手順どおり、くるくる回り、匂いを嗅ぎ、地面をひっかいた。が、驚いたことに、居心地のいいシェルターを放棄して、深い雪のなかへ戻り、隣の木をめざしはじめた。最初の木の下は、僕には完璧な場所に思えたのに、マーリーの厳正なる審査基準には合格しなかったらしい。

やっとのことでマーリーは二本目の木にたどりついたが、またしても、かなり慎重に回ったあげく、そこも納得できないと決めた。そこで、三本目をめざし、さらに四本目、五本目と進んで、ますます車寄せから離れていった。僕は呼び戻そうとしたが、悲しいかな、マーリーの耳は聞こえない。「おーい、マーリー、動けなくなるぞ！」僕は叫んだ。マーリーは断固たる決意で雪をかいて前進した。必死の探索だ。とうとう、敷地内のはずれに立つ木まで到達した。学校へ行く子どもたちがいつも通学バスを待っている場所のそばの、枝がとりわけ密集したトウヒの大木だ。そこには凍った地面が、ほとんど雪に覆われていない秘密の地面があった。マーリーはほんの数回だけ円を描くと、老いて関節炎に痛めつけられた足腰をきしませながらしゃがみこんだ。とうとう安息の地を見つけたのだ。やった！

任務を遂行すると、マーリーは家へ向かってふたたび長い旅をはじめた。雪と格闘しているマーリーを見つめながら、僕は腕を振りまわし、手を叩いて、「さあ、来い！　がんばれ！」と励ました。だが、その姿はいかにも疲れきっていたし、道のりはまだまだ遠かった。「止まるな！」僕は叫んだ。車寄せまで一〇メートル弱というところで、マーリーは力尽きた。もう限界だった。すっかり足が止まり、疲れはてて雪に横たわっていた。苦しんでいるようすはなかったが、くつろいでいるようにも見えなかった。マーリーは不安そうに僕を見た。〈どうしたらいい、ボス？〉と。どうすればいいかわからなかった。雪をかきわけて近づけたとして、それからどうしよう？　抱いて運ぶには重すぎる。僕はしばらく車寄せに立ったまま、なんとか励まそうとしたが、マーリーは動かなかった。

「待ってろよ。長靴を履いて、そっちへ行くから」僕は声をかけた。マーリーをそりにのせて家まで運ぼうと考えたのだ。そりを手に近づく僕にマーリーが気づいた瞬間、僕の計画は無用になった。マーリーが急に元気を取り戻して、立ち上がったのだ。ひょっとしたら、森に突っこみ、小川へ落ちた、恐怖のそり遊びを思い出して、もう一回やりたくなったのかもしれない。マーリーはまるでタール坑にはまった恐竜のようなもつれた足取りで、僕のほうへ向かってきた。僕は先に立って雪をかきわけ、あとに続く彼のために踏みならし、マーリーはほんの少しずつ進んだ。やっとのことで、僕らは雪の壁を乗りこえ、車寄せに降り立った。ぶるっと体を震わせて雪を払いのけたマーリーは、僕の膝に尻尾を強く叩きつけ、うれしそうにはしゃいで跳ねまわった。未知の自然に挑戦する苦難の旅をなし遂げた冒険家のように、いかにも意気揚々としたようすだ。たしかに、マーリーがこれだけのことをやってのけたのは驚きだった。

翌朝、僕は敷地のはずれのトウヒの大木まで、シャベルで雪をかいて細い道をつけ、マーリーはその場所を冬のあいだずっと、専用トイレに使った。当面の危機は回避されたが、さらなる大問題が脳裏をよぎった。いったいいつまで、マーリーはこうしていられるのだろう？　そして、いつの時点で、痛みと老年の不名誉が、まどろみがちなのんびりした日々にマーリーが見いだしている単純な満足にうち勝ってしまうのだろうか？

25　奇跡の生還

夏休みになると、妻はミニバンに子どもたちを詰めこんで、ボストンの姉の家へ一週間ばかり遊びに出かけた。留守番の僕には仕事がある。となれば、僕がいないあいだ、マーリーはひとりぼっちで、そとへ出してもらえないということになる。加齢から生じたこまごました困りごとのなかで、とりわけマーリーを苦しめたのは、下《しも》の我慢がきかなくなったことだった。長年やりたい放題で暮らしてきたマーリーだが、家のなかで粗相することだけは決してなかった。それだけは僕らの自慢の種だった。生後ほんの数ヵ月の仔犬のころから、室内でもらしてしまうことはけっしてなく、たとえ一〇時間でも一二時間でも我慢していた。膀胱は鉄で、腸は石でできているんじゃないかと、僕らはよく笑ったものだ。

それが、この数ヵ月ですっかり変わってしまっていた。今では数時間ほどしかもたない。いったん催したら我慢ができないので、もし僕らがいなくてそとに出してやれなければ、家のなかでするしかない。それはマーリーにとってなによりつらいことで、粗相してしまったときには、家に帰ると、マーリーのようすですぐにそうとわかった。いつものように玄関でうれしそうに出迎えるのではなく、隅のほうで、頭が床につくほどうなだれて、尻尾をだらりと垂らして立っている。僕らはそのことでは絶対に彼を叱らなかった。そんなこと、とうていできなかった。マーリーはもうすぐ一三歳、ラブの寿命とされる年齢だ。自分ではどうしようもないのだと僕らにはわかっていたし、マーリー自身もそうとわかっているようだった。もし口がきけたなら、マーリーはきっと自分の不甲斐なさを嘆いたろうし、できるかぎり一生懸命に我慢したのだと訴えたことだろう。

妻はカーペットを掃除するためのスチーム・クリーナーを買い、僕らはスケジュールを都合して、家に誰もいない時間が数時間以上にならないようにつとめた。学校でボランティアをしていた妻は、いそいで帰宅してマーリーをそとへ出してやった。僕はメインコースとデザートの合間にディナーパーティーを抜けだして、マーリーの散歩をした。もちろんマーリーは、庭であちこち匂いを嗅いだり、円を描いたりして、できるだけ散歩の時間を長引かせた。友人たちはみんな、グローガン家の本当のご主人様は誰なんだと笑っていた。

妻と子どもたちがいないあいだに、僕もやるべきことがたくさんあった。勤務時間外に、地域のいろいろな場所に足を運んで、コラムの題材にしている町や人々について理解を深めるには、またとない機会だった。通勤にもそれなりに時間がかかるので、僕は一〇時間から一二時間は家を離れている。マーリーがそれほど長時間我慢できるはずがないし、その半分の時間でさえ無理だろう。そこで、毎年夏休みの旅行をするときに利用していたペットホテルにマーリーを預けることにした。そこは大きな動物病院が併設していて、家にいるような手厚い世話は期待できないにしても、専門家がいるから少しは安心だった。だが、いつも行くたびに、ちがう獣医が出てきて、マーリーのことはカルテに書いてあることしか知らないように感じられた。僕らは僕らで、獣医たちの顔と名前が一致しなかった。マーリーのことならなんでも知っていて、家族同様になっていたフロリダのドクター・ジェイとはまるでちがって、彼らは見知らぬ他人だった――有能な他人であっても、他人は他人だ。それでも、マーリーはとくに気にするようすはなかった。

「ワディ、わんちゃんキャンプね」コリーンがうれしそうに言うと、マーリーはそれもありえると思うくらい、ぱっと元気になった。僕らは冗談を言いあった。ペットホテルはマーリーにどんなアクティビティを用意してるんだろうかと。九時から一〇時は穴掘り、一〇時一五分から一一時は枕裂き、一一時五分から一二時まではごみ箱あさり……。

僕は日曜日の夜にマーリーを送っていき、フロントデスクに携帯電話の番号を残した。マーリーは外泊するとかなりストレスを受けるほうで、ドクター・ジェイの診療所でさえそれは例外ではなく、僕はいつも多少不安を感じていた。預かってもらうたびに、帰宅したマーリーはやつれたようすで、いらいらしてケージの格子にこすりつけた鼻先が擦り傷になっていたし、家に帰るなり隅にへたりこんで死んだように眠るので、なかなか眠れなくてケージのなかをせわしなく歩きまわっていたのだろうと想像できた。火曜日の午前中、ダウンタウンのインディペンデンス・ホールの近くを訪れていたところ、携帯電話が鳴った。「ドクターがお話ししたいそうです」ペットホテルの女性からだった。獣医の名前はまたしてもはじめて耳にするものだった。すぐに、女性獣医が電話口に出た。「マーリーが大変なんです」彼女は言った。

心臓が飛びだしそうなほど鼓動が激しくなった。「大変って？」

獣医の話では、消化不良を起こして、胃に食べ物や水や空気が溜まって膨れあがり、異常に拡張したうえ、ねじれて出口を失っていて、「胃拡張捻転症候群」という命に関わる状態だという。緊急に手術をしなければ数時間で死んでしまうかもしれないと、獣医は告げた。

口からチューブを入れて充満しているガスの大半を抜き、胃を減圧する処置をしたと、獣医は説明した。そして、胃内でチューブを操作して捻転した部分を元に戻し、今は鎮静剤を投与して眠らせてあるとのことだった。

「今は落ちついてる、ということですね？」僕は注意深く尋ねた。

「ええ。でも、あくまでも一時的なんです。当面の危機は脱しましたが、いったん捻転を起こしてしまうと、ほぼ例外なく、またくりかえしますから」

「それは、どれくらいの確率ですか？」僕は訊いた。

「はっきりいって、マーリーが捻転を起こさない確率は、一パーセントです」獣医は答えた。〈一パーセント？　冗談じゃないぞ。マーリーがハーバードに入る確率だってもっと高いじゃないか〉目の前が暗くなった。

「一パーセント？　それだけなんですか？」

「残念ですが、非常に重篤な状態です」

もしふたたび胃が捻転を起こせば――その可能性がきわめて高いという――選択肢は二つだった。ひとつは手術。開腹して胃を腹腔壁に縫いつけて固定するのだ。「手術費用は二〇〇〇ドルほどかかります」と獣医に言われて僕は驚いた。「それに、これはかなり負担が大きい手術です。マーリーのような老犬にとっては大変でしょう」と彼女はつけ加えた。手術が無事に成功したとしても、術後の回復は長く苦しい道のりなのだ。

回復しないまま死んでしまう犬もいるという話だった。

「まだ四歳か五歳というのなら、手術を強くお勧めしますが、なにしろこの年齢ですから、どうするかよく考えていただきたいのです」獣医は言った。

「手術できないとなれば、もうひとつの選択肢はなんですか？」

「残された選択肢は……」少しためらってから、獣医は答えた。「眠らせてあげることです」

「そんな……」僕は言葉に詰まった。

僕の頭はすっかり混乱していた。ついさっきまで、僕はリバティ・ベルに向かって歩きながら、いまごろマーリーはペットホテルの運動場でのんびりしているだろうなどと想像していた。なのにたった今、生きるか死ぬかの話をしているなんて。獣医の話が耳を素通りしてしまう感じだった。

マーリーのように腹部が深い体型の犬種は胃拡張になることが多いというのは、後になってから知ったことだ。早食いの犬――これもマーリーにあてはまる――もリスクが高いという。ペットホテルに預けられたストレスが引き金になるのではないかと疑う飼い主もいるが、ある獣医学教授の説によれば、研究したところ、そうしたストレスと胃拡張や捻転との関連は立証されなかったという。電話してきた獣医は、他の犬たちの存在に興奮したのが原因の一端だろうと話していた。マーリーはいつものようにまたたくまにドッグフードをたいらげ、荒い息をしつつ、盛大によだれを流し、周囲の犬たちを見て興奮していたそうだ。おそらく、そうして大量の空気と唾液を飲みこんだあげく、胃が膨張してしまい、伸びきって、捻転しやすい状態に陥ったのだろうと、獣医は考えていた。「しばらくようすを見ることはできませんか？もしかしたら、もう捻転しないですむかもしれませんし」僕は尋ねた。

「ですから、今はそうしています。ようすを見ているところです」獣医は可能性は一パーセントですとふたたび念を押して、さらにつけ加えた。「もし、また捻転したら、すぐに処置を決めていただかなくてはなりません。あまり苦しませるのは酷ですから」

「ともかく妻にも相談したいので、おりかえし電話します」僕は電話を切った。

携帯電話がつながったとき、妻はボストン湾の真ん中で、子どもたちと一緒に混みあった遊覧船に乗っていた。船のエンジン音や、スピーカーでしゃべっているガイドの声が背後に聞こえていた。電波の具合が悪いのか、会話はとぎれとぎれで要領を得なかった。向こうもこっちも、相手の声が満足に聞きとれない。僕は声を精一杯はりあげて、状況を説明しようとしたけれど、妻にはとぎれとぎれにしか伝わらなかった。マーリー……急に……胃が……手術……安楽死。

電話の向こうから、妻の声が聞こえてこなくなった。「もしもし、聞いてる？」僕は尋ねた。

「ええ、聞いてるわ」妻はそう言ったきり、また無言になった。いつかはこんな日が来るのだと知ってはいた。けれど、それが今日だとは思わなかった。妻や子どもたちがさよならも言えない遠くの町にいる日に。僕がマーリーのところから九〇分もかかる場所で仕事をしている日に。妻と僕は叫んだり、しゃべったり、たっぷり沈黙したりした結果、結局のところ、本当は選択の余地はないのだという結論に達した。獣医の言うとおりなのだ。マーリーの命の灯は消えかかっている。一縷《いちる》の望みにすがって、負担の大きい手術を老いたマーリーに強いるのは残酷な話だ。しかも費用もかなりかさむ。家もなく処分されてしまう望まれない不幸な犬たちのことを考えれば、さらにいえば、金銭的な問題からきちんとした医療を受けられないでいる子どもたちのことを思えば、年老いた犬にそれほどの大金をかけるのは理屈に合わないというか、道徳に反するようにさえ思えた。もしこれがマーリーの寿命なら、天寿をまっとうしたと受け入れるべきだし、尊厳を保って、苦しまずに逝ってほしかった。マーリーを失う心の準備などできていなかったけれど、受け入れなければならないのだと僕らは覚悟した。

僕は獣医に電話をして、決心を告げた。「もう歯はぼろぼろですし、耳も聞こえないし、足腰もすっかり弱って玄関前の階段さえ上がれないんです」彼女を説得しなければならないかのように、僕は説明した。「うんちするときだって、うまくしゃがめないんです」

するとドクター・ホプキンソンという名前だったその獣医は、助け船を出してくれた。「もう寿命なんだと思いますよ」彼女は言った。

「そうですね」そう答えたものの、知らぬまに手を下されるのはいやだった。できるなら、そばにいてやりたかった。「ただし、まだ一パーセントの奇跡を捨てたわけじゃありません」僕は彼女に釘を刺した。

「では、一時間後に、もう一度お話ししましょう」彼女が言った。

一時間後、ドクター・ホプキンソンの声はわずかながら明るかった。マーリーは前足に点滴をされながら、なんとか持ちこたえていた。生き残れる確率は五パーセントに上昇したという。「でも、あまり期待しすぎないでくださいね。重体であることに変わりはありませんから」彼女は冷静に言った。

翌朝、獣医の声はさらに明るくなった。「昨晩は落ちついていました」と彼女は言った。昼にこちらからもう一度電話すると、点滴がはずれて、米と肉をすりつぶしたものを与えはじめたということだった。「食欲も出てきたようです」彼女は教えてくれた。つぎに電話したときには、マーリーは立ち上がれるようになっていた。「いいニュースですよ。スタッフがそとへ出したら、おしっことうんちをしました」。僕は電話口で、まるでマーリーがドッグショーでチャンピオンになったかのように歓声をあげた。さらに獣医は、「気分もだいぶいいようです。ついさっき、ぐちゃぐちゃなキスをしてくれました」と続けた。よし、それでこそ僕らのマーリーだ。

「昨日はとうてい無理だと思いましたけれど、たぶん明日には連れてかえっていただけますよ」獣医の許しが出た。翌日、仕事を終えた僕は一目散にマーリーを迎えに行った。マーリーはひどいありさまだった――やつれて骸骨のようで、両目は弱々しく、目やにで覆われ、まるで死の世界へ足を踏み入れて戻ってきたかのようだったが、じつのところ、ある意味、まさにそうだったといえよう。ちなみに、八〇〇ドルの治療費を支払った僕も、かなり青ざめていたにちがいない。お世話になりましたと獣医に礼を言うと、彼女は「スタッフ全員がマーリーのことが大好きです。みんな心から応援してました」と言った。

僕は絶体絶命の九九対一の確率をはねかえした愛犬を車へ連れていき、「さあ、家へ帰ろう。僕らの我が家へ」と声をかけた。マーリーは後部座席がまるで手の届かないオリンポスの山であるかのように、悲しげな表情で見上げた。飛び乗ろうという素振りさえ見せなかった。スタッフに声をかけると、慎重に手伝ってマーリーを車に乗せてくれ、僕は薬と厳しい注意書きを持って家路についた。一度にたくさん食べることも、好きなだけ水を飲むことも許されない。水入れに鼻先を突っこんで、潜水艦ごっこをするのは永遠に禁じられた。今後は、餌は一日四回にわけて少量ずつ食べ、水の量もかぎられる――一度に与える量はカップ半分程度とされた。そうして注意深くしていれば、胃が落ちついて、拡張や捻転をくりかえすことはないだろうと獣医は期待していた。マーリーはまた、たくさんの犬が吠えたり動きまわったりしている大きなペットホテルにも、二度と泊まれなくなった。九死に一生を得るような思いをすることになった原因をつくったのはそれだと、僕は確信していたし、ドクター・ホプキンソンもその可能性を否定しなかったからだ。

その晩、マーリーを連れて家へ戻った僕は、居間で彼のそばに寝袋を並べて寝た。マーリーは二階の寝室まで上がってはこれないだろうし、ひとりぼっちで階下に放っておく気にはとてもなれなかった。僕がそばにいなければ、一晩中いらいらしているのは目に見えていた。「キャンプみたいだな、マーリー！」僕はそう言って、マーリーの隣に横たわった。頭から尻尾の先まで、何度もなでていると、毛がたくさん抜けた。目やにをふいてやり、満足してくーんと啼くまで耳をかいてやった。朝になれば、妻や子どもたちが帰ってくる。妻はマーリーに茹《ゆ》でた牛ひき肉と米の食事を少量ずつ何度にもわけて与えるだろう。我が家に飼われて一三年になるが、マーリーははじめて人間の食べ物の恩恵にあずかるのだ。残り物ではなく、彼のためだけにつくられた出来たての温かい食事だ。子どもたちはあやうく彼を永遠に失いかけたことなど知らずに、彼をぎゅっと抱きしめるだろう。

明日になれば、家は陽気で騒がしく、活気に満ちることだろう。だが今晩は、僕とマーリーと二人だけ。マーリーの隣に横たわって、顔にかかる息の匂いを感じていると、ずっと昔、ブリーダーの家から連れてきた最初の晩を思い出さずにはいられなかった。仔犬のマーリーは母親を求めてくんくん啼いていた。根負けした僕はマーリーをダンボールの寝床ごと運んできて、ベッドの隣に置き、腕をのばしてなでているうちに、いつしか一緒に眠りに落ちた。あれから一三年、僕らはこうして離れずにいる。仔犬のころ、若犬のころ、ずたずたにされたソファー、食いちぎられたマットレス、水路沿いの散歩、ステレオの音楽に合わせて頬とあごを寄せて踊ったダンス、思い出がつぎつぎに去来した。マーリーが飲みこんだ品々、くすねた給料小切手、そして犬と人間が心を通いあわせたかけがえのない瞬間。これまでの年月、マーリーはなんとすばらしい、なんと忠誠心にあふれた伴侶だったことか。マーリーとの年月は、じつに貴重な旅路だった。

「ほんとに心配したんだぞ」かたわらでだらりと寝そべっているマーリーの体に腕をまわしてやさしく叩きながら、僕はささやいた。「我が家へ生還してくれて、うれしいよ」

床に並んで横になり、マーリーは尻を半分僕の寝袋にのっけて、僕は腕をマーリーの背中に放りだしたまま、僕らは眠りについた。夜中にふと目覚めると、マーリーは肩をちぢめ、足をぴくぴくさせながら、喉の奥のほうから、まるで咳みたいに聞こえる仔犬のころの吠え声をたてていた。夢を見ているのだ。きっと夢のなかでは、若く力強い犬なのだろう。そして、明日の心配とはまるで無縁で、駆けまわっているにちがいなかった。

26 借り物の時間を生きて

死の淵をのぞいたマーリーは、その後数週間でみるみる回復していった。両目には悪戯っぽい輝きが、鼻には冷たい湿り気が、骨のまわりにはささやかな肉が戻った。つらい体験は、マーリーの心に暗い影を落とすことはなかった。マーリーは日がな一日うたた寝して過ごす生活に満足し、陽光があふれて毛皮を温めてくれる、居間のガラス戸の前を気に入っていた。一日数回に分けて少量ずつ与えられる食事のせいで、マーリーはいつも飢えていて、それまでにも増して、恥も外聞もなく食べ物をねだったり盗み食いしたりするようになった。ある晩のこと、誰もいないキッチンで、立ち上がってカウンターに前足をかけ、ライスクリスピーをくすねようとしているマーリーを発見した。足腰があれほど弱っているのに、いったいどうやって立ち上がったのだろう。病気なんてくそくらえとばかりに、食い意地が体の衰えに勝ったのだろうか。僕はマーリーを抱きしめたかった。思いがけないほどの力がまだ残っているとわかって、とてもうれしかったのだ。

夏の騒動があったからには、マーリーの老化を否定するのはやめるべきだったが、僕らはあれは例外的な出来事だったのだと都合のいい解釈をして、マーリーの永遠に続く元気な晩年がまた再開したのだと思うようになっていた。マーリーは永遠に元気なのだと思いたい気持ちが心にあるのは、どうにも否定できなかった。あちこち弱っていても、マーリーは以前と変わらぬ楽天的な犬だった。毎朝、食事を終えると、急ぎ足で居間へ向かい、鼻先と口をソファーに擦りつけながら歩いてナプキン代わりに使い、ついでにクッションを弾きとばす。ソファーの端まで行くと、方向転換して、こんどは口の反対側をきれいにしながらこちらへ戻ってくる。つぎには、仰向けに寝転がって、体をくねくね動かして床に押しつけて背中をかく。腹這いになって、まるでカーペットがこのうえなく美味しい肉汁で覆われているみたいに、うっとりしながらなめまくるのも大好きだ。その他の日課として、郵便配達員に吠える、鶏のようすを見に行く、小鳥の水飲み台を見つめる、飲み水が垂れていないかどうかバスルームを見まわる、なども欠かさない。毎日何度か、キッチンのごみ箱の蓋を開けて、なにかごちそうがないか調べる。ラブラドール・イベイダー・モードに入って、家具や壁に尻尾を打ちつけながら家中を逃げまわるのも毎日のことで、僕が口をこじあけると、ありとあらゆる日用品のがらくたが見つかるのもまた、毎日のことだった。ポテトの皮、マフィンの包み紙、捨てたティッシュやデンタルフロス、とにかくなんでも出てきた。歳をとっても、変わらないところは変わらないのだ。

二〇〇三年の九月一一日が近づくころ、僕はペンシルベニア州郊外の小さな鉱山町シャンクスビルへ車を走らせた。二年前に起きた同時多発テロの際に、ハイジャックされたユナイテッド航空九三便が墜落した場所だ。ハイジャッカーたちはワシントンD.C.のホワイトハウスあるいは連邦議事堂への突入を意図していたとされ、勇敢な乗客たちがコックピットに突入して、地上の多くの人々の命を救ったのだ。悲劇から二年が過ぎ、犠牲者への追悼のためにも、現地を訪ねて、事実を再確認し、あの出来事がアメリカ人の心に刻んだ影響を伝えてくれと、編集長は僕に指示した。

僕は墜落現場に丸一日いて、急ごしらえの慰霊碑のそばに佇んでいた。途切れなく訪れては敬意を表していく訪問者たちと話をし、墜落時の爆発のものすごさを憶えている地元の人にインタビューし、愛娘を交通事故でなくしたという女性から、ここへ来て悲しみを共有することで心が慰められるという話をきいた。そうして、砂利敷きの駐車場に満ちている、数多くの記憶や思い出を詳細に記録した。それでも、まだ、どんなコラムを書けばいいのか決めかねていた。この途方もない悲劇について、語り尽くされていないことはなんだろう？　町で夕飯を食べながら、僕は必死に自分のメモを読み返した。新聞のコラムを書くことは、レンガを積んで塔を築くのによく似ている。情報や、具体的な事柄や、心を捕らえた瞬間が、一つひとつの石積みになる。まずは、頭にある前提を支えるのに十分な強度を持った広々した土台を築くことからはじめ、それから頂上めがけて地道に作業を続けるのだ。僕のノートは貴重なレンガで一杯だったけれど、それらをつなぎとめるモルタルが欠けていた。どうしたらいいのか、まるでわからなかった。

ミートローフとアイスティの夕食を終えて、原稿を書こうとホテルへ戻ることにした。けれど道すがら、ふと理由のわからない思いに動かされ、Uターンして町から数キロ離れている墜落現場にふたたび向かった。到着すると、ちょうど夕日が丘のかなたに沈んで、訪れていた最後の数人が立ち去ろうとしていた。周囲が黄昏から夕闇へと移りゆくなか、僕はそこにたったひとりで長い時間じっと座っていた。肌を刺す風が丘の上から吹き下ろし、僕はウインドブレーカーをしっかり着込んだ。頭上で、大きな星条旗が風に音をたててはためき、その色が薄れゆく太陽の光のなかできらめいて見えた。と、その瞬間、この神聖な場所がもたらす感情が僕を包み、この寂しい場所の上空で起きた出来事の重要性がひしひしと迫ってきた。僕は九三便が墜落した地面を見つめ、星条旗を見上げ、涙がこみ上げるのを感じた。生まれてはじめて、僕は星条旗のストライプをかぞえた。赤が七本、白が六本。つぎに星をかぞえた。青地に五〇個の星。見慣れたはずの国旗が、まるでちがう意味を持つもののように見えた。墜落現場の星条旗は、勇気と犠牲を知らしめるべく、ここにこうして掲げられているのだ。

僕はポケットに両手を突っこんで、砂利敷きの駐車場のはじまで歩いて、しだいに濃くなる闇をじっと見つめた。そうして暗闇に立っていると、さまざまな思いが脳裏をよぎった。ひとつは、僕自身と同じアメリカ人であり、一般人である乗客たちが、みずからの死を覚悟しつつ立ち上がったときに心に抱いていたであろう誇り。もうひとつは、僕が今こうして、あの日の恐怖とは無縁に、夫として父親として物書きとして幸福な暮らしを享受して生き続けているのは、じつにありがたいことなのだという実感だった。孤独な暗闇のなかで、人生にはかぎりがあること、それゆえにとても貴重であることを、僕はあらためて痛感した。あたりまえだと思っている日々の生活は、じつは壊れやすく、不安定で、予測のつかないものであり、なんの予告もなく一瞬にして終わりを告げうるのだ。一日が、一時間が、そして一分が、愛おしむべき価値のあるものなのだという、自明でありながら見過ごしがちな事実を、僕は思い知らされた。

僕が思ったことはそればかりではなかった。これほど圧倒的な悲劇にすっかり心を奪われているというのに、それでもまだ人間の心には、日常生活の一部分である個人的な悲しみや痛みが忍び入ってくる隙間がある。僕の場合でいえば、それは衰えつつある老いた犬への思いだった。九三便が墜落したこのうえない悲劇の現場にありながら、僕は喪失の痛みが間近に迫っていることを思っていた。

九死に一生を得たマーリーは借り物の時間を生きていた。それがどれくらい続くのかはわからない。生命の危機はいつ起こってもおかしくなかったし、もし起これば、僕は運命に逆らって戦うつもりはなかった。ここまできて体に負担が大きい医学的処置を講じるのは、マーリーには酷であり、手術は彼のためというより、むしろ妻と僕のためと言えるものだろう。僕らはいかれた老いぼれ犬を愛していた。彼のすべてにかかわらず——というか、彼のすべてゆえに——愛してやまなかった。けれど、彼を旅立たせる日が近づいているのはわかっていた。僕は車に戻って、ホテルの部屋へ帰った。

翌朝、コラム記事を送ってから、家へ電話した。電話に出た妻が「マーリーがとっても寂しがってるわよ」と言った。

「マーリーが？　他のみんなはどうなんだい？」僕は尋ねた。

「もちろん、寂しいにきまってるでしょ、ばかね。マーリーはとってもとっても寂しいみたいよ。見てると、こっちまで、どうかしちゃいそう」

前の晩、僕を見つけられなかったマーリーは、家中をなんどもなんども歩きまわり、嗅ぎまわり、ドアの後ろやクローゼットのなかまで調べてまわったらしい。やっとのことで二階へ上がり、そこにも僕がいないとわかると、下へ戻ってきて、もう一度最初から捜しはじめたのだそうだ。「なんだかひどく元気がないみたいで」妻は言った。

マーリーは急な階段を下りて地下室を見に行くという危険まで冒したという。木の階段が滑りやすいので、最近では立ち入り禁止にしてしまったのだが、以前は、僕が地下の作業場でなにか作業をしていると、マーリーはいつも僕の足元でうたた寝していて、おがくずが散って彼の毛皮に柔らかい雪のように降り積もったものだった。昨晩マーリーは地下へ行ったきり上がってこれなくなって、哀れっぽく啼いたり鼻を鳴らしたりしていたので、妻と子どもたちが前後から引っぱったり押したりして、一段ずつ上がらせたそうだ。

寝る時間になると、マーリーはいつものように僕らのベッドの横ではなく、①僕が隠れん坊をやめて出てくる、②黙って出かけた僕が夜のあいだに戻ってくる、という可能性に備えて、すべての寝室と玄関が見渡せる階段の上の踊り場に陣取った。朝になって、妻が朝食をつくろうと階下に下りるときにも、まだマーリーはそこにいた。二時間経ってから、妻はマーリーがまだ下りてきていないのに気づいたが、それはいつにないことだった。毎日ほぼ例外なく、マーリーは先陣を切って階下へ行き、そとへ連れていけとばかりに玄関ドアに尻尾を打ちつけている。捜してみると、マーリーは僕のベッドの横でぐっすり眠っていた。そこで妻は一部始終を理解した。妻は起きるときに、無意識に自分の枕を――妻は枕を三つ使っている――僕の側に押しやり、上掛けの下に入りこんだ枕の山は、ふだんの僕の寝姿を思わせる形になっていた。アニメに出てくる近視の億万長者ミスター・マグーなみの視力しかないマーリーが、羽毛枕の山を僕だと勘違いしてもしかたがあるまい。「マーリーはあなたがそこにいるって思ってたみたい」妻は笑った。「きっとそうだと思うわよ。ああ、ここで寝てたんだって、安心したのね！」電話口で笑いあううちに、妻がぽつりと言った。「忠誠心だけは褒めてやらなきゃね」まさにそのとおりだ。僕らの犬はいつも、忠誠心ならだれにも負けなかった。

僕がシャンクスビルから戻ったわずか一週間後、いつか起こるだろうと心配していた重大危機がマーリーを襲った。仕事にでかけようと寝室で身支度をしていたら、大きな音がして、つづいてコナーの悲鳴があがった。「大変だよ！　マーリーが階段から落ちた！」。寝室から飛び出して見ると、マーリーは長い階段の下に倒れて、必死に立ち上がろうとしていた。あわてて駆けよった妻と僕は、マーリーの全身をさわって、足を一本ずつ握ったり、あばら骨をそっと押したり、背骨にそってなでおろしたりしてみた。骨はどこも折れていないようだった。マーリーはなんとか立ち上がると、ぶるっと身震いし、さほど痛そうなようすも見せずに向こうへ行ってしまった。コナーが落ちる瞬間を目撃していた。マーリーは階段を二段ほど下りたところで、家族がみんなまだ二階にいるのに気づいたらしく、急に回れ右をしたという。方向転換しようとした瞬間、腰砕けになり、体の重みで階段の下まで一気に転がり落ちたのだ。

「まったく、命拾いしたな、打ち所が悪かったら死んでたぞ」僕は言った。

「怪我しなかったなんて、信じられないわ。猫じゃないけど命が九つあるみたいね」妻が言った。

けれど、やはりマーリーは怪我をしていた。しだいに体の動きが悪くなり、僕が仕事を終えて晩に帰宅したときには、ぐたりと横たわって、全然動けなくなっていた。まるで強盗団に襲われたみたいに、体中どこもかしこも痛んでいるようだった。だが、起きあがれないでいるのは、左の前足のせいだった。左前足にはまったく体重をかけられないようすだ。ぎゅっと握ってみたが、啼き声はあげないので、たぶん骨には異常ないのだろうが、腱《けん》を伸ばしてしまったのだろう。マーリーは僕を見て、なんとか立とうとしたけれど、無理だった。左前足は使い物にならないし、後足は両方とも以前から弱っているので、どうしようもない。使える足は一本だけ、四本足の獣にとってはひどいハンディキャップだ。マーリーはやっとのことで立ち上がると、なんとか三本足で僕に近づこうとしたが、後足に力が入らず、床に尻餅をついた。妻がアスピリンを飲ませて、左前足に氷のうをのせた。そんな最中でもマーリーは遊び好きを発揮して、氷を食べようとしていた。

その夜一〇時半、マーリーは回復してはいなかったが、その日最後におしっこに出したのは昼の一時だった。もう一〇時間近くも我慢していた。歩けないマーリーをそとへ連れだして用を足させるには、いったいどうしたらいいのだろうか。マーリーの体をまたいで、脇の下に腕を入れ、胸を抱えるようにして立たせた。僕が支え、マーリーが足を引きずり、そうして一緒によたよたしながら玄関を出た。けれど、ポーチのところでマーリーは動かなくなった。そとは雨がこやみなく降り、大の苦手とする玄関前の階段は見るからに滑りやすそうに濡れている。マーリーはすっかり意気阻喪したようすだった。「さあ、行こう。さっとおしっこだけして、戻ってこよう」僕は誘った。でもマーリーには見るからに無理そうだった。言うことをきいて玄関ポーチで用を足してくれればどんなにいいだろうかと思ったけれど、年老いた犬に今さら急にそんなことを教える方法はなかった。マーリーはくるりと後ろを向いて室内へ入ると、まるで謝るようないかにも情けない顔つきで僕を見上げた。「あとでもう一度やってみようや」僕は言った。と、それをきっかけにしたかのように、マーリーが三本足でしゃがみかけたかと思うと、玄関ホールに満タンの膀胱の中身を放出し、体の周りにはみるみる水たまりができた。マーリーが家のなかで僕の目の前でもらす姿を見たのは、ほんの仔犬のとき以来はじめてのことだった。

翌朝、マーリーはまだ足を引きずるものの、前夜よりはよくなっていた。そとへ連れていくと、問題なくおしっことうんちを済ませた。妻と僕は二人で力を合わせて、玄関前の階段でマーリーを引っぱりあげ、家のなかへ入れた。「もしかしたら、マーリーはもう二度と二階を見ることはないかもしれないね」僕は妻に言った。階段登りが無理なのは目に見えていた。この先マーリーは、一階での暮らしに慣れなければならないだろう。

その日、二階の寝室でノートパソコンを使ってコラム記事を書いていると、階段から大きな音が響いてきた。僕は手をとめて、耳を澄ました。その音は、蹄鉄をつけた馬が踏み板を早足で歩くのを思わせる、どしんどしんという、とても耳慣れた音だった。寝室の入り口を見つめて、僕は息を止めて待った。まもなく、ドアの陰からマーリーが顔を出し、ぶらぶらと近づいてきた。僕を見ると瞳を輝かせた。〈あっ、ここにいたんだ！〉マーリーは僕の膝に頭をぶつけて、耳をかいてくれとせがんだ。彼にはそうしてもらう資格が十分あった。

「マーリー、やったじゃないか！　この老いぼれくん！　上がってこられるなんて、すごいじゃないか！」

一緒に床に座って、首のあたりを叩いてやると、マーリーは首をねじまげて、僕の手首にしゃぶりついて遊んでいた。これはよいしるしだ。マーリーのなかにまだ遊び好きな仔犬の心がある証拠だ。マーリーが静かに座って、なにもちょっかいを出さずにおとなしくなでられている日は、いろいろあってもう疲れたという日だった。前の晩、マーリーは死の入り口まで行ったけれど、最悪の事態はなんとか免れた。今日の彼は、荒い息をして、僕の手をひっかいたり、よだれでぬるぬるにしたりしている。彼の長く幸福な道のりは終わってしまったのだとばかり思っていたけれど、彼は戻ってきたのだ。

僕はマーリーの顔を持ち上げて、僕の目をのぞかせた。「そのときが来たら、教えてくれよ。いいだろ？」その言葉は、命令というよりむしろ問いかけだった。自分で決断しなければならなくなるのはいやだった。「おまえが教えてくれる、そうだろ？」

27 最高の犬、マーリーとの別れ

その年は冬の訪れが早く、日が短くなり、風が凍った梢を吹き抜けてうなるにつれて、僕らは居心地のいい家のなかに閉じこもるようになった。僕はひと冬分の薪を割って、裏口の脇に積みあげた。妻は愛情のこもったスープをつくり、自家製のパンを焼き、子どもたちはふたたび窓のそばに陣取って、そとを眺めては、雪の到来を待っていた。僕も初雪を心待ちにしていたものの、マーリーがあの厳しい冬をもう一度越せるだろうかと心配していた。前年の冬はマーリーにはかなりつらかったし、彼の体は一年のうちに一気にひどく衰えていた。凍りついた歩道や、滑りやすい階段や、雪に覆われた庭を、どうやり過ごすのだろうか。年老いた人々がなぜフロリダを好むのか、僕にもその理由がわかってきた。

風が吹きすさぶ一二月なかばの日曜日の夜、子どもたちが宿題や楽器の練習を終えると、妻がストーブでポップコーンをつくりはじめ、ムービー・ナイトにしましょうと宣言した。子どもたちは争ってビデオを選びはじめ、僕は口笛を吹いてマーリーを呼び、そとへ薪用のカエデの木切れを取りに出た。僕が木切れを薪入れに積みあげている横で、マーリーは凍った芝生をつっきまわり、風を顔で受けて立ち、まるで冬の訪れを占うかのように、湿った鼻で冷気を嗅いでいた。僕が作業を終えて、手を叩き、腕を振って呼ぶと、マーリーは後ろからついてきたが、玄関前の階段でちょっとためらってから、勇気をふりしぼって、よいしょとばかりに前のめりに登り、後足を引きずりながらついてきた。

室内では、暖炉の火が元気よく燃え、子どもたちがテレビの前に集まっていた。炎が踊り、周囲に温かさを放っていると見るや、マーリーはいつものように、彼にとって最上の席である暖炉の真ん前にさっと座りこんだ。僕は少し離れた床にごろりと横になり、クッションに頭をのせて、映画を観るでもなく炎を眺めていた。マーリーは温かい場所を失いたくはないものの、この機会を見逃すことはできなかった。目の前で、大好きな人間が、完全に無防備な状態で床に寝転んでいるのだ。さて、アルファ・ドッグは誰だ？　マーリーは尻尾をどしんどしんと床に打ちつけた。そして、身をくねらせてこちらのほうへ向かってきた。後足をだらんとさせたまま、腹這いで斜めに這い寄ってくるや、たちまち僕に到達し、あばら骨に頭をぐりぐり押しつけた。手をのばしてなでようとした瞬間、勝負がついた。さっと立ち上がったマーリーは、ぶるっと身震いして抜け毛を浴びせかけ、上から僕を見下ろした。たるんだあごの皮膚のうねりが、目の前に広がった。僕が思わずあげた笑い声を青信号だと受けとったマーリーは、こちらが状況を見きわめる暇も与えずに、僕の胸にまたがるやいなや、そのまま体重まかせにどすんと座りこんだ。「んぐっ！」僕はマーリーの重さにうめいた。「ラブの全身攻撃だ！」子どもたちが歓声をあげた。マーリーは事がうまく運んだ幸運を信じられないようすだった。僕は彼をどかそうともしなかった。マーリーは身もだえし、よだれを垂らし、僕の顔をなめまわし、首に鼻をこすりつけてくんくん嗅いだ。息もできないほど重かったので、しばらくして僕はようやく巨体の下から体半分ほど抜けだしたが、みんなが映画を観ているあいだずっと、マーリーは頭と肩と片足を僕にのせたまま、残りの部分は僕の体にぴったり押しつけていた。

誰にも言わなかったけれど、僕はもうこんなことはあまりないだろうと思い、そうしている貴重な時間にすがりついていたのだ。マーリーは波乱多き一生のすえの、平穏な黄昏にいた。後から思えば、暖炉の炎の前で過ごしたあの時間は、さよならパーティーだった。僕はマーリーが眠ってしまうまでずっと頭をなで、眠りこんだとわかってもまだなで続けた。

四日後、僕らはフロリダのディズニーワールドへの家族旅行のため、ミニバンに荷物を積みこんだ。子どもたちは家以外でクリスマスを過ごすのははじめてなので、興奮してはしゃぎまわっていた。その晩、翌早朝の出発に備えて、妻がマーリーを動物病院へ連れていった。獣医もスタッフも複数いる場所で、二四時間目を離さずに世話をしてくれ、よその犬たちに刺激される心配もないように、妻が手配していた。前年の夏に奇跡の生還を遂げた後、動物病院のスタッフたちはマーリーに好きなだけ穴掘りをさせてくれ、割り増し料金なしで特別に注意を払ってくれていた。

その晩、荷造りを終えた妻と僕は、犬のいない家はなんだか妙な気分だと語りあった。いつも足元にじゃれつき、行く先々に影のようについてまわり、ガレージにかばんを運びこむたびに、巧妙に僕らと一緒にドアをすり抜ける犬がいない。解放されたと言えなくもないが、子どもたちが跳ねまわっているというのに、家のなかは妙にがらんとして、うつろに感じられた。

翌朝、太陽が木立のてっぺんを照らすより早く、僕らはミニバンに乗りこんで南へ出発した。ディズニーワールドへの旅をこきおろすのは、親しくしている親仲間が得意とする冗談だ。「それだけあれば、一家でパリ旅行に行けるよ」と僕は何度ぼやいたことか。でも結局のところ、家族みんなが、反対していた僕までもが、おおいに楽しんだ。

急な病気や、疲れからくる癇癪、チケット紛失、迷子、きょうだい喧嘩といった、心配していた落とし穴は、すべてうまく逃れた。北へ帰る長いドライブも、アトラクションや食事やプールなど、楽しい体験の一つひとつを思い出して、褒めたりけなしたりしてやり過ごせた。メリーランド州のなかば、家まであと四時間というところで、携帯電話が鳴った。動物病院のスタッフからだった。マーリーがひどく元気がなくなり、足腰の状態もいつもより悪いというのだ。つらそうなようすだという。獣医がステロイドの注射と痛み止めを与える許可を求めていると、スタッフの女性は言った。どうかよろしくお願いします、と僕は答えた。できることはなんでもしてやってください、明日迎えに行きますからと言って、僕は電話を切った。

翌日の午後、妻が迎えに行くと、マーリーは疲れて元気がないようすだったが、見るからに状態が悪いというわけではなかった。ただ、電話で伝えられたとおり、足腰はそれまでにないほど弱っていた。獣医は関節炎の薬の処方について妻に説明し、スタッフがマーリーをミニバンに乗せるのを手伝ってくれた。ところが、家に戻って三〇分もすると、マーリーは喉にからんだ痰《たん》を吐きだそうとするうちに、吐き気を催した。妻が前庭に出してやると、マーリーは凍った地面に横になったきり、立ち上がる気力もなく、動けなくなった。妻は僕の仕事場に電話してきて、「マーリーを家のなかへ入れられないの。そとはひどく寒いのに、動こうともしないのよ」と訴えた。僕はすぐに家へ向かったが、四五分後に着いたときには、妻がどうにかこうにかマーリーを立たせて、室内へ入れた後だった。マーリーはダイニングの床に腹這いになって、いかにも苦しそうで、いつもとはまるでちがっていた。

マーリーが我が家へやってきてからの一三年間、僕が家へ一歩足を踏み入れれば、かならずマーリーが飛びついてきて、目の前でお辞儀するように伸びをし、体を揺らし、荒い息を吐き、そこらじゅうに尻尾を打ちつけて、まるで百年戦争を戦い抜いて帰ってきたかのように大歓迎してくれた。だが、この日だけはそうではなかった。僕はマーリーの部屋へ入ってくる僕を目で追ってはいたけれど、頭さえ動かさなかった。僕はマーリーのそばにひざまずいて、鼻先をなでた。反応がない。僕の手首にしゃぶりつこうともしないし、遊ぼうと誘いもしないし、頭を上げようとさえしない。瞳はうつろで、尻尾は生気なくだらりと床に垂れていた。

妻はすでに獣医に二度電話をかけてメッセージを残し、電話がかかってくるのを待っていたが、一刻を争う状態であることは一目瞭然だった。僕は三度目の電話をかけた。しばらくして、マーリーががくがく震える足で立って、またしても吐こうとしたが、口からはなにも出てこなかった。そのとき、僕はマーリーの腹の異変に気づいた。いつもより膨らんでいるし、さわると堅くなっていた。僕は心臓が締めつけられるのを感じた。その症状の意味は明らかだったからだ。もう一度獣医に電話して、マーリーの胃が拡張していると伝えた。受付スタッフは、ちょっとお待ちくださいと言ってから、まもなく「すぐ連れてきてくださいとのことです」と言った。

妻と僕は相談する必要はなかった。いつかはこんな時が来ると、二人とも覚悟していたからだ。僕らは子どもたちを抱きしめて、マーリーは病院へいかなくちゃならない、お医者さんは一生懸命に治してくれるだろうが、とても重い病気なんだよと話した。出かける支度をしながら、ふと見ると、苦しそうに床に横たわっているマーリーを囲んで、妻と子どもたちがお別れをしているようだった。一人ひとりがマーリーをなで、大切な時間を持っていた。子どもたちはかたくなに楽天的な態度を守って、生まれてこのかたずっと一緒にいる犬がかならず元気になって戻ってくると信じていた。「きっと、よくなってね、マーリー」コリーンが小さな声でささやいた。

妻に助けてもらって、車の後部座席にマーリーを乗せた。妻は最後にさっとマーリーを抱きしめ、僕はようすがわかりしだい連絡すると約束して、車を出した。マーリーは後部座席でアームレストに頭をのせて横たわり、僕は片手でハンドルを握り、もう片方の手を後ろにのばして、マーリーの頭や肩をなでながら、「しっかりしろ、しっかりするんだ」と励ましつづけていた。

動物病院の駐車場に着いて、車から降ろすと、マーリーはいつも犬たちがおしっこをかける木のところで立ち止まって、匂いを嗅いだ——ひどく具合が悪いのに、好奇心だけは失っていなかった。大好きな戸外にいられるのはこれが最後かもしれないと思って、僕はマーリーの好きにさせた。それから、そっとチョークチェーンを引いて、動物病院のロビーへ入った。正面ドアを入るなり、もう十分遠くまで来たとばかりに、マーリーはリノリウムの床にゆっくり腹這いになった。それきり僕もスタッフも動かせなくなり、マーリーはストレッチャーでカウンターの向こうの診察室へ運ばれていった。

しばらくして、はじめて会う若い女性の獣医が出てきて、僕を診察室へ招き入れ、レントゲン写真を二枚、シャーカステンに留めた。胃袋が倍の大きさに膨れていますと、彼女は示した。フィルムを見ると、胃が腸につながるあたりに握りこぶし二つ分くらいの暗い影があり、それが捻転を起こしている部分だという。夏のときと同じように、まず麻酔をしてから、胃までチューブを入れて、溜まっているガスを抜きましょうと獣医は言った。それからチューブを操作して、捻転を元通りにできるかどうかやってみると、彼女は提案した。「これは一か八かの賭けですが、なんとかうまくやって捻転を戻しましょう」と彼女は言った。夏にドクター・ホプキンソンがやったのと同じ、勝率一パーセントの賭けだ。一度はうまくいったのだから、もう一度もありうる。僕は黙って楽観的になることにした。

「わかりました。できるかぎりのことをしてやってください」

三〇分ほどして、獣医が厳しい顔であらわれた。三度試みたが、捻転部分をほどくことができなかったのだ。胃の筋肉がゆるむのを期待して、獣医はさらに鎮静剤を投与した。それもうまくいかないとなって、最後の手段として、今度は肋骨の近くからカテーテルを挿入したが、やはり捻転は修復できなかった。万策尽きた彼女は、「こうなると、唯一の治療法は手術になります」と言った。そして、これから口にしなければならない話題に対して、僕の準備が整っているかどうか測るかのように一呼吸置いてから、「あるいは、マーリーのことを思えば、眠らせてあげるのが一番なのかもしれません」と続けた。

妻と僕はもう五カ月も前に覚悟を決め、悲しい選択をしていた。シャンクスビルを訪れた経験もまた、マーリーをもうこれ以上苦しめてはならないという決意をいっそう強いものにしていた。とはいえ、いざそうして動物病院の待合室に立っていると、まるで凍りついたような気分だった。獣医が僕の苦悩を察して、マーリーのような老犬が手術を受けた場合、どんな合併症が起こりうるかを話しはじめた。もうひとつ心配なのは、挿入したカテーテルから出てきた血性の分泌物で、胃壁に問題が生じている可能性があると、獣医は説明した。「開腹してみないことには、なにがあるかはわかりませんが」と彼女は言った。

ちょっとそとで妻に電話をしてもいいですかと、僕は獣医に言った。駐車場から妻に携帯電話をかけ、手術以外はできるかぎりのことをしたけれど、だめだったと伝えた。電話口で長い沈黙が続いた後、妻が口を開いた。「愛してるわ、ジョン」

「僕も愛してるよ、ジェニー」

僕はとぼとぼと動物病院のなかへ戻り、しばらくマーリーと二人きりにしてもらえますかと獣医に頼んだ。鎮静剤が効いていますけれどと前置きしてから、彼女は「どうぞゆっくり会ってあげてください」と答えた。ストレッチャーに寝かせられたマーリーは意識がなく、前足は点滴につながれていた。僕はひざまずいて、マーリーの毛皮に指を走らせた。マーリーはそうしてもらうのが好きだったから。僕はマーリーの背中を手でさっとなでた。垂れた耳を片方ずつ両手でめくって——これまで何度も具合が悪くなって、マーリーを苦しめ、僕らに国王の身代金ほどの出費を強いた、いかれた耳——その重みを味わった。くちびるを引っぱって、ぼろぼろの磨り減った歯を眺めた。前足を持ちあげて、手のなかにそっと包んだ。そして、額に自分の額をくっつけて、あたかもそうしていれば僕の脳から彼の脳へメッセージを送れるかのように、長いあいだ座っていた。マーリーにどうしてもわかってほしいことがあった。

「いつも誰もがみんな、おまえがダメ犬だのなんだの言っただろ? おまえは傷ついていたのかい? いいか、あんな悪口なんか、信じるんじゃない。信じるんじゃないぞ、マーリー」僕はささやいた。マーリーは知っておかなくてはならない、自分の本当の価値を知っておかなくては。僕も家族も、みんながこれまで口に出さなかったことを、彼がこの世を去ってしまう前に、どうしても教えておきたかった。

「マーリー、おまえは最高の犬だったよ」


部屋を出ると、獣医が受付カウンターのところで待っていた。「お願いします」僕は言った。この瞬間が来るのは、もう何カ月も前から覚悟していたつもりだったのに、自分の声が取り乱しているのに、今さらながら驚いた。それ以上なにか言葉を発したら泣き崩れてしまいそうだったので、獣医が渡してよこした承諾書に、僕は黙ってうなずき、署名した。書類の処理が終わると、僕は獣医の後について意識のないマーリーのところへ戻り、もう一度すぐ前にひざまずいて、獣医が注射器に薬を入れて点滴のラインに針先を刺すあいだ、マーリーの頭を抱えていた。「よろしいですか？」獣医が尋ねた。僕がうなずくと、彼女は薬液を注入した。マーリーのあごがかすかに震えた。獣医は心音を確かめてから、心拍数が落ちているが停止してはいないと言った。マーリーは体の大きな犬なのだ。獣医は二本目の注射器を用意して、もう一度薬液を注ぎこんだ。ややあって、もう一度聴診器をあててから、「亡くなりました」と言った。その場に二人だけにしてくれたので、僕は彼の片方のまぶたをそっと引っぱりあげてみた。彼女の言うとおり、マーリーはもう生きていなかった。

僕は受付カウンターへ行って、支払いをした。「合同火葬」は七五ドル、「個別火葬」で遺骨を引き取るのなら一七〇ドルだと説明された。結構です、と僕は答えた。家に連れて帰りますから、と。しばらくして、獣医と助手の女性が大きな黒い袋をカートで運んできて、車の後部座席にのせるのを手伝ってくれた。獣医は握手の手を差しのべて、力およばずとても残念でしたと言った。できるかぎりのことはさせていただきましたと。寿命だったんですよと僕は答えて、彼女に礼を言ってから、病院を後にした。家へ向かう道で、僕は泣いた。これまで何度となく葬式に参列しても、泣いたことなど一度もなかったのに。数分して、僕は泣きやんだ。我が家の車寄せにすべりこむころには、涙は乾いていた。マーリーを車のなかに置いたまま室内へ入ると、妻が寝ずに待っていた。子どもたちはみんなもう眠っていたので、翌朝になってから話をすることにした。妻と僕は抱きしめあってすすり泣いた。僕は妻にすべてを説明しようとした。最期を迎えたとき、マーリーはもうすでに深く眠っていて、パニックに陥ることもなく、心の痛みもなく、苦痛もなかったと。けれど、どうしても言葉が見つからなかった。だから僕らは、ひたすらたがいの腕のなかに身をゆだねた。しばらくしてから、二人でそとへ出て、ずしりと重い黒い袋を車から降ろして庭仕事用のカートにのせ、夜のあいだ置いておくためにガレージへと運んだ。

28　サクラの木の下で

途切れがちな浅い眠りの夜を過ごして、夜明けの一時間前に、僕は妻を起こさないようにそっとベッドを抜けだした。キッチンで水を一杯飲んでから――コーヒーはまだ欲しくなかった――霧雨がさめざめと降っているそとへ歩きだした。シャベルとつるはしを手に、前年の冬にマーリーが用足しをする場所を求めて苦難の遠征をした、ストローブマツの木立を抱くようにして広がるエンドウ豆畑へ歩いていった。そこにマーリーを眠らせようと決めていたのだ。

気温は四度ほどで、さいわいにも地面は凍っていなかった。薄闇のなか、僕は掘りはじめた。薄い表土を過ぎて掘り進むと、岩混じりの重くて密度の濃い粘土層にぶつかって――我が家の地下を掘ったときに埋め戻したものだ――作業のスピードが落ち、掘るのに骨が折れるようになった。一五分もすると、コートを脱いで、一息入れずにはいられなかった。三〇分後、汗まみれになったが、穴の深さはまだ六〇センチもなかった。

四五分後、地下水が滲み出してきた。穴に水が溜まりはじめた。少しずつ水かさが増した。そのうちに、底から三〇センチほどの深さまで泥水で覆われた。バケツを持ってきて汲みだそうとしたけれど、水が滲み出てくるスピードに追いつけなかった。こんな氷みたいな泥水のなかにマーリーを横たえるわけにはいかない。とんでもない。

そこまで掘りすすめた労力は惜しかったけれど――心臓はまるでマラソンを走り終えたかのように早鐘を打っていた――僕はその場所をあきらめ、あらためて庭を物色してまわり、芝生が斜面の下に広がる森へとつながる境目のところで足を止めた。大きなサクラの木が二本、夜明けの薄明かりのなかで枝を重なりあわせて、まるで野外の大聖堂のように立っていた。その真ん中に、シャベルを差した。マーリーと一緒に恐怖のそり遊びをしたとき、この二本の木のあいだを危うくすり抜けたのだ。「よし、ここがいい」僕は大きな声を出した。その場所はブルドーザーが掘り起こした頁岩《けつがん》の基盤層をばらまいた範囲をはずれていたし、土が軽くて水はけもよく、まさにガーデナーの理想にかなっていた。らくに掘り進んで、まもなく、縦横が六〇センチかける九〇センチ、深さ一メートル二〇センチほどの楕円形の穴を掘りあげた。家のなかへ戻ると、三人の子どもたちが全員起きていて、しずかにすすり泣いていた。マーリーの死はもう妻が伝えていた。

悲しむ子どもたちを目にするのは――死を間近にするのは彼らにとってはじめての体験だった――ひどく心にこたえた。たかが犬一匹と他人は言うかもしれないし、たしかに犬は人生の途中でやってきては去り、なかには人間の一方的な都合で葬り去られてしまったりもする。たかが犬、それでも、マーリーの話をしようとするたびに涙がこみあげた。泣いてもいいんだよ、と僕は子どもたちに言った。犬は人間より寿命が短いから、犬を飼えば、どうしても悲しい思いをすることになるんだよと。マーリーは眠ったまま最期を迎えたのだから、もう痛くも苦しくもなかったのだと、僕は説明した。なにも知らぬまに逝ってしまったんだよと。コリーンはちゃんとお別れを言えなかったと悔やんでいた。きっと帰ってくると信じていたのだ。おまえの分もちゃんとお別れしておいたから大丈夫だと、僕はなぐさめた。作家志望のコナーは、一緒にお墓に埋めてほしいと、マーリーのためにつくった作品を差しだした。それは大きな赤いハートを描いた絵で、「マーリーへ。生まれてからずっと大好きでした。ぼくがそばにいてほしいとき、いつも一緒にいてくれましたね。生きているあいだも死んでからも、ずっと心から愛しています。マーリーのきょうだい、コナー・リチャード・グローガンより」と書いてあった。コリーンは、クリーム色の大きな犬を連れた女の子の絵を描いて、兄に教えてもらいながら「ついしん――ぜったいにわすれないよ」と書き添えた。

僕はひとりでそとへ出て、マーリーの亡骸《なきがら》を運んで斜面を下り、柔らかなマツの枝を切って穴の底に敷きつめた。重い袋をカートから持ちあげて、他にどうしようもなかったので、できるかぎりそっと穴のなかに滑りこませた。自分も穴に入って、最後にマーリーを一目見ようと袋を開け、一番らくそうな自然な姿勢に直してやった――暖炉の前に居心地よく陣取っているときのように、体を丸め、頭を脇腹にのせて。「よし、マーリー、これでいいな」僕は袋を閉じて、妻や子どもたちを呼びにいった。

家族みんなで、サクラの木の下へ向かった。コナーとコリーンは絵を背中あわせに重ねてビニールの袋にしまい、僕はそれをマーリーの頭のすぐ横に置いた。パトリックは自分のジャックナイフで、マツの枝を五つ、家族の人数分だけ切りとった。ひとりずつ、それをマーリーのかたわらへ投げこむと、周囲にマツの香りが漂った。しばしの沈黙の後、僕らはまるで示し合わせたかのようにいっせいに、「マーリー、ありがとう」と言った。僕はシャベルを手にして、土をひとすくいかけた。袋にかかった土がばらばらといやな音をたて、妻がすすり泣きはじめた。僕はシャベルで土をかけ続けた。子どもたちは立ったまま黙って見つめていた。

穴が半分ほど埋まったところで、いったん家のなかへひきあげ、キッチンのテーブルでマーリーのばか話を語りあった。涙があふれたかとおもえば、つぎの瞬間には笑い転げたりもした。妻は、『ザ・ラスト・ホームラン』の撮影中に、知らない人が赤ん坊のコナーを抱きあげたら、マーリーが暴れまわって大騒ぎしたという話を披露した。僕はマーリーが噛み切ったリードの数々や、隣の人の足におしっこをひっかけた話をした。マーリーが壊した品々や、被害額の膨大さを、みんなが口々に語った。今となっては、すべてが笑い話の種だった。子どもたちの気持ちをらくにしてやろうと、僕は心にもないことを言った。「マーリーの魂は、空の上の犬の天国に昇っていったんだ。今はもう、広々した黄金色に輝く草地で駆けまわってるよ。足腰だって、ちゃんと治ってる。耳もちゃんと聞こえるし、目もしっかり見えるし、歯だってぴかぴかだ。昔みたいに元気いっぱいで、一日中、ウサギを追いかけてるよ」

「それに、網戸もたくさんあって、何回破っても大丈夫だしね」妻がそうつけ加えた。天国中をやたらばかみたいに走りまわっているマーリーの姿を想像すると、みんなの顔に笑顔が広がった。

またたくまに午前中が過ぎて、仕事に出かける時間が近づいていた。僕はマーリーの墓に戻って、残りの土をかけ、ゆるい土を長靴を履いた足で、そっとていねいに踏みかためた。周囲の地面と同じ高さにならしてから、森で探してきた大きな石を二つ、上に置いた。そして家へ戻って熱いシャワーを浴びて、オフィスへと車を走らせた。

マーリーを葬ってから数日間、我が家は静まり返っていた。長年にわたって、マーリーは我が家に楽しい話の種を提供し、いくら話しても尽きないほどだったのが一転して、名前を出すことさえタブーになってしまった。なんとか日常生活に戻ろうとしている僕らにとって、マーリーの話はつらくなるだけだった。とりわけコリーンは、マーリーの名前を耳にしたり、写真を見たりするのさえ耐えられないようだった。涙をとめどなく流しながら、こぶしを握りしめ、「やめて!」と怒ったように言っていた。

僕は車で仕事に出かけ、コラムを書き、帰宅するといういつもの生活に戻った。一三年間ずっと、マーリーは毎日玄関で出迎えてくれた。だから仕事を終えて帰宅するときが、僕には一日で一番つらい瞬間になった。我が家は静かで、うつろで、我が家ではないように感じられた。この二年間に大量に抜け落ちて、そこかしこに溜まっているマーリーの抜け毛を一掃しようと決心した妻は、懸命に家中に掃除機をかけた。ゆっくりと、老いぼれ犬の痕跡が、我が家から消されていった。ある朝、履きかけた靴のなかをふと見ると、中底にマーリーの毛がくっついていた。床に落ちていたのがソックスについて、それが靴を履くたびになかに溜まっていったのだろう。僕は座りこんで眺めながら——

じつをいえば二本の指でなでた——笑顔を浮かべた。僕はそれをつまみあげて、妻に見せ、「マーリーを消すのは、そう簡単じゃないな」と言った。この一週間、ほとんど口を開かなかった妻は笑顔を見せたけれど、その晩、寝室でぽつりと言った。「マーリーがいないと寂しくて。とっても、とっても、寂しくて。胸が苦しくてたまらないの」

「わかるよ。僕もおんなじだ」

僕はマーリーへの惜別のコラムを書きたいと思ったが、自分の感情が表面に出すぎて、ひとりよがりな感傷的な文章になって、恥をかくだけなのではないかと不安だった。そこで、あまり自分の気持ちとは関連のないトピックに専念した。それでも、テープレコーダーを持ち歩いて、思いつくままを録音していた。自分がマーリーのことを書きたいのはわかっていたが、書くなら、黄色い老犬《オールド・イエラー》やリンチンチンの生まれ変わりのごとく完璧な犬ではなく、ありのままを書きたかった。失ったペットを思い出すとなると、朝食に卵を焼いてくれない以外はなんでもござれの、主人に尽くす超自然的な気高い獣として書く人が多い。僕は正直に語りたかった。マーリーは楽しくて、並外れてむちゃくちゃで、命令系統をきちんと理解したためしはまるでなかった。正直なところ、世界一のバカ犬と呼んでもいいくらいだった。けれど、マーリーは出会った瞬間から、「人間の最良の友」のなんたるかを直感的に知っていた。

マーリーが死んで一週間、僕は何度も斜面を下って、墓のかたわらに佇んだ。ひとつには、夜のうちに野生動物がやってきて荒らしはしないか心配だったからだ。墓は無事なままだったが、春になるころには土がかなり沈んで、カート二杯分ほど上から足してやらなくてはならないだろうと思った。墓に佇む僕の一番の目的は、マーリーと話をかわすことだった。その場にいると、マーリーとの暮らしの断片がいろいろ心によみがえってきた。犬を亡くした悲しみがあまりに深く、場合によっては、死んでしまった人に対する気持ちよりも深いことに、僕は当惑していた。犬の生命を人間のそれと同等に考えるつもりはないけれど、近しい家族を別にすれば、マーリーほど献身的につきあってくれた人間はほとんどいない。最後に病院から戻ったときのまま車のなかに置いていたマーリーのチョークチェーンを、僕は誰にも内緒で持ってきて、自分のタンスの下着の下にそっと隠し、毎朝手にとっては眺めていた。

一週間ずっと、目覚めるたびに、心が鈍く痛んだ。ウイルスに胃がやられたわけでもないのに、体がつらかった。無気力で、なにもする気になれなかった。気力を寄せ集めて趣味にふけることさえできなかった——ギターを弾くことも、木工作業も、読書も。すっかり元気を失って、どうしていいかわからなかった。しかたなく、毎晩九時半、一〇時と早い時間にベッドに入った。

大晦日の晩、僕らは近所の家のパーティーに招かれた。友人たちはそっとお悔やみの言葉をかけてくれたが、僕らはつとめて明るく活発に会話を弾ませようとふるまった。なにしろ、めでたい大晦日の晩なのだから。夕食の席で、親しくしている造園設計家のサラとデイブのパンドル夫婦と隣りあわせた。彼らはカリフォルニア州からこちらへ戻って、古い石造りの農家を改築して住んでいる。僕らは、犬と愛情と喪失について語りあった。サラとデイブは五年前にオーストラリアン・シェパードの愛犬ネリーを安楽死させ、自宅の横の丘に葬っていた。ドイツ移民の子孫であるデイブは、これまで僕が出会ったなかでも、とりわけ感傷とは縁遠い人間だ。だが、ネリーの話となると、心の奥の深い悲しみを抑えきれないようすだった。家の裏手の岩だらけの森を何日も歩きまわって、ネリーの墓にふさわしい石を探したのだと、彼は話してくれた。その石はハートを思わせる形で、わざわざ石工に頼んで「ネリー」と彫ってもらったという。五年も前の話だというのに、愛犬の死はいまだに彼らの心を深く揺さぶっているようだった。話しながら、二人とも涙を浮かべていた。犬は人間と深い絆を結ぶことがあるし、あの子のことは絶対に忘れられないと、サラは目をしばたたきながら語っていた。

その週末、僕は森のなかを長い時間かけて歩いた。月曜日に仕事場に着いたときには、深い絆で結ばれた絶対に忘れられない犬について、どんなことを書きたいのか、考えが頭のなかでまとまっていた。

コラムの出だしは、夜明け前にシャベルを手に斜面を下ったこと、そして一三年間ずっと、そとに出かける僕のお供を仕事にしていたマーリーがそばにいないのが、そのときひどく心許なく感じられたことを語った。「そして今、僕はひとり、彼のために墓穴を掘ろうとしていた」と僕は書いた。

マーリーを安楽死させなければならなかったと報告したとき、僕の父がなんと言ったかも引用した。「マーリーみたいな犬にはもう絶対に会えないな」。父の言葉はマーリーがはじめてもらった賛辞だったのかもしれない。

マーリーのことをなんと表現すればいいのか、さんざん考えたすえに、僕はこう書いた。「マーリーは最高の犬と呼ばれたことなどない――良い犬とさえ呼ばれなかった。うるさい妖精のごとく手に負えない存在で、雄牛のように手強かった。彼は天災が道連れにするような突風を起こしつつ、騒々しくいかにもうれしげに生きた。僕が知るかぎり、しつけ教室から放りだされたのは、マーリーただ一匹だけだ」僕はさらに続けた。「ソファーをしゃぶり、網戸を蹴破り、よだれを垂らし、ごみバケツをあさった。脳味噌についていえば、死が訪れるその日まで自分の尻尾を追いかけ、犬の限界に挑戦した」と。それでもまだマーリーについては言いつくせず、僕はさらに、彼の鋭い直感力や思いやり、子どもたちへのやさしさ、そして純粋な心について語った。

僕が本当に言いたかったのは、マーリーは僕らの魂にふれ、生きるうえで一番大切なのはなんなのかを教えてくれた、ということだ。「たとえ我が家の犬のようないかれた犬でさえ、とにかく犬はたくさんのことを教えてくれる」と僕は書いた。「マーリーは僕らに、毎日を底抜けに元気よく楽しく生きること、今この瞬間を大切にして心のままに行動することを教えてくれた。森のなかの散歩や、新鮮な雪、冬の太陽を浴びながらの昼寝、そうしたささいな物事こそ貴重なのだと教えてくれた。年齢を重ねて体の痛みを抱えるようになってからは、逆境にあっても楽観的であることの大切さを教えてくれた。そして、なによりも友情と献身、とりわけ固い忠誠心を教えてくれた」

常識はずれな考えかもしれないけれど、マーリーを失ってみてはじめて、すっかり合点がいったことがある。マーリーは良き師《メンター》だったのだ。教師であり、手本だったのだ。犬が――それもマーリーのような、かなりいかれた、やりたい放題の問題犬が――人生において本当に大切なのはなんなのかを、身をもって人間に示すなんて、できるのだろうか？　答えはイエスだと僕は信じている。忠誠心。勇気。献身的愛情。純粋さ。喜び。そしてまた、マーリーは大切でないものも示してくれた。犬は高級車も大邸宅もブランド服も必要としない。ステータスシンボルなど無用だ。びしょぬれの棒切れ一本あれば幸福なのだ。犬は、肌の色や宗教や階級ではなく、中身で相手を判断する。金持ちか貧乏か、学歴があるかないか、賢いか愚かか、そんなこと気にしない。こちらが心を開けば、向こうも心を開いてくれる。それは簡単なことなのに、にもかかわらず、人間は犬よりもはるかに賢く高等な生き物でありながら、本当に大切なものとそうでないものとをうまく区別できないでいる。マーリーへの惜別のコラム記事を書きながら、僕らが目を開いてちゃんと見つめさえすれば、なんの問題もなく、真実がわかるのだと、僕は悟った。時として、それがわかるには、息が臭くて素行は不良だが、心は純粋な犬の助けが必要なのだ。

書き終えたコラムを編集長に渡して、僕は車で家路についた。なにかしら心が晴れ晴れとして軽く感じられ、まるでそれまで自覚せずに背負っていた重荷から解き放たれたかのようだった。

29　バカ犬クラブ

翌朝、僕が職場に着くと、電話に赤いメッセージランプが点滅していた。アクセス番号を押すと、それまで一度も耳にしたことのない警告録音が流れてきた。「録音メッセージが一杯です。必要でないメッセージは消してください」

僕はパソコンを立ちあげて、メールソフトを起動した。こちらも同じような状態だった。スクリーンには新着メールがあふれ、下へ下へといくらスクロールしても、メールの列は途切れない。毎朝のメール・チェックは僕にとっていわば儀式であり、本能的反応であり、正確さはさておいても、その日のコラムの反響のバロメーターだ。わずか五通か一〇通しかメールがない日もあり、そんなとき僕は読者と心が通じなかったのを感じた。数十通あれば、それはいい日だ。たまには、もっともらえる日もあった。ところが、その朝のメールは数百通もあって、そんなのははじめてのことだった。メールのトップに記された件名には「心からのお悔やみ」「悲しい出来事」、あるいはたんに「マーリー」などとあった。

生き物を愛する人々は特別な種族であり、寛大な精神をそなえ、思いやりにあふれ、やや感傷的な傾向があり、雲ひとつない空のように広い心を持っている。電話やメールをくれた人の大半は共感を表現したかったのであり、自分もまた僕ら家族と同じような道をたどってきたから、気持ちはとてもよくわかると言いたいのだった。また、なかには、避けようのない終末を迎えようとしている犬と、今まさに一緒に暮らしている人たちもいた。彼らはかつての僕らと同じように、自分たちを待ち受けている現実を恐れていた。

あるカップルからのメールには、「あなたがマーリーを失った悲しみはよくわかりますし、心からお悔やみを申しあげます。亡くした犬はいつまでも忘れられないし、代わりになるものなどありません」と書いてあった。ジョイスという読者は「我が家の庭に埋めたダンカンを思い出させてくれて、どうもありがとう」と書いていた。郊外に住むデビーは「うちの家族はみんな、あなたの気持ちをお察ししています。先日の労働者《レイバー・》の日《ディ》に、ゴールデン・レトリーバーのチューイーを安楽死させなければならなかったからです。チューイーは一三歳で、マーリーと同じような問題をたくさん抱えていました。最後の日、もう自力で立って用足しに出ることもできなくなってしまい、これ以上苦しませてはいけないとあきらめました。私たちも彼を裏庭に葬りました。ベニカエデの木の根元です。この先もあの木を見るたびに思い出すでしょう」と書いた。

ケイティという名前のラブの飼い主で、求人会社に勤めるモニカからは「心からのお悔やみと涙を捧げます。うちのケイティはまだ二歳ですけれど、『このすばらしい生き物に、これほど心奪われるのはどうしてだろう』といつも思ってしまいます」と。カーメラからは「家族にこんなにも愛してもらえるなんて、マーリーはきっと最高の犬ですよ。犬を飼ったことのある人だけが、犬がくれる無償の愛と、その犬がこの世を去ってしまったときの深い心の痛みを理解できるんです」と。イレインからは「ペットが私たちとともに過ごす一生はとても短いし、その大半は、家に帰ってくる私たちを待つことに費やされます。彼らがどれほどたくさんの愛情や笑いをもたらしてくれるか、そして彼らのおかげでどれほど深く心を触れあえるか、それは驚くばかり」と。ナンシーからは「犬は生命の奇跡のひとつであり、私たちの人生に無数の贈り物をくれる」と。メアリーパットからは「マックスが家中を点検して歩くときの、鑑札がじゃらじゃら揺れる音が、今でもたまらなく懐かしくて。あの音が聞こえなくなってからしばらくは、静けさが苦しく感じられました、とりわけ夜になると」と。コニーからは「犬を愛する気持ちって、自分でも驚くほど強いですよね？　なんだか人間どうしの関係が、毎朝のオートミールみたいに平凡に感じられるほど」と。

数日後、ようやく読者からのメッセージの流入が一段落したところで、僕は数をかぞえてみた。総計八〇〇通近く、すべて動物好きな人々からで、僕のコラムに心を動かされてメッセージを送ってきてくれたのだ。そうした信じがたいほどの感情の迸《ほとばし》りは、まさにカタルシスの作用をもたらした。ようやく全部を読み終えた――そして、できるかぎり返事を送った――ころには、僕はまるでサイバー世界のサポートグループに支えられたかのようで、心がずいぶんらくになった気がした。僕のごく個人的な悲しみをきっかけに、多くの人々が心を癒す場が生まれ、そこでは、悪臭を放つ老いぼれ犬を悼むといったような、他人にはばからしく思えるけれど、当人にしてみれば心を引き裂く深い悲しみを、だれはばかることなく吐露できた。

多くの人がメッセージを寄せてくれた理由は、それぼかりではなかった。僕はマーリーは世界一のバカ犬だという前提のもとでコラムを書いたけれど、そんなことはないと反論したいと思う人々がいたのだ。「失礼ながら、あなたの犬は世界一のバカ犬ではありません――なぜなら、うちの犬こそ、世界一のバカ犬だからです」そういう書き出しのメッセージがたくさんあった。その言い分を立証しようと、彼らは愛するペットの悪行の数々を事細かに書いて、僕をおおいに楽しませてくれた。ずたずたにされたカーテン、盗まれたランジェリー、無惨に食いちらかされたバースデイケーキ、破壊された家具、大脱走。ダイヤモンドの婚約指輪を食べられてしまった話にいたっては、金のネックレスを飲みこんだマーリーも、好みの高級さからしてさすがに顔負けだろう。僕の受信ボックスは、さながらテレビのトーク番組『バカ犬と彼らを愛する飼い主たち』のごとく、自分の犬がどれほどすばらしいかではなく、どれほどバカなのかを、被害をこうむった飼い主たちが喜んでつどい、誇らしげに自慢していた。どういうわけか、ぞっとするほどひどい話の主人公は、大半がマーリーと同じく、いかれた巨体のレトリーバーだった。つまるところ、僕らは例外ではなかった、ということか。

エリッサという女性は、ひとりで留守番させると、かならず窓の網戸を破って脱走した愛犬モーの話を寄せてくれた。エリッサとご主人は、モーの脱走を防ごうと、一階の窓すべてを閉めて鍵をかけた。だが、二階の窓にまでは気がまわらなかった。「ある日、帰宅した主人が、二階の網戸がはずれているのに気づきました。そして、必死でモーを捜しました……」ご主人が最悪の事態を思い浮かべたとき、「家の陰に隠れていたモーが、いかにも申し訳なさそうに頭を低くして登場したんです。モーは悪いことをしでかしたと自覚していましたが、私たちは彼が無事だったことに驚いてました。二階の窓から飛びだしたものの、運よく密生した茂みに落ちたんですね」という話だ。

ラブのラリーは女主人のブラジャーを飲みこんでしまい、一〇日後に丸ごと吐き戻した。やはりラブのジプシーは、こともあろうにジャロジー窓を食べたという、冒険的嗜好の持ち主だ。レトリーバーとアイリッシュセッターの雑種のジェイソンは、長さ一メートル五〇センチもある掃除機のホースを「内側の補強用ワイヤーもろとも」飲みこんだそうで、飼い主のマイクは、「これまでにジェイソンは、石膏ボードの壁をかじって六〇センチかける九〇センチの大穴を開けたり、カーペットに九〇センチもつづく溝を掘ったりもしました」と報告しつつも、「それでも、僕はやつが大好きだ」とつけ加えていた。

ラブの雑種のフィービーは、二カ所のペットホテルで二度と預かりませんと宣告されたそうだ。飼い主のエイミーによれば、「フィービーはケージ破りのリーダー格で、自分だけでなく、他の二匹のケージも破ったらしいんです。そのうえ、夜のうちに、そこにあったスナック類を全部食べ尽くしました」という。ヘイデンは体重四五キロのラブで、あるものは手当たりしだいに食べてしまい、飼い主のキャロリンによれば、魚の餌一袋すべて、スエードのローファー一足、瞬間接着剤などを、「一度にではないが」食べてしまったそうだ。「とはいえ、ヘイデンが一番幸福だったのは、彼が日光浴できるようにと、私がうかつにもリードを結びつけておいた、ガレージのドア枠を引っこ抜いた瞬間でした」と彼女は続けていた。

ティムの報告によれば、彼の愛犬イエロー・ラブのラルフはマーリーと同じく食べ物を盗むのを仕事にしていたが、やり口はもっと頭脳的だったという。ある日、出かける前に、ティムはチョコレートでできた大きな飾り物を、ラルフが手出しできないよう冷蔵庫の上にのせた。ところが、ラルフは足で食器棚のひきだしを開け、それを階段にしてカウンターに登り、後足で立って、まんまとチョコレートをせしめ、ティムが帰宅したときには影も形もなくなっていたのだそうだ。犬には毒とされるチョコレートを大量に食べたにもかかわらず、ラルフはぴんぴんしていたとか。「それだけでなく、ラルフは自分で冷蔵庫を開けて、中身を全部たいらげたこともあるんです、なんと瓶詰めまで」とティムは書いていた。

マーリーの行状が愛犬グレイシーにそっくりだと思ったナンシーは、僕のコラムを切り抜いておいた。ところが、「上にハサミをのせてキッチン・テーブルに置いたんだけど、しばらくして戻ってみたら、どうやらグレイシーが食べちゃったみたいなんです」という。

僕はしだいに気持ちがらくになるのを感じていた。こうしてみると、マーリーの行動はそんなにひどいものじゃないらしい。けっして褒められはしないにせよ、このバカ犬クラブに仲間がたくさんいるのはたしかだ。メッセージのいくつかを家へ持ち帰って見せると、マーリーが死んでからはじめて妻が笑い声をあげた。機能不全犬の飼い主がつどう秘密結社の新しい仲間は、ご本人たちが自覚している以上に僕らを助けてくれた。

日々はまたたくまに過ぎて、冬の雪が解けて春になった。大地から芽吹いたスイセンが花をつけて墓を飾り、サクラの柔らかな白い花びらがマーリーの眠る土にやさしく舞いおりた。僕らは、犬のいない生活にゆっくりとなじんでいった。マーリーのことを思わないで過ごす日も多くなったものの、それでもちょっとしたきっかけで――セーターにくっついていたマーリーの毛や、ソックスを出そうとしてふと触れたチョークチェーンがたてる音――たちまち思い出が鮮やかに浮かんできた。だが、時間がたつにつれて、思い出は心の痛みではなく喜びをもたらしてくれるようになった。まるで古いホームビデオの場面のように長いあいだ忘れていた瞬間が、頭のなかに鮮明によみがえった。暴漢に刺されて入院していたリサが退院してきて、マーリーの上に身を屈めて鼻先にキスした姿。映画のスタッフたちがマーリーをちやほやしてご機嫌をとっていたようす。郵便配達の女性が、毎日玄関ドアの前でマーリーに貢いでいたおやつ。前足でマンゴーの実を押さえつけてかじっていたマーリーの格好。赤ん坊のおむつに顔をすり寄せて、うっとりしていた表情。そして、安定剤の錠剤をステーキのかけらだと思うのか、必死にくれとせがんでいたマーリー。どれもこれも思い出すほどの価値もない些細な瞬間だけれど、それでも思いがけないときに思いがけない場所で、心のスクリーンになんの脈絡もなく映しだされるのだった。その大半は僕を笑わせてくれたが、なかには、唇を嚙んで立ち止まらずにはいられない場面もあった。

職場で会議をしている最中に、ふと、こんな場面を思い出した。それはマーリーがまだ仔犬で、妻も僕もまだ夢見る新婚さんだった、ウエストパームビーチでの出来事だ。すがすがしい冬の朝、手をつないだ僕らをマーリーが先導する格好で、内陸大水路沿いの道を歩いていた。リードを引っぱるマーリーにまかせて、コンクリートの防波堤に登らせた。防波堤は水面から九〇センチほどの高さで、幅は六〇センチほどだった。「ジョン、マーリーが落ちたら大変よ」妻が注意した。まさかとばかりに僕は妻を一瞥した。「いくらなんでも、そんなまぬけじゃないだろ？　どうやって落ちるんだよ？　端まですたすた歩いてってボチャン、かな？」僕は訊いた。一〇秒後、まさにそのとおりになった。マーリーは盛大な水しぶきとともに水中へ墜落し、防波堤の壁を登らせて地上へ戻すには、かなり手間がかかる救出作戦が必要だった。

数日後、インタビューのために車を走らせている最中に、突如として、またしても新婚時代の思い出がよみがえった。子どもが生まれる以前に、メキシコ湾に浮かぶサニベル島の海が見えるコテージで過ごした、ロマンティックな週末の思い出だ。花嫁と花婿と、そしてマーリーがいた。その週末のことはすっかり忘れていたのに、見違えるほど鮮やかな記憶がいきなり戻ってきたのだ。フロリダ州を横切る車のなかで、マーリーは僕らのあいだに割りこもうとして、何度もレバーに鼻づらをぶつけてはギアをニュートラルに入れてしまった。丸一日ビーチで遊んだ後、部屋でマーリーを風呂に入れて洗っていると、石けんの泡や水や砂が、そこらじゅうに飛び散った。それから妻と僕は、海風がやさしく吹き抜け、マーリーのカワウソ尾がマットレスを叩く音が響くなか、ひんやりしたコットンのシーツのなかで愛しあった。

マーリーは、僕らの人生の最高に幸福な場面の折々で主人公をつとめた。若い新婚夫婦とあらたな人生のはじまり、希望あふれる新しい仕事、そして小さな生命の誕生。成功に有頂天になったときも、失敗にがっかりしたときも。新しい発見や、自由や、自己実現の日々にも。僕らが自分たちの将来を形づくろうとしていたちょうどそのとき、マーリーは僕らの人生に仲間入りした。どんなカップルもみな避けては通れない、二つの別々の過去を合わせてひとつの共有する未来をつくりだす、時には苦痛をともなう作業に僕らが取り組んでいたときに、マーリーはやってきた。そして、その後の僕らが長年かけてつくりあげた、家族というしっかりと編みあわせられた織物の一部分になった。マーリーが家族のペットになるのを僕らが手助けしたように、僕らが夫婦として、子どもたちの両親として、動物を愛する者として、大人として、みずからをつくりあげるのを、マーリーは手助けしてくれた。がっかりさせられたり、期待はずれに終わったこともあったけれど、なにはともあれ、マーリーは僕らに金では買えない贈り物をくれた、しかもなんの見返りも要求せずに。マーリーは無条件の愛情を教えてくれた。無償の愛情をどうやって与え、どうやって受けとるかを。それさえ知っていれば、他の事柄はほとんどがちゃんとうまくおさまる。

マーリーが死んでからはじめて迎えた夏、我が家にプールをつくった。もしマーリーが、あの疲れを知らぬウォータードッグがいたなら、どれほどこのプールを愛しただろうか、僕はそう思わずにいられなかった。きっと彼は僕らよりもずっと、このプールを愛しただろうし、喜びのあまり、爪で内張りを削りとり、抜け毛でフィルターを詰まらせたにちがいない。犬が抜け毛を散らしたり、よだれを垂らしたり、泥や埃を持ちこんだりしないと、家をきれいに保つのはとても簡単だと、妻は驚いていた。足元を心配しないで芝生を裸足で歩けるのはすばらしいと、僕も認めないわけにはいかなかった。巨体の犬が大きな足でどたばたとウサギを追いまわしていないほうが、たしかに庭の調子はいいようだ。犬のいない生活は犬のいる生活よりも簡単で、さまざまな面倒も生じない。週末の小旅行に備えて、ペットホテルを手配する必要もない。ディナーへ出かけても、先祖伝来の家宝が危険にさらされる心配をせずにゆっくりできる。子どもたちは皿を手で守らずに食事ができる。留守のあいだ、ごみ箱をキッチンカウンターの上に避難させる必要もない。空をつんざく稲妻のみごとなショーを、ゆったり座って心おきなく鑑賞することもできる。足元にくっついて離れない巨大なクリーム色のマグネットなしで、家のなかを自由に歩きまわれるのは、なんともいえない解放感があった。

それでも、家族として見れば、僕らには欠けているものがあった。

夏の終わりのある朝、朝食にしようと一階へ下りていくと、妻が内側の面を表にして折りたたんだ新聞を手渡しながら話しかけてきた。「これ、見てよ、信じられないわよ」

地元紙が週に一度、里親を求めている収容施設の犬の記事をのせていた。記事には、犬の写真と名前、そして、少しでも印象を良くしようと、犬が自分でしゃべっている体裁で書かれた短い紹介文がある。その犬が可愛らしく魅力的に思われるようにとの、施設の人たちの工夫だ。その紹介文が、すでに一度はお払い箱にされた望まれない犬を、最大限飾りたてるための努力にすぎないにせよ、僕らはいつも楽しんで読んでいた。

その日、紙面からこちらを見つめる犬の顔を一目見るなり、見覚えがあると思った。マーリーだ。少なくとも、うりふたつの双子かと見まがうばかりにそっくりだった。いかつい頭に、しわが寄った額、滑稽な角度で折れまがっている大きな垂れ耳、クリーム色の巨大な雄のラブラドール・レトリーバーだ。カメラをじっと見つめている姿はいかにもエネルギーに満ちあふれ、この写真が撮られたつぎの瞬間には、カメラマンを押し倒してカメラを飲みこもうとしたにちがいない。写真の下に、「ラッキー」と名前が書いてあった。僕は紹介文を大きな声で読みあげた。ラッキーの自己紹介はこんな具合だった。「元気いっぱい！　ぼくはエネルギーレベルをコントロールすることを勉強してる最中だから、しずかな家でちゃんとやっていけるよ。これまでつらい経験もあったけど、新しい家族は、忍耐力があって、ぼくに犬のマナーを教えてくれる人たちがいいな」

「信じられない」僕は思わず叫んだ。「これはマーリーだよ。生き返ったんだ」

「まるで生まれ変わりね」妻も言った。

ラッキーはなんだか薄気味悪いほどマーリーにそっくりで、紹介文の内容もまさにぴったりだった。元気いっぱい？　エネルギーのコントロールに問題あり？　犬のマナーを教える？　家族は忍耐力が必要？　そうした婉曲表現は、僕らにしてみれば、いつも使っていた耳慣れたものだった。我が家の精神的なバランスに問題のある犬が、より若く強く、以前にも増してワイルドになって戻ってきたのだ。僕らは新聞をじっと見つめたまま、黙って立っていた。

「見に行っても、いいかもしれないね」とうとう僕が提案した。

「おもしろそうよね」妻も口をそろえた。

「そうだ。たんなる好奇心、だよね」

「見に行って、悪いことなんてないでしょ？」

「あるわけないさ」

「じゃあ、行ってみる？」

「失うものはなんにもないだろ？」

謝辞

世の中は持ちつ持たれつというけれど、かくいう僕もまさにその例外ではなく、こうしてこの本を上梓できるのは、ひとえに多くの人々のご助力のおかげです。なによりもまず、この本の魅力とそれを物語る僕の能力の可能性を、僕自身よりも先に信じてくれた、才能にあふれ忍耐強い、デフィオール社のローリー・アブケマイヤーに心からの感謝を申しあげたい。彼女の衰え知らぬ熱意と導きがなければ、きっとこの本はいまだに僕の心の奥底にしまわれたままだったろう。頼もしい相談役であり、支援者であり、友人であるローリー、本当にありがとう。

有能な編集者のマウロ・ディプレタは、賢明かつ知的な編集でこの本をより良いものに仕上げてくれました。いつも明るいジョエル・ユーディンは、細かい部分まで丁寧に目を通してくれました。マーリーと彼の物語を心から愛し、僕の夢を現実にしてくれた、マイケル・モリソン、リサ・ギャラガー、シール・バレンジャー、アナ・マリア・アレッシ、クリスティン・タニガワ、リチャード・エイクゥワン、そしてハーパーコリンズ・グループのみなさん、心からお礼を申しあげます。

愛してやまない新聞の世界をみずから去った僕が復帰できて、アメリカ最大級の新聞のコラムを書くというかけがえのない仕事に就けたのは、『フィラデルフィア・インクワイアラー』紙の人々のおかげです。

マーリーの物語に最初から強い関心を寄せ、励ましてくれたアナ・クィンドレンには、いくら感謝しても足りません。

作家のジョン・カッツは貴重な助言や意見をくださり、彼の数々の著書、とりわけ『ア・ドッグ・イヤー／一二カ月、四匹の犬、そして私』は僕の発想の源泉となってくれました。

法律家のジム・トルピンは、多忙な合間をぬって、無償で有益な助言をしてくれました。ピートとモーリーンのケリー夫妻の友情――そしてヒューロン湖畔のコテージ――は僕の元気の源でした。レイとジョアンのスミス夫妻は僕が必要としているときにそばにいてくれたし、ティモシー・R・スミスは涙が流れるほどすばらしい曲を聴かせてくれた。いつも燻製肉を差し入れてくれるディガー・ダン。応援してくれるメアリージョー、ティモシー、マイケルのグローガン家のきょうだいたち。マリア・ロデイルは僕を信頼してくれ、『オーガニック・ガーデニング』誌の編集をまかせ、僕が心の安息地を見つける手助けをしてくれました。みなさんの親切や助力や善意は、ここにはとうてい語り尽くせません。本当にありがとうございました。

幼いころから上手に語られた良い物語を読む喜びを教え、物語を語る才能を分け与えてくれた母、ルース・マリー・ハワード・グローガンの存在なしには、この本を書くことさえ考えつかなかったでしょう。本の完成を待たずに、二〇〇四年一二月二三日にこの世を去った父、リチャード・フランク・グローガンを、僕は悲しみとともに思い出し、誇りに思います。父はこの本を読んではいませんが、すでに病床にあったある晩、冒頭の数章を朗読すると、朗らかに笑ってくれました。あの笑顔を僕は永遠に忘れません。

心やさしく忍耐強い妻ジェニーと、パトリック、コナー、コリーンの三人の子どもたちには、家族の私生活を文章にして、細かい日常まで題材にしてしまったことで、大きな借りができました。じつに寛大な家族みんなを、僕は言葉で表現できないほど愛しています。

最後に(ここであらためて)、悩みの種をまき散らしてくれた四本足の我が家の親友に、深くお礼を言わずにはいられません。彼なしではこの本は存在しえなかった。マットレスをずたずたにしたことも、壁をぼろぼろに削ったことも、貴重品を飲みこんだことも、これですべて、きれいさっぱり帳消しだと知れば、マーリーはきっと喜んでくれるでしょう。

訳者あとがき

犬との暮らしにはなにかと苦労がつきものだけれど、ともに過ごす犬が与えてくれる喜びや恩恵はこのうえなく大きい。たとえ問題だらけの犬だろうと、とりわけ愛情と忠誠心の点では、どんな人間もおよびもつかない。

この本（原題はMarley & Me —— life and love with the world's worst dog）は、著者のジョン・グローガンが、並外れたエネルギーをもてあまして数々の珍騒動を巻き起こす「世界一おバカな犬」、マーリーと暮らした一三年間の忘れられない思い出を、愛情込めて綴った魅力的なエッセイだ。そして、愛犬マーリーと喜びや悲しみを分かちあいつつ、幸福な家庭を築いていくグローガン一家の成長の物語でもある。

二〇〇五年一〇月にアメリカで出版された本書は、読者の絶大な支持を受け、全米だけでも二〇〇万部を超える大ベストセラーとなり、イギリス、フランス、ドイツ、スペイン、イタリアなど世界各国で大好評を博した。ユーモアと温もりにあふれた、笑いと感動と涙の一冊だ。

本書をもとに『プラダを着た悪魔』のデヴィッド・フランケルが監督した映画は、二〇〇八年のクリスマスにアメリカで公開されるや大ヒットを記録。全米興行収入は初登場から二週連続で一位を獲得し、一億三四〇〇万ドルをかるく突破した。待望の日本公開は二〇〇九年三月下旬に予定されている。

一九九一年、若い新婚カップルのジョンとジェニーは、ラブラドール・レトリーバーの仔犬を家族として迎え、レゲエのスーパースターにちなんでマーリーと名づけた。ラブラドール・レトリーバーはアメリカ随一の人気犬種で、愛犬団体の人気ランキングでは一八年連続して首位に輝き、二位を大きく引き離している。二〇〇八年には全米で一〇万匹以上もの新規登録があったそうだ。愛らしく穏やか、子どもに優しく、陽気で楽しい気質から、家庭犬に最適とされている。

ところが、グローガン家にやってきたマーリーは驚くほどやんちゃな犬、というか、手に負えない問題犬だった。ゴミ箱荒らしや盗み食いや網戸破りはあたりまえ、なによりひどいのが雷恐怖症で、恐怖のあまり暴れまくって家を破壊する。しつけ教室でも落ちこぼれて追い出されてしまう。それでも、底抜けの明るさと心からの愛情と揺るぎない忠誠心を備えたマーリーは、いつも大切な家族の一員だった。

一三年の歳月を経て、生命力にあふれたマーリーも老犬になり、病気のために安楽死を選ばざるをえなくなる。最期のお別れのとき、ジョンはマーリーの耳元で「おまえは最高の犬だったよ」とささやく。犬を愛したことがある人、愛する犬を失った経験を持つ人なら、きっと深く共感せずにはいられない言葉だろう。

犬は私たちにたくさんのことを教えてくれる。誠実さ、勇気、無償の愛、献身、本当に大切なのは外見ではなく中身であること、愛すれば愛してもらえること、そして、人生にはかぎりがあること、だからこそ今この瞬間を大切に生きること。

最後に著者のご紹介をひとこと。ジョン・グローガンは一九五七年ミシガン州デトロイト生まれ。『サウスフロリダ・サンセンティネル』紙の記者や、『オーガニック・ガーデニング』誌の編集長、そして『フィラデルフィア・インクワイアラー』紙のコラムニストを経て、現在では執筆や講演活動などに忙しい日々を送っている。マーリーの死後九カ月してからグローガン家はグレイシーという雌のラブラドール・レトリーバーを家族の一員に迎え、さらに最近になって、映画撮影でマーリー役をつとめた仔犬の一匹をひきとってウッドソンと名づけたそうだ。とはいえ、「マーリーの後では、たぶんどんな犬でもものたりなく感じるでしょう」というジョンの言葉は、まさにうなずける。

二〇〇九年二月

本書は、二〇〇六年一〇月に早川書房より単行本として刊行された作品を文庫化したものです。

訳者略歴　翻訳家。青山学院大学文学部卒。ロンドン大学アジア・アフリカ研究院（SOAS）を経て、ロンドン大学経済学院（LSE）大学院にて国際経済学を学ぶ。訳書に『パンダのちえ』ストローベル、『マーリー [YA edition]』グローガン（以上早川書房刊）ほか多数

HM=Hayakawa Mystery
SF=Science Fiction
JA=Japanese Author
NV=Novel
NF=Nonfiction
FT=Fantasy

マーリー
世界一おバカな犬が教えてくれたこと

〈NF345〉

二〇〇九年三月十五日　発行
二〇〇九年四月十一日　五刷

（定価はカバーに表示してあります）

著者　ジョン・グローガン
訳者　古《ふる》草《くさ》秀《ひで》子《こ》
発行者　早川浩
発行所　株式会社　早川書房

郵便番号　一〇一‐〇〇四六
東京都千代田区神田多町二ノ二
電話　〇三‐三二五二‐三一一一（大代表）
振替　〇〇一六〇‐三‐四七七九九
http://www.hayakawa-online.co.jp

乱丁・落丁本は小社制作部宛お送り下さい。
送料小社負担にてお取りかえいたします。

印刷・三松堂印刷株式会社　製本・株式会社川島製本所
Printed and bound in Japan
ISBN978-4-15-050345-1 C0198